알고리즘 비밀의 문을 열다

알고리즘 비밀의 문을 열다

처음 배우는 알고리즘

토머스 코멘 지음 | 최광민 옮김

ili
에이콘

헌사

사랑하는 어머니 르네 코멘과의 소중한 추억을 떠올리며,

이 책을 바칩니다.

추천의 글

알고리즘은 컴퓨터 과학의 핵심이다. 알고리즘이라는 분야를 폭넓은 독자에게 알려준다는 점에서 독창적인 이 책은, 추상적인 주제를 깊이 있으면서도 읽기 쉽게 소개한다. 이는 우리 사회에 커다란 공헌이며, 알고리즘 전문가와 일반 대중 사이의 지식 차이를 좁히는 일에는 토머스 코멘이 최고의 적임자다.

– 프랭크 데네 Frank Dehne/**칼턴 대학교 컴퓨터 과학부 교수**

토머스 코멘이 기본적인 알고리즘을 다루는 매력적이고 읽기 쉬운 책을 저술했다. 덕분에 기초적인 컴퓨터 프로그래밍을 어느 정도 다룰 수 있는 진취적인 독자들이 효과적인 프로그램을 만드는 데 바탕이 될 핵심적인 알고리즘 기법에 대한 영감을 얻을 수 있게 됐다.

– 필 클라인 Phil Klein/**브라운 대학교 컴퓨터 과학부 교수**

독자들이 컴퓨터 과학의 바탕이 되는 핵심적인 알고리즘을 폭넓게 이해할 수 있도록 토머스 코멘이 도와줄 것이다. 컴퓨터 과학을 공부하는 학생과 실무자에게는 모든 컴퓨터 과학자가 이해해야 할 핵심적인 알고리즘을 살펴볼 좋은 기회이자, 관련된 일을 하지 않는 사람이라도 우리가 매일 사용하는 도구들의 심장 역할을 하는 알고리즘이라는 세계의 수수께끼를 풀 수 있는 열쇠가 될 것이다.

– G. 아요코 코르사 Ayorkor Korsah/**아셰시 대학교 컴퓨터 과학부**

지은이 소개

토머스 코멘 Thomas H. Cormen

다트머스 대학Dartmouth College의 컴퓨터 과학부 교수이자 저술/작문원의 전임 책임자다. 찰스 E. 레이서손Charles E. Leiserson과 로널드 L. 리베스트Ronald L. Rivest, 클리포드 스타인Clifford Stein과 함께 『Introduction to Algorithms』(제3판, MIT Press, 2009)를 저술하기도 했다.

감사의 글

이 책의 상당 부분을 『Introduction to Algorithms』로부터 발췌했으므로, 책의 공저자인 찰스 레이서손과 론 리베스트, 클리포드 스타인의 노고에 힘입은 바가 크다. 부끄럽지만, 이 책을 통틀어 『Introduction to Algorithms』를 널리 알려진 대로 네 저자의 이니셜을 따서 CLRS로 약칭한다. 이 책을 홀로 저술하는 동안 찰스와 론, 클리프와 함께 했던 작업을 내가 얼마나 그리워하는지를 깨달을 수 있었다. 더불어 CLRS의 서문에서 언급했던 모든 분께 감사를 전한다.

다트머스^{Dartmouth}에서 가르쳤던 강의들, 특히 컴퓨터 과학 1, 5, 25 수업에서도 많은 내용을 빌려왔다. 때때로 돌부처 같은 침묵으로 나를 당황케 하기도 했지만, 영감이 가득한 질문으로 교육학적 측면에서 많은 깨달음을 준 학생들에게 감사를 전한다.

이 책의 저술을 제안한 사람은 우리가 CLRS 제3판을 준비하던 시기에 MIT 출판사의 편집자를 맡고 있던 에이다 브른스타인이며, 그녀가 자리를 옮긴 후에는 짐 드울프가 그 자리를 맡았다. 처음에 이 책은 MIT 출판사의 'Essential Knowledge' 시리즈의 일부로 기획됐는데, MIT 출판사에서는 이 책이 너무 기술적이라는 이유로 시리즈에 넣지 않기로 결정했다 (세상에나, 내가 'MIT'에서 '너무' 기술적인 책을 쓰다니!). 짐이 이렇게 곤란한 상황을 잘 정리해준 덕분에, MIT 출판사에서 바랐던 내용이 아니라 내가 쓰고 싶은 책을 쓸 수 있었다. MIT 출판사의 엘렌 파란과 지타 데비 마나크탈라에게도 감사를 표한다.

P.P.A 줄리 서스먼은 CLRS 제2판과 제3판의 기술 담당 편집자였고, 이

책에서도 놀라운 경험을 선사했다. 그녀는 단연코 최고의 기술 담당 편집자라고 할 수 있으며, 나에게 그 어떤 사소한 실수도 허용하지 않았다. 그 증거로 5장 초안을 검토한 줄리가 보내온 이메일 일부를 여기에 싣는다.

존경하는 코멘 씨에게

담당자가 어딘가에서 무단으로 가출한 5장을 찾아냈네요. 코멘 씨 책에 숨어 있었는데, 도무지 어떤 책에서 뛰쳐나온 건지 알 수가 없습니다. 코멘 씨의 도움 없이는 이 불쌍한 5장을 코멘 씨 책에서 어떻게 숙박시킬지 모르겠네요. 어쩔 수 없이 도움을 구하며, 5장을 손보는 작업을 맡아주시길 바랍니다. 더불어 이 책의 성실한 시민이 될 수 있는 기회도 드립니다. 5장을 체포한 줄리 서스먼의 보고서를 첨부합니다.

P.P.A가 무엇인지 궁금해할 분들을 위해 설명하자면, 첫 두 글자는 'Professionl Pain(전문가적 고뇌)'의 줄임말이다. 세 번째 글자 A가 무슨 의미인지에 상관없이, 줄리가 자신의 직책에 자부심을 느끼고 있으며 실제로도 그럴만하다는 사실을 밝히고 싶다.

나는 암호학자가 아니기에, 이 책에서 다루는 암호학의 이론은 론 리베스트와 신 스미스, 레이첼 밀러, 휘지아 레이첼 린의 조언에 힘입은 바가 크다. 8장은 야구에서 사용하는 기호를 각주로 포함하는데, 야구의 기호 체계를 인내심 있게 설명해준 다트머스 야구 코치 밥 왈렌에게도 감사를 전한다. 일라나 아비써는 전산 생물학자computational biologist들이 이 책의 7장에서 설명하는 방법으로 DNA 서열을 정렬한다는 사실을 확인해줬다. 그리고 짐 드울프와 내가 이 책의 제목을 두고 고심할 때, 『Algorithms Unlocked』라는 제목을 제안해준 다트머스 학부생 챈더 라메시에게도 감사를 표한다.

다트머스 대학교 컴퓨터 과학부는 최고의 일터다. 동료들은 명석하고 온화하며, 모든 직원은 둘째가라면 서러울 정도의 전문성을 지니고 있다. 학부/대학원 수준의 컴퓨터 과학 과정을 찾고 있거나 컴퓨터 과학 분야의 교직원 자리를 구한다면 다트머스에 지원하기를 추천한다.

마지막으로 아내 니콜 코멘과 부모님 르네와 페리 코멘, 누이 제인 마슬린, 니콜의 부모님 콜렛과 폴 세이지가 보내준 사랑과 지원에 감사의 마음을 전한다. 나의 아버지는 1장의 첫 번째 그림이 S가 아니라 5임을 확신하고 있다.

톰 코멘

뉴햄프셔 주 하노버에서

2012년 11월

옮긴이 소개

최광민(mhmckm@gmail.com)

한양대학교 컴퓨터 전공을 마치고 현재 삼성SDS 연구소 알고리즘 연구 팀에서 책임 연구원으로 재직 중이다. 회사에서든 일상에서든 새롭고 흥미로운 기술이라면 무엇이든 배우고 즐길 준비가 돼 있으며, 백발노인이 돼서도 끝없이 탐구하고 창조하는 사람이 되는 것을 인생의 목표로 삼고 있다.

옮긴이의 말

알고리즘이라… 컴퓨터를 전공한 사람에게는 골치 아픈 단어일 것이고, 그렇지 않은 사람에게는 뜻 모를 이상한 단어로 들릴 것입니다. 하지만 알고리즘은 오늘날 우리의 일상생활 곳곳에 녹아들어 있으며, 컴퓨터를 이용하는 거의 모든 일이 알고리즘 없이는 불가능합니다.

매일 아침 출근길에 자동차 내비게이션을 이용할 때, 회사 업무에 필요한 자료를 인터넷에서 다운로드할 때, 친구와의 저녁 약속을 위해 지하철 노선을 검색할 때, 우리는 알게 모르게 '최단 경로 찾기' 알고리즘을 사용합니다. 그 덕분에 가장 빠른 출근길을, 가장 빠른 라우팅 경로를, 가장 빠른 지하철 노선을 찾을 수 있습니다. '최단 경로 찾기' 알고리즘이 없다면 우리는 내비게이션을 이용할 수도 없고, 인터넷도 사용할 수 없으며, 커다란 종이에 인쇄된 지하철 노선도를 지니고 다녀야 할 것입니다.

하지만 '최단 경로 찾기'는 우리가 사용하는 수많은 알고리즘 중에 하나일 뿐입니다. 컴퓨터가 문제를 해결하는 방법을 규정하는 것이 바로 알고리즘이며, 컴퓨터로 하는 상당수의 작업을 알고리즘으로 설명할 수 있기 때문입니다. 따라서 컴퓨터가 없는 현대 문명을 상상할 수 없듯이, 알고리즘이 없는 현대 문명도 상상할 수 없습니다.

이처럼 알고리즘은 우리의 일상을 지탱하는 중요한 역할을 하기에 오늘날을 살아가는 거의 모든 사람은 좋든 싫든 알고리즘과 관계를 맺고 살아갑니다. 물론 골치 아픈 알고리즘에 신경을 쓰지 않고도 그 혜택을 누릴 수 있지만, 컴퓨터화된 세상을 살아가는 인간으로서 컴퓨터 알고리즘이 무엇인지를 이해한다면 우리가 살아가는 세상을 더 잘 이해할 수 있을 것입니다.

컴퓨터를 공부하는 학생이나 컴퓨터를 업으로 삼는 사람이라면, 더욱이 알고리즘적 소양을 갖춰야 합니다. 사람이 하기 어렵거나 너무 오랜 시간이 걸리는 일을 컴퓨터에게 시키려면, 당연히 컴퓨터의 언어와 사고방식을 이해해야 효과적이고 효율적으로 컴퓨터를 부려먹을(?) 수 있습니다. 여기서 컴퓨터의 언어가 프로그래밍 언어라면, 컴퓨터의 사고방식이 바로 알고리즘이라고 할 수 있습니다. 사고방식에 대한 이해 없이 언어만 대충 이해한 채로 컴퓨터에게 일을 시킨다면 어떻게 될까요? 복잡하고 고차원적인 일은 아예 시키지도 못하거나, 잘못된 일을 시키거나, 1분이면 될 일을 1시간 동안 하게 만들 겁니다.

이 책은 알고리즘 분야의 대가이자 전 세계에서 가장 널리 쓰이는 알고리즘 교재 『Introduction to Algorithms』(한빛아카데미, 2014)의 저자 토머스 코멘의 또 다른 명저로서, 컴퓨터를 전공하는 사람은 물론 우리의 일상을 지탱하는 컴퓨터 알고리즘을 이해하고 싶은 일반 대중에게도 알고리즘의 기본 개념을 쉽게 설명합니다. 주로 사용되는 알고리즘을 일상적인 예로 설명함으로써 복잡한 알고리즘 이론에 친근하게 다가설 수 있도록 도움을 주며, 그러한 알고리즘의 기저에 깔린 사고방식을 차근차근 설명합니다. 그리고 이를 바탕으로 알고리즘을 이해하고 평가하는 것은 물론, 좋은 알고리즘을 설계하고 싶은 독자에게 훌륭한 출발점을 제공합니다. 부디 많은 독자가 이 책을 읽고, 어렵고 복잡하게만 느껴지는 컴퓨터 알고리즘에 조금이라도 친숙해지기를 바랍니다.

마지막으로, 대가의 명저를 번역할 수 있는 기회를 주시고 좋은 번역본이 태어날 수 있도록 힘써주신 에이콘출판사의 모든 분들께 감사의 마음을 전합니다. 책을 번역한다는 핑계로 점점 늘어가는 짜증을 묵묵히 받아주시고, 번역서가 출간될 때마다 가장 기뻐하시는 부모님께도 사랑의 마음을 전합니다. 그리고 언제나 한 발씩 나아갈 수 있게 힘을 주시는 하느님께 감사와 사랑을 바칩니다.

최광민

차례

헌사   4

추천의 글   5

지은이 소개   6

감사의 글   7

옮긴이 소개   10

옮긴이의 말   11

들어가며   19

1장   알고리즘이란 무엇이며 왜 배워야 하는가?   23

정확성   25

자원 사용량   27

컴퓨터와 관련이 없는 일을 하는 사람을 위한 알고리즘   30

컴퓨터와 관련된 일을 하는 사람을 위한 알고리즘   30

더 읽을거리   32

2장   컴퓨터 알고리즘을 기술하고 평가하는 방법   35

컴퓨터 알고리즘을 기술하는 방법   35

수행 시간을 특징짓는 방법   44

루프 불변조건   50

재귀   52

더 읽을거리   55

3장   정렬 알고리즘과 탐색 알고리즘   57

이진 탐색   61

선택 정렬   67

삽입 정렬   72

병합 정렬   77

퀵소트   89

복습   99

더 읽을거리   102

4장   정렬의 하한계 뛰어넘기   103

정렬의 법칙   104

비교 정렬의 하한계   105

계수 정렬을 이용해 하한계 뛰어넘기   107

기수 정렬   114

더 읽을거리   117

5장   방향성 비순환 그래프   119

방향성 비순환 그래프   123

위상 정렬   124

방향성 그래프를 표현하는 방법   128

위상 정렬의 수행 시간   130

퍼트 차트의 임계 경로   131

방향성 가중치 그래프의 최단 경로   137

더 읽을거리   143

6장   최단 경로   145

다익스트라 알고리즘   147

  배열을 이용한 간단한 구현   156

  바이너리 힙을 이용한 구현   157

  피보나치 힙을 이용한 구현   160

벨만-포드 알고리즘   161

플로이드-워셜 알고리즘   167

더 읽을거리   178

7장   문자열 처리 알고리즘   **181**

최장 공통 부분시퀀스   182

한 문자열을 다른 문자열로 변환하기   189

문자열 매칭   199

더 읽을거리   209

8장   암호학의 기초   **211**

단순한 대체 암구어   212

대칭 키 암호화   214

  원타임 패드   215

  블록 암호화와 체인   217

  공통 정보 동의   219

공개키 암호화   219

RSA 암호화 시스템   222

  큰 수의 산술 연산   226

  큰 소수 찾기   227

  주어진 수에 대한 서로소 찾기   227

  모듈러 산술에서 역수 구하기   229

  정수의 거듭제곱을 빠르게 처리하기   230

  F_P와 F_S가 서로의 역임을 증명하기   231

하이브리드 암호화 시스템   233

난수 생성   233

더 읽을거리   235

9장   데이터 압축   **237**

허프만 코드   240

  적응형 허프만 코드   247

팩스 머신   248

LZW 압축   250

  LZW 개선하기   262

더 읽을거리   264

10장   어려운 문제들   **265**

갈색 트럭   265

P와 NP 클래스, 그리고 NP 완전성   270

결정 문제와 환원   273

마더 문제   277

대표적인 NP 완전 문제들   279

  3-CNF 만족성   280

  파벌 짓기   281

  정점 덮개   285

  해밀턴 순환과 해밀턴 경로   288

  외판원 문제   291

  비순환 최장 경로   292

  부분집합의 합   293

  파티션 문제   298

  배낭 문제   300

일반적인 전략   301

  일반적인 입력에서 제한된 입력으로   301

  환원할 문제의 제약을 활용하라   302

  특수한 경우를 찾아라   302

  환원하기에 적합한 문제를 선택하라   303

  보상도 벌칙도 크게 줘라   303

  위젯 설계   304

향후 전망   304

결정 불가능한 문제   306

정리   309

더 읽을거리   310

참고 문헌   311

찾아보기   313

들어가며

컴퓨터는 어떻게 문제를 해결하는가? 여러분의 조그만 GPS는 수없이 많은 가능한 경로 중에서 어떻게 목적지에 이르는 가장 빠른 길을 수 초 만에 찾아내는가? 여러분이 인터넷에서 물건을 구입할 때 누군가가 여러분의 신용카드번호를 가로채지 못하도록 보호하는 방법은 무엇인가? 이를 비롯한 수많은 질문의 답이 바로 **알고리즘**algorithm이며, 이 알고리즘의 신비를 여러분에게 밝히고자 한다.

나는 예전에 『Introduction to Algorithms』(한빛아카데미, 2014)라는 훌륭한 (물론 주관적인 생각이지만) 교재도 저술했지만, 다분히 기술적인 관점에서 저술한 책이었다.

여러분이 읽는 이 책은 입문서가 아니며, 교재용으로 쓰인 책도 아니다. 컴퓨터 알고리즘 분야를 광범위하게 다루거나 심도 있게 파고들지 않는다. 컴퓨터 알고리즘을 설계하는 기술을 정확하게 가르치거나, 독자가 풀어야 할 연습문제를 제공하지도 않는다.

그렇다면 이 책의 목적은 무엇인가? 여러분이 다음 경우에 한 가지라도 해당한다면 이 책이 출발점이 될 수 있다.

- 컴퓨터가 문제를 해결하는 방법을 알고 싶다.
- 그러한 해법들의 우수성을 평가하는 방법을 알고 싶다.
- 컴퓨팅 분야의 갖가지 문제들과 이러한 문제를 해결하는 방법이 컴퓨터 밖의 실제 세상과 어떻게 관련되는지 알고 싶다.
- 수학을 조금 할 줄 안다.
- 컴퓨터 프로그램을 한 번도 작성해본 적이 없다(그래도 여러분의 뇌를 학습시킬 프로그램을 돌리는 데는 아무 문제가 없다).

컴퓨터 알고리즘을 다루는 책은 많다. 그중에는 기술적 세부사항을 최소화한 개념서도 있고, 숨이 막힐 정도로 기술적인 정확성을 중요시하는 책도 있다. 물론 그 사이 어딘가에 위치한 책도 있으며, 각각은 나름의 위치를 지킨다. 이 책은 '그 사이 어딘가'에 위치한 책이다. 약간의 수학을 포함하며 때로는 좀 더 자세한 내용을 다루지만, 너무 깊은 세부사항을 다루지는 않는다(책의 후반부에 가까워지면서 나 스스로를 통제할 수 있을지 모르겠지만 말이다).

이 책을 일종의 애피타이저로 생각해도 좋다. 여러분은 이탈리안 레스토랑에서 애피타이저를 주문했고, 나머지 요리는 애피타이저를 맛본 후에 주문할 생각이다. 자, 이제 애피타이저가 나왔고 맛을 보기 시작한다. 애피타이저가 맘에 들지 않는다면 다른 요리는 주문하지 않는다. 애피타이저가 맘에 들어도 배가 부르다면 다른 요리를 주문하지 않는다. 애피타이저가 맘에 들고 여전히 배가 고프다면 다음 요리를 찾기 시작한다. 이 책이 애피타이저라면 나는 여러분의 이야기가 앞의 세 가지 결말 중에서 두 번째나 세 번째 결말로 끝나길 바란다. 책을 만족스럽게 읽었지만 알고리즘의 세계를 더 깊이 들여다볼 필요를 느끼지 못하거나, 책에서 읽은 내용이 너무 흥미로워서 더 많은 내용을 배우고 싶기를 바란다. 각 장의 끝에서는 '더 읽을거리'를 제공하는데, 이를 바탕으로 각 주제를 자세히 다루는 책이나 문서를 만나볼 수 있다.

이 책에서 다루는 내용

여러분이 이 책에서 무엇을 얻을지는 알 수 없지만, 내가 이 책에서 여러분에게 전달하고 싶은 내용은 다음과 같다.

- 컴퓨터 알고리즘의 기초 개념, 기술 및 평가 방법
- 컴퓨터에서 정보를 찾아내는 간단한 방법

- 컴퓨터에서 정보를 정해진 순서에 따라 재배치^{rearrnge}하는 방법(이를 일컬어 정렬^{sorting}이라고 한다.)

- 컴퓨터에서 그래프^{graph}로 일컬어지는 수학적 구조로 모델링 가능한 문제를 해결하는 기본적인 방법. 그래프는 다양한 응용 분야에서 사용하는데, 도로망(어떤 교차로와 직접 연결된 교차로 찾기)과 여러 작업 사이의 의존성(어떤 작업보다 반드시 먼저 완료돼야 할 작업 찾기), 경제적 관련성(세계의 모든 통화 사이의 환율 계산), 사람들 사이의 상호작용(누가 누구를 알고, 누구를 싫어하는지. 같은 영화에 주로 출연하는 배우는 누구인지)을 모델링하는 데 매우 유용하다.

- 일련의 문자로 이뤄진 텍스트 형식의 문자열에 관련된 문제를 푸는 방법. 이러한 문제 중 몇몇은 생물학에서 사용하는데, 생물학에서 각 문자는 분자에 해당하고 문자열은 분자들이 모여 이루는 DNA 구조를 나타낸다.

- 암호학의 배경이 되는 기본 원리. 여러분 스스로는 메시지를 한 번도 암호화해본 적이 없다고 해도, 여러분의 컴퓨터는 암호화를 수시로 수행한다(예를 들어, 여러분이 인터넷 쇼핑을 할 때마다).

- 데이터 압축의 기본적인 아이디어. 'f u cn rd ths u cn gt a gd jb n gd pay'[1]보다는 더 나은 압축 방법을 배워본다.

- 컴퓨터를 이용해 합리적인 시간 안에 풀기 어려운 문제들. 적어도 그 방법을 아무도 찾아내지 못한 문제들

이 책의 내용을 이해하는 데 필요한 선수 지식

앞에서 말했듯이 이 책은 약간의 수학을 포함한다. 수학 공포증을 앓고 있

---

1 'If you can read this, you can get a good job and good pay'를 축약한 문장이다. - 옮긴이

는 사람이라면 수학이 나오는 부분을 건너뛰거나, 덜 기술적인 책을 선택해도 좋다. 물론 여러분이 수학을 쉽게 이해할 수 있도록 최선을 다할 것이다.

여러분에게 컴퓨터 프로그램을 작성해보거나 읽어본 경험을 요구하지도 않는다. 요약된 형태의 안내문을 따라 할 수 있는 정도라면, 앞으로 설명할 알고리즘의 각 단계와, 그 단계들이 모여 이뤄지는 알고리즘도 분명이해할 수 있을 것이다. 다음과 같은 우스갯소리만 알고 있으면, 여러분도이미 첫걸음을 뗀 것이다.

어떤 컴퓨터 과학자가 온종일 샤워를 하고 있다. 그는[2] 그저 샴푸병에 써진 안내문대로 머리를 감고 있을 뿐인데 말이다. "거품을 낸 후헹궈주세요. 계속 반복해서."

책의 내용을 친밀하게 느끼길 바라는 마음에서 조금은 비공식적인 문체를 사용한다. 몇몇 장의 내용은 앞 장의 내용에 의존적이지만, 책 전반적으로는 그렇지 않다. 일부 장에서는 기술적이지 않은 내용에서 시작해점차적으로 기술적인 내용을 다룬다. 어떤 장의 내용은 이해하기 버거울수 있지만, 적어도 다음 장을 시작하는 데는 도움을 줄 것이다.

오탈자

책에서 오탈자를 찾았다면 unlocked@mit.edu로 메일을 보내서 알려주기 바란다. 한국어판에 대해서는 에이콘출판사 도서 정보 페이지 http://www.acornpub.co.kr/algorithms 또는 editor@acornpub.co.kr로 문의해주기 바란다.

---

2 그 또는 그녀. 불행히도 컴퓨터 과학 분야에서 여성의 비율이 낮기 때문에 '그'가 될확률이 높다.

1장

알고리즘이란 무엇이며,
왜 배워야 하는가?

사람들은 나에게 이런 질문을 자주 하곤 한다. "알고리즘이 뭐죠?"[1]

넓은 의미에서 말하자면 알고리즘은 '어떤 일을 해내기 위한 단계의 집합'으로, 여러분도 매일의 일상에서 알고리즘을 사용한다. 이를 닦는 알고리즘을 예로 들어보자. 치약 뚜껑을 연다. 칫솔을 집어 든다. 칫솔에 치약을 충분히 짜낸다. 치약 뚜껑을 닫는다. 칫솔을 입에 가져다 댄다. 칫솔을 위아래로 N번 움직인다. 여러분이 매일 통근을 한다면, 통근을 하는 알고리즘도 생각해볼 수 있다. 그 밖에도 많은 예를 들 수 있다.

물론 이 책에서는 컴퓨터(좀 더 일반적으로는 전산 장치)에서 수행되는 알고리즘을 다룬다. 컴퓨터의 알고리즘도 앞에서 예로 들었던 알고리즘처럼 여러분 일상에 커다란 영향을 미친다. 행선지로 향하는 길을 찾을 때 GPS를 이용하는가? GPS는 '최단 경로shortest-path' 알고리즘을 수행해 길을 찾는다. 인터넷에서 쇼핑을 하는가? 그렇다면 암호화encryption 알고리즘을 바탕으로 하는 보안 웹사이트를 사용하는 것이다(그리고 반드시 그래야만 한다). 인터넷에서 구입한 물건은 택배 서비스를 이용해 배달되는가? 그들도 알

---

1 예전에 함께 하키를 했던 친구는 이렇게 물었다. "날고리즘이 뭐요?"

고리즘을 이용해 물품을 각 트럭에 할당하고, 각 배송 기사가 어떤 순서로 물품을 배송해야 할지 결정한다. 이처럼 여러분의 랩톱과 서버, 스마트폰, 임베디드 시스템embedded system(자동차와 전자오븐, 기후 제어 시스템 등)에 이르기까지 세계 곳곳의 컴퓨터에서 알고리즘이 동작한다. 알고리즘은 어디에나 존재한다!

그렇다면 여러분이 수행하는 알고리즘과 컴퓨터에서 수행하는 알고리즘의 차이점은 무엇인가? 여러분은 알고리즘을 엄밀하게 기술하지 않아도 어느 정도 참을 수 있지만 컴퓨터는 그럴 수 없다는 점이다. 예를 들어 '여러분이 일하는 회사까지 운전하는 알고리즘'을 생각해보면, "교통이 혼잡하면 다른 길로 돌아가라"는 말을 여러분은 이해하겠지만, 컴퓨터는 그렇지 않다.

즉 알고리즘은 어떤 일을 해내기 위한 단계의 집합이며, 각 단계는 컴퓨터가 수행할 수 있을 정도로 엄밀하게 기술돼야 한다. 자바Java나 C, C++, 파이썬Python, 포트란Fortran, 매트랩Matlab 등의 컴퓨터 프로그래밍 언어로 약간의 프로그램을 작성해본 사람이라면, 여기서 말하는 엄밀성precision이 어느 정도인지 짐작할 것이다. 여러분이 컴퓨터 프로그램을 한 번도 작성해본 적이 없다면, 이 책에서 알고리즘을 기술하는 방법을 바탕으로 여기서 말하는 엄밀성의 정도를 느껴볼 수 있다.

이제 다음 질문을 생각해보자. "우리는 컴퓨터 알고리즘에서 무엇을 얻을 수 있는가?"

컴퓨터 알고리즘은 말 그대로 컴퓨터로 풀 수 있는 문제computational problem를 해결하는데, 우리가 컴퓨터 알고리즘에서 얻고자 하는 바는 두 가지다. 우선 주어진 문제와 입력에 대해 항상 올바른 해답을 출력해야 한다. 그리고 그 과정에서 컴퓨터의 자원을 효율적으로 활용해야 한다. 이제 이 두 가지 요구사항을 차례로 살펴보자.

정확성

문제에 대한 올바른 해답을 구한다는 말은 어떤 의미인가? 우리는 일반적으로 정확한 해답이 내포하는 바를 엄밀하게 명시하곤 한다. 예를 들어, GPS가 목적지로 가는 최적 경로를 찾아냈다는 말은 목적지로 가는 모든 가능한 경로 중 가장 빨리 도착하는 길을 의미할 수 있다. 한편으로는 거리가 가장 짧은 경로이거나, 톨게이트를 거치지 않고 가장 빨리 가는 길일 수도 있다. 물론 GPS가 경로를 결정할 때 사용한 정보가 현실에 맞지 않을 수 있다. GPS가 실시간 교통 정보를 이용하지 않는다면, 도로의 길이를 제한 속도로 나누는 방식으로 소요 시간을 계산할 수밖에 없다. 그러나 도로가 혼잡하다면 GPS는 가장 빠른 길을 원하는 여러분에게 실망스런 결과를 돌려줄 것이다. 그래도 여전히 GPS가 수행하는 알고리즘은 정확하다고 말할 수 있다. 알고리즘에 주어진 입력은 정확하지 않지만, 길 찾기 알고리즘은 주어진 입력 안에서 가장 빠른 길을 찾아냈기 때문이다.

이제 알고리즘이 정확한 답을 구했는지조차도 알기 어렵거나 판단이 불가능한 문제를 생각해보자. 광학 문자 인식optical character recognition을 예로 들면, 아래에 주어진 11 × 6 픽셀의 그림은 5인가, S인가?

누군가는 5라고 말하고, 누군가는 S라고 한다면 컴퓨터의 결정이 옳은지를 판단할 수 있는가? 이 책에서는 그 질문에 답하는 대신, 해답을 정확히 알 수 있는 문제만을 다룬다.

때로는 컴퓨터 알고리즘이 부정확한 답을 구해도, 오답의 빈도를 제어할 수 있다면 수용할 수 있는 경우도 있다. 암호화에서 좋은 예를 볼 수 있다. 널리 사용하는 RSA 암호화 체계에서는 주어진 매우 큰 수(수백 자리의 수)가 소수^{prime}인지를 결정해야 한다. 컴퓨터 프로그램을 만들어본 사람이라면 어떤 수 n이 소수인지 결정하는 프로그램을 작성할 수 있을 것이다. 2부터 $n-1$까지의 모든 수에 대해 n의 약수인지를 확인하고, 그중 하나라도 n의 약수이면 n은 합성수^{composite}다. 반대로 2부터 $n-1$까지의 어떤 수도 n의 약수가 아니라면 n은 소수다. 그러나 n이 수백 자리의 수라면 아무리 빠른 컴퓨터라도 합리적인 시간 안에 답을 내기에는 약수인지 확인해야 할 수가 너무 많다. 물론 2가 약수가 아니라면 모든 짝수를 제외하거나 $\sqrt{n}$에 다다르면 종료하는 등의 최적화를 적용할 수 있다(d가 $\sqrt{n}$보다 큰 n의 약수라면, n/d도 $\sqrt{n}$보다 작은 n의 약수여야 한다. 따라서 n의 약수가 존재한다면 $\sqrt{n}$에 다다를 동안 약수를 발견하게 된다). 하지만 n이 수백 자리의 수라면, $\sqrt{n}$은 절반의 자릿수를 차지하므로 $\sqrt{n}$도 여전히 매우 큰 수다. 여기서 한 가지 좋은 소식은 주어진 수가 소수인지를 알 수 있는 빠른 알고리즘이 존재한다는 사실이다. 반면 나쁜 소식은 그 알고리즘이 틀린 결정을 내릴 수도 있다는 점이다. 즉 알고리즘에서 n이 합성수라고 판단하면 n은 합성수임이 분명하지만, n이 소수라도 판단해도 실제로는 n이 합성수일 가능성이 있다. 그러나 이 나쁜 소식이 그렇게 나쁘지만은 않다. 이러한 오류의 확률을 매우 낮게(2^{50}번에 한 번 정도로) 제어할 수 있기 때문이다. 이처럼 헤아릴 수 없을 정도로 많은 시도를 했을 때 고작 한 번의 오류가 발생하는 정도라면 대부분의 상황에서 RSA에 필요한 소수를 판단하는 데 안심하고 이 알고리즘을 사용해도 좋다.

근사 알고리즘$^{approximation\ algorithm}$이라는 종류의 알고리즘에서는 정확도가 까다로운 문제다. 근사 알고리즘은 정량적 기준$^{quantitative\ measure}$에 따라 최선의 해답을 찾는 최적화 문제에 적용된다. GPS의 가장 빠른 길 찾기를 예로 들 수 있는데, 여기서의 정량적 기준은 이동 시간이다. 합리적인 시간 안에 최적의 답을 찾을 수 있는 알고리즘이 아직 알려지지 않은 문제들도 있지만, 합리적인 시간 안에 거의 최적에 가까운 답을 찾을 수 있는 근사 알고리즘이 존재한다. 여기서 '거의 최적'이라는 말은 근사 알고리즘이 찾아낸 답의 정량적 기준이 특정 정도만큼 최적의 답에 가깝다는 말이다. 따라서 어느 정도만큼 가까워야 하는지를 정한다면, 최적의 답에서 정해진 정도만큼의 차이 안에 존재하는 근사 알고리즘의 답은 정확하다고 말할 수 있다.

자원 사용량

알고리즘이 컴퓨터의 자원을 효율적으로 사용한다는 말은 어떤 의미인가? 앞에서 근사 알고리즘을 논의할 때 효율성의 척도 중 한 가지를 이미 언급했다. 바로 시간이다. 아무리 올바른 답을 찾는 알고리즘이라고 해도 너무 오랜 시간이 걸린다면 별로 가치 없는 알고리즘이다. GPS가 길을 추천하는 데 한 시간이 걸린다면 GPS를 켜보고 싶은 생각이나 들겠는가? 알고리즘이 정확한 답을 찾는다는 전제하에, 시간은 알고리즘의 효율성을 평가하는 주요 척도다. 물론 시간이 유일한 척도는 아니다. 알고리즘은 사용 가능한 메모리 안에서 작동해야 하므로, 알고리즘이 요구하는 컴퓨터 메모리 사용량memory footprint도 고려해야 한다. 알고리즘이 사용하는 그 밖의 자원으로는 네트워크 통신과 무작위 비트random bits(무작위 선택이 필요한 알고리즘에서는 난수random number를 만들어내는 무언가가 필요하다), 디스크 조작(디스크에 저장해야 하는 데이터를 다루는 알고리즘이라면)을 예로 들 수 있다.

이 책에서는 여타 알고리즘 서적과 마찬가지로 한 가지 자원, 즉 시간에만 집중한다. 그렇다면 알고리즘이 요구하는 시간은 어떻게 측정하는가? 정확성은 알고리즘을 실행하는 컴퓨터의 종류에 독립적이지만, 알고리즘의 수행 시간은 알고리즘 외적인 요인에 의존적이다. 컴퓨터의 속도와 알고리즘을 구현하는 데 사용한 프로그래밍 언어, 프로그램을 컴퓨터에서 실행하는 코드로 변환하는 데 사용한 컴파일러compiler나 인터프리터interpreter, 프로그램을 작성한 프로그래머의 숙련도, 실행 중인 해당 프로그램과 동시에 수행되는 컴퓨터의 다른 활동이 모두 영향을 미친다. 게다가 알고리즘이 한 컴퓨터 안에서 작동하지 않거나, 모든 데이터가 한 컴퓨터의 메모리에 존재하지 않는다면 어떨까?

알고리즘을 실제 프로그래밍 언어로 구현한 후 주어진 입력을 바탕으로 특정 컴퓨터에서 실행하고 알고리즘의 수행 시간을 측정한다면, 다른 크기의 입력에서는 알고리즘이 얼마나 빠르게 동작할지 알 수 없다. 같은 크기의 입력이라고 해도 입력의 내용이 다른 경우도 수행 시간을 예측하지 못할 수 있다. 게다가 특정 알고리즘의 속도와 다른 알고리즘의 속도를 상대적으로 비교해보길 원한다면, 두 알고리즘을 모두 구현한 후에 다양한 크기의 다양한 입력에서 실행해봐야 한다. 그렇다면 알고리즘의 속도는 어떻게 평가하는가?

이에 대한 답으로 두 가지 아이디어를 조합한다. 첫 번째로 알고리즘의 수행 시간을 입력의 크기에 대한 함수로 표현한다. 길 찾기를 예로 들면, 입력은 지도의 형태로 주어지며 입력의 크기는 교차로와 그 교차로에 연결된 도로의 수로 생각할 수 있다(도로망의 물리적인 크기는 고려할 필요가 없는데, 모든 거리는 숫자로 나타낼 수 있으며 컴퓨터 안에서 모든 수의 크기는 같기 때문이다. 즉 도로의 길이와 입력의 크기 간에는 아무런 관련성이 없다). 목록 안에 특정 항목이 존재하는지를 결정하는 좀 더 간단한 예를 들면, 목록에 포함된 항목의 수가 바로 입력의 크기다.

두 번째로, 입력의 크기에 따라 알고리즘의 수행 시간을 나타내는 함수가 얼마나 빠르게 증가하는지를, 즉 수행 시간의 증가율rate of growth을 알고리즘 속도의 기준으로 사용한다. 2장에서 알고리즘의 수행 시간을 나타내는 표기법을 살펴볼 텐데, 가장 중요한 사실은 수행 시간에서 가장 지배적인 항dominant term에만 집중하며 그 계수coefficient는 고려하지 않는다는 점이다. 즉 **증가의 차수**order of growth에 초점을 맞춘다. 목록에서 어떤 항목을 찾는 특정 알고리즘의 한 구현체가 길이가 n인 목록을 찾을 때 $50n + 125$번의 머신 사이클machine cycle을 차지한다고 가정하자. $n \geq 3$인 시점부터 충분히 큰 n에 대해 $50n$이 125보다 훨씬 크며, 목록의 크기가 커질수록 더 빠르게 증가하므로 $50n$ 항은 125 항보다 지배적이다. 따라서 예로 든 알고리즘의 수행 시간을 표현할 때 차수가 낮은 항인 125는 고려하지 않는다. 여기서 놀라운 사실은 계수 50도 무시한다는 점으로, 알고리즘의 수행 속도는 입력 크기 n에 대해 선형적으로linearly 증가한다고 할 수 있다. $20n^3 + 100n^2 + 300n + 200$ 머신 사이클을 소모하는 알고리즘을 예로 들자면, 이 알고리즘의 수행 시간은 n^3에 비례해 증가한다고 할 수 있다. 여기서도 마찬가지로 차수가 낮은 항 $100n^2$과 $300n$, 200은 입력 크기 n이 커질수록 차지하는 비중이 작아진다.

실제로는 우리가 무시한 계수가 문제가 될 수 있다. 그러나 이러한 계수는 외부적인 요인에 매우 의존적이다. 두 알고리즘 A와 B를 비교한다면, 특정 머신과 프로그래밍 언어, 컴파일러/인터프리터, 프로그래머의 조합에서는 A가 B보다 빠르지만 다른 조합에서는 B가 A보다 빠른 경우가 얼마든지 발생할 수 있다. 물론 알고리즘 A와 B가 모두 정확한 결과를 만들어내고, A가 항상 B보다 두 배 빠르다면 다른 이유가 없는 한 우리는 알고리즘 B 대신 A를 사용할 것이다. 하지만 두 알고리즘을 추상적으로 비교한다는 관점에서 보면 계수나 차수가 낮은 항을 고려하지 않고 증가의 차수에 집중한다.

이제 1장에서 마지막 질문을 던질 차례다. "왜 알고리즘을 배워야 하는가?" 이 질문의 답은 여러분이 누구냐에 달려 있다.

컴퓨터와 관련이 없는 일을 하는 사람을 위한 알고리즘

여러분 스스로를 컴퓨터와 관련 없는 사람으로 여긴다고 해도, 컴퓨터 알고리즘은 여러분과 연관이 깊다. GPS 없이 황야를 탐험하는 사람이 아닌한, 여러분은 매일 알고리즘을 사용한다. 오늘 인터넷에서 무언가를 검색했는가? 구글Google과 빙Bing을 비롯한 어떤 검색 엔진이든, 여러분이 사용한 검색 엔진에서는 웹을 검색하고 검색 결과를 어떤 순서로 보여줄지를 정하기 위해 정교한 알고리즘을 사용한다. 오늘 자동차를 운전했는가? 여러분의 차가 구식 자동차가 아니라면, 여러분이 운전을 하는 동안 자동차에 탑재된 온보드 컴퓨터on-board computer는 알고리즘을 바탕으로 수백만 번의 결정을 내린다. 그 밖에도 얼마든지 많은 예를 들 수 있다.

알고리즘의 최종 사용자로서 알고리즘을 어떻게 설계하고, 표현하며, 평가하는지를 약간은 알아둘 필요가 있다. 그리고 여러분이 이 책을 선택하고 여기까지 읽었다면 어느 정도 흥미가 있다는 증거가 아닐까? 어쨌든 좋은 일이다! 언젠가 칵테일 파티에서 알고리즘을 주제로 아는 척을 할 수 있을지 한번 두고 볼 일이다.[2]

컴퓨터와 관련된 일을 하는 사람을 위한 알고리즘

여러분이 컴퓨터와 관련된 일을 한다면 컴퓨터 알고리즘을 알아둬야 한다. 알고리즘은 컴퓨터에서 일어나는 모든 일에 핵심적인 역할을 할 뿐만아니라, 컴퓨터 내부에서 일어나는 모든 일만큼이나 다분히 기술적이다. 최신의 고성능 프로세서를 탑재한 컴퓨터에 비싼 값을 지불할 수 있지만, 그 돈을 값지게 쓰려면 그 컴퓨터에서 훌륭한 알고리즘의 구현체를 실행

---

2 여러분이 실리콘밸리에 살지 않는 한 칵테일 파티의 주제가 알고리즘일 확률은 적지만, 컴퓨터 과학을 가르치는 교수로서 내가 가르친 학생이 컴퓨터 과학의 한 분야에 대한 지식이 모자라서 우리의 체면을 구기는 일은 없길 바란다.

해야 한다.

이제 알고리즘이 참으로 기술적임을 보여주는 예를 살펴보자. 3장에서 n개의 값을 포함하는 목록을 정렬하는 알고리즘을 몇 가지 논의할 텐데, 그중 일부는 수행 시간이 n^2에 비례해 증가하고, 어떤 알고리즘은 수행 시간이 고작 $n \lg n$에 비례해 증가한다. 여기서 $\lg n$은 무엇인가? 밑수 2$^{\text{base-2}}$인 n의 로그^{logarithm}나 $\log_2 n$을 말한다. 수학자나 과학자가 자연로그 $\log_e n$을 $\ln n$으로 줄여서 표기하듯이, 컴퓨터 과학자는 밑수 2 로그를 자주 사용하며 나름대로의 줄임말을 사용한다. 어쨌든, 함수 $\lg n$은 지수 함수$^{\text{exponential function}}$의 역^{inverse}이므로 n이 증가함에 따라 매우 천천히 증가한다. 즉 $n = 2^x$일 때 $x = \lg n$이 성립한다. 예를 들어 $2^{10} = 1024$이므로, $\lg 1024$는 고작 10이다. 마찬가지로 $2^{20} = 1{,}048{,}576$이므로 $\lg 1{,}048{,}576$은 고작 20, $2^{30} = 1{,}073{,}741{,}824$여서 $\lg 1{,}073{,}741{,}824$는 고작 30에 그친다. 증가율 $n \lg n$과 n^2은 그저 인자 n을 $\lg n$으로 바꿨을 뿐이지만, 그 작은 차이가 여러분에게 큰 차이를 안겨줄 수 있다.

이제 그 차이를 구체적으로 알아보자. 빠른 컴퓨터 A에서 n개의 값을 정렬하는 데 n^2의 증가율을 갖는 정렬 알고리즘을 실행하고, 그보다 느린 컴퓨터 B에서 증가율이 $n \lg n$인 정렬 알고리즘을 실행해 둘을 비교해본다. 각각은 천만 개의 수가 담긴 배열을 정렬한다(천만 개가 많아 보일지 몰라도 수 하나가 8바이트 정수라면 입력이 차지하는 용량은 80메가바이트인데, 이 정도면 요즘 저렴한 랩톱 컴퓨터의 메모리에도 몇 번이고 적재가 가능한 크기다). 컴퓨터 A는 초당 백억 개의 명령어를 실행할 수 있고(이 정도면 이 책을 저술하는 시점에서 그 어떤 단일 직렬처리 컴퓨터보다 빠르다), 컴퓨터 B는 초당 천만 개의 명령어를 실행한다고 가정하면 컴퓨터의 성능만을 비교했을 때 A가 B보다 1000배 빠르다. 좀 더 극적인 효과를 내기 위해 A에서 실행하는 프로그램은 세계 최고의 프로그래머가 기계어로 작성했고, 그 결과로 n개의 수를 정렬하는

데 $2n^2$개의 명령어를 수행해야 한다고 가정한다. 반면 컴퓨터 B에서 동작하는 프로그램은 평범한 프로그래머가 비효율적인 컴파일러를 이용해서 하이레벨 언어로 작성했고, 그 결과로 $50n \lg n$개의 명령어를 수행해야 한다고 가정하자. 천만 개의 수를 정렬하는 데 걸리는 시간을 계산해보면, 컴퓨터 A는 다음과 같다.

$$\frac{2 \cdot (10^7)^2 \ \text{명령어}}{10^{10} \ \text{명령어/초}} = 20{,}000\text{초}$$

즉 5.5시간 이상이 걸린다. 이와 달리 컴퓨터 B는 다음과 같다.

$$\frac{50 \cdot 10^7 \lg 10^7 \ \text{명령어}}{10^7 \ \text{명령어/초}} \approx 1163\text{초}$$

즉 20분보다 적게 걸린다. 수행 시간이 천천히 증가하는 알고리즘을 사용한 덕에 비효율적인 컴파일러를 사용했음에도 불구하고 컴퓨터 B가 컴퓨터 A보다 17배 빠르다! $n \lg n$ 알고리즘의 장점은 1억 개의 수를 정렬할 때 더 극명히 드러난다. 컴퓨터 A에서 실행하는 n^2 알고리즘은 23일 이상이 걸리는 반면, 컴퓨터 B의 $n \lg n$ 알고리즘은 네 시간 이하가 소모된다. 일반적으로 문제의 크기가 커질수록 $n \lg n$ 알고리즘의 상대적인 이점도 커진다.

컴퓨터 하드웨어가 비약적으로 발전하고 있지만, 효율적인 알고리즘을 선택하는 일은 빠른 하드웨어나 고효율 운영체제를 선택하는 일만큼이나 시스템의 전체적인 성능에 큰 영향을 준다. 컴퓨터 기술의 여타 분야들이 급속히 발전하는 만큼, 알고리즘 분야도 빠르게 발전하고 있다.

더 읽을거리

지극히 주관적인 생각이지만 컴퓨터 알고리즘에 대한 가장 유용한 자료는 지독하게 잘생긴 네 저자의 작품인 『Introduction to Algorithms』 [CLRS09]라고 생각한다. 네 저자의 이름 첫 글자를 따서 CLRS라고 일컫는 이 책에서 많은 내용을 따왔음을 밝힌다. CLRS는 더 완전한 내용을 다루지만, 독자에게 약간의 컴퓨터 프로그래밍 경험을 요구하며, 이 책처럼 수학을 쉽게 풀어서 설명하지 않는다. 여러분이 이 책에서 다루는 정도의 수학에 익숙해지고 더 심도 깊은 주제를 파고들 준비가 됐다고 느낀다면, CLRS가 적합하리라 생각된다.

존 맥코믹John MacCormick의 책 『Nine Algorithms That Changed the Future』[Mac12] (『미래를 바꾼 아홉 가지 알고리즘』, 에이콘출판사, 2013)에서는 우리의 일상에 영향을 미치는 몇 가지 알고리즘과 그에 관련된 컴퓨팅의 여러 측면을 설명한다. 이 책의 접근법이 너무 수학적이라고 느낀다면 맥코믹의 책을 읽기 바란다. 수학적인 배경지식이 부족해도 대부분의 내용을 이해할 수 있을 것이다.

CLRS가 너무 시시하다고 느껴지는 불상사가 생긴다면, 여러 권으로 이뤄진 도널드 커누스Donald Knuth의 저서 『The Art of Computer Programming』[Knu97, Knu98a, Knu98b, Knu11] (한빛미디어, 2013)을 시도해보라. 책의 제목으로 인해 코드를 작성하는 상세한 방법을 다루는 책처럼 보이겠지만, 실은 알고리즘에 대한 뛰어나고 깊이 있는 분석이 가득한 책이다. 그러나 미리 경고하건대, TAOCP는 쉽지 않은 책이다. 어쨌든 '알고리즘'이라는 단어의 어원이 궁금하다면 커누스의 책에서 그 답을 알 수 있는데, 그에 따르면 19세기 페르시아의 수학자 이름인 '알-콰리즈미al-Khowârizmî'에서 파생됐다고 한다.

CLRS에 더하여 컴퓨터 알고리즘 분야의 훌륭한 참고 서적이 많이 출간됐는데, CLRS 1장의 노트에서 그 목록을 볼 수 있으니 참고하기 바란다.

2장

컴퓨터 알고리즘을 기술하고
평가하는 방법

1장에서는 컴퓨터 알고리즘의 수행 시간을 표현하는 방법을 살짝 맛봤는데, 수행 시간을 입력 크기에 대한 함수, 특히 수행 시간의 증가 차수에 집중해 설명했다. 2장에서는 이에 대한 보충 설명과 더불어 컴퓨터 알고리즘을 기술하는 방법을 살펴본다. 다음으로 알고리즘의 수행 시간을 특징짓는 표기법을 알아보고, 마지막으로 알고리즘을 설계하고 이해하는 데 필요한 기법을 정리한다.

컴퓨터 알고리즘을 기술하는 방법

우리가 항상 선택할 수 있는 방법으로는 자바나 C, C++, 파이썬, 포트란 등의 일반적인 프로그래밍 언어를 이용해 실행 가능한 프로그램의 형태로 알고리즘을 기술하는 방법이 있다. 몇몇 알고리즘 서적에서는 이러한 방법을 사용한다. 하지만 실제 프로그래밍 언어를 사용하면 해당 언어의 세부사항에 신경 쓰느라 알고리즘의 바탕에 있는 아이디어를 놓칠 수 있다. 『Introduction to Algorithms』에서 채용한 또 다른 방법으로는 의사코드pseudocode가 있다. 의사코드는 마치 여러 가지 프로그래밍 언어와 영어를 섞어놓은 듯이 보인다. 여러분이 실제 프로그래밍 언어를 사용해본 적이 있다면 의사코드도 쉽게 이해할 수 있다. 그러나 여러분이 프로그래밍을 해본 적이 없다면 의사코드가 약간은 의문스러울 수 있다.

이 책에서는 하드웨어나 소프트웨어가 아니라 여러분의 두 귀 사이에 있는 회색 물체인 웨트웨어wetware[1]에게 알고리즘을 설명하는 접근 방식을 취한다. 이와 더불어 여러분이 컴퓨터 프로그램을 작성해본 적이 없다는 전제하에, 알고리즘을 설명할 때 실제 프로그래밍 언어는 물론이고 의사코드조차도 사용하지 않는다. 대신 영어와 실세계의 예시에 대한 비유를 최대한 사용해 알고리즘을 설명한다. 언제 어떤 일이 일어나는지(프로그래밍에서는 이를 일컬어 제어 흐름flow of control이라고 함)를 설명할 때는 목록과 그 안에 또 다른 목록을 포함하는 목록을 사용한다. 여러분이 알고리즘을 실제 프로그래밍 언어로 구현하길 원한다면, 이 책의 설명을 실행 가능한 코드로 번역할 수 있는 권한을 주겠다.

최대한 기술적이지 않은 방법으로 설명하겠지만, 이 책이 컴퓨터 알고리즘을 다루는 만큼 컴퓨터 용어를 사용한다. 예를 들어 컴퓨터 프로그램은 (실제 프로그래밍 언어에서는 함수function나 메소드method라고 부르는) **프로시저** procedure를 포함하는데, 프로시저는 작업을 수행하는 방법을 정의한다. 프로시저가 실제로 정의된 작업을 수행하게 하려면 프로시저를 **호출**call해야 한다. 그리고 프로시저를 호출할 때는 입력을 제공한다(일반적으로 적어도 하나의 입력을 받지만, 입력을 받지 않는 프로시저도 있다). 그 입력은 프로시저 이름 다음에 이어지는 괄호 안에 **매개변수**parameter로 지정한다. 예를 들어 주어진 수의 제곱근을 구하는 프로시저 SQUARE-ROOT(x)를 정의한다면, 프로시저의 입력은 매개변수 x로 참조할 수 있다. 함수 호출 시에 출력이 생성될 수도 있고 그렇지 않을 수도 있는데, 프로시저가 출력을 생성하는 경우에

---

1 웨트웨어는 사람의 뇌를 컴퓨터에 대비해 일컫는 말이다. - 옮긴이

호출자caller에게 되돌려지는 무언가를 출력으로 여길 수 있다. 이를 컴퓨터 용어로 표현하면 프로시저가 값을 **반환**return한다고 말한다.

상당수의 프로그램과 알고리즘이 배열을 이용한다. **배열**array은 동일한 타입type의 데이터를 하나의 실체entity로 묶어놓은 것을 말하는데, 배열을 표table에 비유해 생각해보자. 표의 각 **항목**entry에는 상응하는 **인덱스**index가 주어지고, 이 인덱스에 대응하는 배열의 **요소**element를 떠올려보자. 예를 들어, 미국의 초기 대통령 다섯 명을 포함하는 표는 다음과 같다.

인덱스	대통령
1	조지 워싱턴
2	존 애덤스
3	토머스 제퍼슨
4	제임스 매디슨
5	제임스 먼로

이 표에서 인덱스 4에 해당하는 요소는 제임스 매디슨이다. 우리는 이 표를 5개의 분리된 실체가 아니라 5개의 항목을 포함하는 표 하나로 인식한다. 배열도 이와 같다. 배열의 인덱스는 어디서든 시작할 수 있는 연속된 수이지만, 일반적으로는 1부터 시작한다.[2] 배열의 특정한 요소를 가리킬 때는 주어진 배열의 이름과 인덱스를 각괄호로 조합한다. 예를 들어 배열 A의 i번째 요소는 $A[i]$로 표기한다.

컴퓨터의 배열에는 또 한 가지 중요한 특징이 있다. 배열의 어떤 요소에 접근하든 소요되는 시간은 같다는 점이다. 컴퓨터에게 주어진 배열의 인덱스를 i라고 한다면, i의 값에 상관없이 첫 번째 요소에 접근할 때처럼 빠르게 i번째 요소에 접근할 수 있다.

---

2 자바나 C, C++로 프로그래밍을 했다면 0에서 시작하는 배열에 익숙할 텐데, 0으로 시작하는 배열이 컴퓨터에게는 적합하지만 사람의 뇌는 1부터 시작하는 편이 더 직관적이다.

이제 우리의 첫 번째 알고리즘으로 배열에서 특정 값을 찾는 알고리즘을 살펴보자. 즉 주어진 배열에서 원하는 값과 동일한 항목이 존재하는지, 존재한다면 어떤 항목인지를 알려고 한다. 배열을 탐색search하는 방법을 설명하기 위해, 배열을 책이 가득한 책꽂이로 생각하고, 조너선 스위프트 Jonathan Swift의 책을 책꽂이의 어느 곳에서 찾을 수 있는지 알고 싶다고 가정하자. 이 책꽂이는 저자 이름의 알파벳 순서나 제목의 알파벳 순서, 도서관의 호출 번호를 기준으로 정리될 수 있다. 어쩌면 내 집의 책꽂이처럼 전혀 정리가 안 됐을 수도 있다.

책꽂이의 책이 어떤 식으로 정리됐는지를 알 수 없다면 조너선 스위프트의 책을 어떻게 찾아야 할까? 이제 내가 수행할 알고리즘을 설명한다. 우선 책꽂이의 왼쪽부터 시작해 가장 왼쪽의 책부터 확인한다. 그 책이 스위프트의 책이라면 원하는 책을 찾은 것이고, 그렇지 않으면 스위프트의 책을 찾거나 책꽂이의 오른쪽 끝에 다다를 때까지 순서대로 오른쪽의 책을 확인한다. 책꽂이의 오른쪽 끝에 다다른다면 책꽂이에는 조너선 스위프트의 책이 없다고 결론지을 수 있다(3장에서는 정리된 책꽂이에서 책을 찾는 방법을 소개한다).

이제 이러한 탐색 문제를 컴퓨터 용어로 기술하는 방법을 알아보자. 책이 꽂힌 책꽂이를 책의 배열로 생각하자. 가장 왼쪽 책의 위치는 1, 그 오른쪽에 있는 다음 책의 위치는 2, 나머지 책의 위치 번호도 같은 식으로 부여한다. 책꽂이의 책이 n개라면 가장 오른쪽 책의 위치는 n이다. 우리는 이 책꽂이에서 조너선 스위프트의 저서 중 하나의 위치 번호를 알고 싶다.

일반적인 컴퓨팅 문제로 보자면, n개의 요소(책꽂이의 책들)를 포함하는 배열 A(탐색 대상이 될 책들로 가득한 책꽂이)가 주어지고, 우리는 어떤 값 x(조너선 스위프트의 책)가 배열에 존재하는지를 알고 싶다. 값 x가 존재한다면 $A[i] = x$를 만족하는 인덱스 i를 알고 싶다(책꽂이의 i번째 위치에 조너선 스위프트의 책이 꽂혀 있다). 반면 배열 A에 x가 존재하지 않음을 나타낼 방법도 필요하다(책꽂이에 조너선 스위프트의 책이 없다). x가 배열에서 딱 한 번 등장한다고 가정하지 않으므로(같은 책을 여러 권 갖고 있는 경우), 배열 A에 x가 존재한다면 여러 번 등장할 수도 있다. 우리가 검색 알고리즘에서 얻고자 하는 바는 배열에서 x가 존재하는 인덱스 중 하나를 구하는 일이다. 배열의 인덱스는 1에서 시작한다고 가정하므로, 배열의 요소는 $A[1]$부터 $A[n]$까지 존재한다.

책꽂이의 맨 왼쪽부터 시작해 차례대로 오른쪽으로 조너선 스위프트의 책을 찾아나간다면, 이러한 방법을 **선형 탐색**linear search이라고 한다. 컴퓨터의 배열 관점에서 보자면, 배열의 맨 앞부터 시작해 차례대로 각 요소를 확인하고($A[1]$, 다음에 $A[2]$, 다음에 $A[3]$, $\cdots$, $A[n]$까지), x를 하나라도 찾았다면 그 위치를 기록한다.

아래의 프로시저 LINEAR-SEARCH는 쉼표로 구분된 매개변수 3개를 받는다.

프로시저 LINEAR-SEARCH(A, n, x)

입력

- A: 배열
- n: 검색 대상이 될 배열 A의 요소의 개수
- x: 찾고자 하는 값

출력: $A[i] = x$를 만족하는 인덱스 i 또는 0이나 음수처럼 배열의 유효하지 않은 인덱스를 나타내는 특별한 값 NOT-FOUND

1. *answer*를 NOT-FOUND로 지정한다.
2. 1부터 n까지 순서대로 각 인덱스 i에 대해

A. $A[i] = x$이면 *answer*에 i의 값을 저장한다.
3. *answer*의 값을 출력으로 반환한다.

매개변수 A와 n, x에 더하여 LINEAR-SEARCH 프로시저는 *answer*라는 이름의 **변수**variable를 사용하는데, 1단계에서 *answer*에 초깃값initial value NOT-FOUND를 **대입**assign한다. 2단계에서는 $A[1]$부터 $A[n]$까지 배열의 각 요소가 x를 값으로 갖는지 확인한다. 요소 $A[i]$가 x와 같으면, 2A단계에서 i의 현재 값을 *answer*에 대입한다. x가 배열에 존재하면, x가 등장한 마지막 인덱스를 3단계에서 출력으로 반환한다. 반대로 x가 배열에 존재하지 않으면 2A단계의 상등 비교equality test가 참true이 될 수 없으므로, 1단계에서 *answer*에 대입했던 NOT-FOUND를 출력 값으로 반환한다.

선형 탐색에 대한 논의를 이어가기 전에, 위의 2단계처럼 같은 동작을 반복하는 일을 일컫는 용어에 대해 알아보자. 알고리즘에서 특정 구간의 값을 갖는 변수를 다루는 일은 매우 흔하다. 이처럼 반복적인 작업을 수행하는 일을 **루프**loop라고 하며, 루프가 한 번 수행되는 것을 루프의 **이터레이션**iteration이라고 한다. 2단계의 루프에서는 '1부터 n까지 순서대로 각 인덱스 i에 대해'라고 썼는데, 지금부터는 짧지만 같은 의미로 '$i = 1$부터 n까지For i =1 to n'를 사용한다. 이런 방법으로 루프를 작성한다면, **루프 변수**loop variable(여기서는 i)가 필요하며, 그 변수의 초깃값(여기서는 1)을 지정해야 하고, 루프의 이터레이션마다 루프 변수의 현재 값을 한계limit(여기서는 n)와 비교해야 한다. 루프 변수의 현재 값이 한계보다 작거나 같다면 루프의 **몸체**body(여기서는 2A단계)를 모두 실행한다. 이터레이션에서 루프 몸체를 실행한 후에는 루프 변수의 값을 **증가**increment시킨 후에(1을 더한 후에) 루프 변수의 새로운 값을 한계와 비교한다. 그리고 루프 변수가 한계를 초과할 때까지 루프 변수와 한계를 비교하고, 루프 몸체를 실행하고, 루프 변수를 증가시키는 일을 반복한다. 이렇게 루프가 끝난 후에는 루프 몸체의 바로 다음 단계(여기서는 3단계)부터 실행을 계속한다. 참고로 '$i = 1$부터 n까지'의 형태인 루프는 이터레이션을 n번 실행하고, 루프 변수와 한계의 비교를 $n + 1$번 수행한다(($n + 1$)번째 비교에서 루프 변수가 한계를 초과하기 때문에).

LINEAR-SEARCH 프로시저가 항상 올바른 답을 반환한다는 점은 쉽게 이해할 수 있을 것이다. 그러나 LINEAR-SEARCH 프로시저가 비효율적이라는 사실도 알 수 있을 것이다. $A[i] = x$를 만족하는 i를 찾은 후에도 배열을 계속 탐색하기 때문이다. 보통은 책꽂이에서 책을 찾았다면 더 이상 책을 찾지 않을 것이다. 이제 배열에서 x를 찾으면 탐색을 멈추도록 선형 탐색 프로시저를 설계하자. 여기서 값을 반환한다는 말은 프로시저가 호출자에게 즉시 값을 반환하고, 호출자가 제어 흐름을 소유함을 말한다.

프로시저 BETTER-LINEAR-SEARCH(A, n, x)

입력과 출력: LINEAR-SEARCH와 동일

1. $i = 1$부터 n까지
   A. $A[i] = x$이면 i의 값을 출력으로 반환한다.
2. NOT-FOUND를 출력으로 반환한다.

믿기지 않겠지만 선형 탐색을 이보다 더 효율적으로 만들 수 있다. 1단계의 루프에서 BETTER-LINEAR-SEARCH 프로시저는 이터레이션마다 두 번의 비교를 수행한다. 첫 번째로 1단계에서 $i \leq n$인지를 결정하는 비교를 수행한다(비교 결과가 참이면 다음 이터레이션을 실행한다). 두 번째로 1A단계에서 두 값이 같은지를 비교한다. 책꽂이를 찾는 일에 비유하자면, 두 번

의 비교는 모든 책에 대해 책꽂이의 끝을 지나쳤는지, 책의 저자가 조너선 스위프트인지를 확인하는 일과 같다. 물론 책꽂이의 끝을 지나친다고 해서 큰 문제가 생기지는 않는다(벽에 머리를 부딪히지 않는다면). 그러나 컴퓨터에서는 배열의 끝을 지나서 요소에 접근하려고 하면 큰 불상사가 생긴다. 프로그램이 비정상적으로 종료되거나 데이터가 손상될 수 있다.

이제 탐색 대상이 되는 책 한 권마다 한 번의 비교만 수행하게 해보자. 책꽂이에 조너선 스위프트의 책이 반드시 존재한다면 어떨까? 책을 적어도 한 권 찾는다는 사실을 확신한다면, 책꽂이의 끝을 지나쳤는지를 확인할 필요가 없다. 그냥 스위프트의 책인지만 확인하면 된다.

그러나 조너선 스위프트의 책을 모두 빌려줬거나 그의 책을 갖고 있다고 착각했다면 책꽂이에 조너선 스위프트의 책이 있다고 확신할 수 없다. 그렇다면 이렇게 해보자. 책과 비슷한 크기의 빈 상자를 준비하고, 상자의 좁은 옆면에(책등이 있는 쪽에) '걸리버 여행기, 조너선 스위프트 저'라고 써 보자. 그리고 이 상자를 맨 오른쪽 책과 바꿔놓는다. 이렇게 하면 왼쪽에서 오른쪽으로 책꽂이를 찾는 과정에서 현재 책이 조너선 스위프트의 책인지만 확인하면 된다. 스위프트의 저서를 찾을 거라고 확신한다면 책꽂이의 끝을 지나쳤는지를 확인할 필요가 없기 때문이다. 남은 문제는 오로지 진짜 스위프트의 책을 찾았는지, 아니면 그의 이름을 적어놓은 빈 상자를 찾았는지 뿐이다. 하지만 이는 쉽게 확인할 수 있으며, 책꽂이의 모든 책에 대해서가 아니라 탐색의 마지막에 한 번만 확인하면 된다.

아직 고려해야 할 사항이 하나 더 남아 있다. 여러분이 소장한 유일한 조너선 스위프트의 저서가 책꽂이에서 가장 오른쪽에 있는 책이라면 어떨까? 이 마지막 책을 빈 상자와 바꿔놓은 상태에서 탐색이 빈 상자 자리에서 끝난다면, 스위프트의 책이 없다고 결론지을 수도 있다. 따라서 이런 가능성을 염두에 두고 한 번 더 확인을 해야 하지만, 이 작업도 책꽂이의 모든 책에 대해서가 아니라 한 번만 수행하면 된다.

컴퓨터 알고리즘 관점에서 설명하자면, 마지막 요소 $A[n]$의 요소를 다른 변수에 저장한 후에 찾는 값 x를 $A[n]$에 대입한다. x를 찾은 후에는 찾은 값이 진짜인지 확인한다. 이처럼 배열에 넣어둔 값을 **보초 값**^{sentinel}이라고 하는데, 그냥 빈 상자로 생각해도 좋다.

프로시저 SENTINEL-LINEAR-SEARCH(A, n, x)

입력과 출력: LINEAR-SEARCH와 동일

1. $A[n]$을 $last$에 저장한 후 x를 $A[n]$에 넣는다.
2. i를 1로 지정한다.
3. $A[i] \neq x$인 동안, 다음을 실행한다.
   A. i를 증가시킨다.
4. $last$의 값을 $A[n]$으로 되돌린다.
5. $i < n$이거나 $A[n] = x$이면, i의 값을 출력으로 반환한다.
6. 그렇지 않으면 NOT-FOUND를 출력으로 반환한다.

3단계는 루프지만 루프 변수의 값을 세는 대신 특정 조건이 참인 동안 루프를 반복하는데, 예제에서 사용한 조건은 $A[i] \neq x$이다. 이런 형식의 루프를 해석하는 방법을 알아보자. 우선 조건을 확인한다(여기서는 $A[i] \neq x$). 그리고 조건이 참이면 루프 몸체의 모든 작업을 수행한다(여기서는 i를 증가시키는 3A단계). 이제 조건을 다시 확인하고, 조건이 참이면 루프 몸체를 실행한다. 조건이 거짓이 될 때까지 조건 확인과 루프 몸체 실행을 반복한다. 조건이 거짓이면 루프 몸체 다음 단계부터 실행을 계속한다(여기서는 4단계를 수행한다).

SENTINEL-LINEAR-SEARCH 프로시저는 앞서 살펴본 두 선형 탐색 프로시저보다 약간 복잡하다. $A[i]$와 x가 동일해서 3단계의 조건 확인이 언젠가 반드시 종료되려면, 1단계에서 x를 $A[n]$에 저장해야 하기 때문이다. 동일한 값을 발견하면 3단계의 루프를 종료하고, 그 후로는 인덱스 i를 변경하지 않는다. 이제 다른 작업을 하기 전에 4단계에서 $A[n]$의 원래 값을 되돌려놓는다(우리 어머니는 다 쓴 물건은 제자리에 되돌려놓으라고 가르치셨다). 다음으로 배열에서 진짜 x를 찾았는지 확인한다. 마지막 요소 $A[n]$에 x를 저장했으니 $i < n$을 만족하는 $A[i]$에서 x를 찾았다면, 진짜 x를 찾았으므로 인덱스 i를 반환한다. 그렇지 않고 x를 $A[n]$에서 찾았다면? $A[n]$ 이전에 x를 찾지 못했으므로 $A[n]$이 x와 같은지를 확인해야 한다. 두 값이 같다면 마지막 i와 같은 값, 즉 n을 반환한다. 이와 반대로 두 값이 다르면 NOT-FOUND를 반환한다. 5단계에서 이러한 확인을 수행한 후, x가 원래 배열에 존재했다면 올바른 인덱스를 반환한다. 이와 달리 1단계에서 x를 배열에 넣어둔 덕에 x를 찾았다면, 6단계에서 NOT-FOUND를 반환한다. SENTINEL-LINEAR-SEARCH가 루프를 종료한 후에 두 번의 확인을 거쳐야 하지만 루프의 각 이터레이션에서 단 한 번의 확인만 수행하므로 LINEAR-SEARCH나 BETTER-LINEAR-SEARCH보다 효율적이다.

수행 시간을 특징짓는 방법

이제 39페이지의 LINEAR-SEARCH 프로시저로 돌아가서, 그 수행 시간을 살펴보자. 수행 시간을 입력의 크기에 대한 함수로 표현한 일을 기억하는가? 여기서 우리의 입력은 n개의 요소가 포함된 배열 A와 정수 n, 찾고자 하는 값 x이다. n은 정수 하나일 뿐이고, x는 n개의 요소 중 하나의 크기와 같으므로 배열이 커질수록 n과 x의 크기는 중요하지 않게 된다. 따라서 A의 요소 개수 n이 입력의 크기라고 할 수 있다.

그리고 수행 시간에 대한 간단한 가정을 전제로 한다. 개별 연산은 입력의 크기에 상관없이 고정된 수행 시간을 갖는다. 여기서 말하는 연산은 산술 연산(덧셈, 뺄셈, 곱셈, 나눗셈 등)과 비교, 인덱스를 이용한 배열 접근indexing, 프로시저 호출이나 반환 등을 포함한다.[3] 연산의 종류에 따라 수행 시간이 다를 수 있고, 따라서 나눗셈은 덧셈보다 오래 걸릴지도 모른다. 그러나 알고리즘의 한 단계가 간단한 연산들로 이뤄진다면, 해당 단계를 한 번 수행하는 시간은 특정 상수로 같다. 각기 다른 단계마다 수행하는 연산들이 다르고, 27페이지에서 살펴본 외부적 요인 때문에 각 단계를 수행하는 시간은 서로 다를 수 있다. 지금부터 i 단계를 한 번 실행하는 데 걸리는 시간을 t_i 라고 한다. 여기서 t_i 는 입력의 크기 n 에 독립적인 상수를 나타낸다.

물론 몇몇 단계는 여러 번 실행됨을 고려해야 한다. 1단계와 3단계는 딱 한 번 실행되지만, 2단계는 어떨까? i 와 n 을 총 $(n+1)$ 번 비교해야 한다. $i \leq n$ 인 동안 n 번, i 가 $n+1$ 과 같아져서 루프가 종료될 때 한 번 비교를 수행한다. 2A단계는 i 의 값이 1부터 n 까지 증가하면서 정확히 n 번 수행된다. *answer*에 i 의 값을 대입하는 일은 몇 번 수행될지 미리 알 수 없으며, 0번(배열에 x 가 없는 경우)부터 n 번(배열의 모든 값이 x 와 같은 경우)까지의 어떤 수만큼 반복될 것이다. 그래야 할 경우는 별로 없지만 정확한 계산을 하려면 2단계에서 각각 다른 횟수만큼 실행되는 각기 다른 두 작업을 실행한다는 사실을 알아야 한다. i 와 n 을 비교하는 일은 $n+1$ 번 수행되고, i 를 증가시키는 일은 n 번 실행된다. 이제 2단계의 수행 시간을 비교에 드는 시간 t_2' 와 증가에 드는 시간 t_2'' 로 나눠보자. 마찬가지로 2A단계의 수

---

3 실제 컴퓨터 구조를 아는 사람이라면 변수나 배열의 요소가 캐시와 메인 메모리, 가상 메모리 시스템이 관장하는 디스크 중 어디에 있느냐에 따라 해당 변수나 배열의 요소에 접근하는 시간이 다를 수 있다는 사실을 알 것이다. 일부 정교한 모델의 컴퓨터에서는 이런 점을 고려하지만, 많은 경우에 모든 변수와 배열의 요소가 메인 메모리에 존재하며 그에 대한 접근 시간이 모두 같다고 가정해도 좋다.

행 시간도 $A[i] = x$를 비교하는 시간 t_{2A}'와 *answer*에 i의 값을 넣는 t_{2A}''로 나누자. 이렇게 하면 LINEAR-SEARCH의 수행 시간은 다음과 같은 두 수식 사이에 위치하게 된다.

$$t_1 + t_2' \cdot (n+1) + t_2'' \cdot n + t_{2A}' \cdot n + t_{2A}'' \cdot 0 + t_3$$

와

$$t_1 + t_2' \cdot (n+1) + t_2'' \cdot n + t_{2A}' \cdot n + t_{2A}'' \cdot n + t_3$$

이제 한계를 나타내는 두 수식에서 n을 곱하는 항을 하나로 묶고 나머지 항을 모아서 식을 정리하자. 이렇게 하면 수행 시간은 다음과 같은 **하한계**^{lower bound}와

$$(t_2' + t_2'' + t_{2A}') \cdot n + (t_1 + t_2' + t_3)$$

다음과 같은 **상한계**^{upper bound} 사이에 위치한다.

$$(t_2' + t_2'' + t_{2A}' + t_{2A}'') \cdot n + (t_1 + t_2' + t_3)$$

두 한계 모두 $c \cdot n + d$의 형식인데, c와 d는 n에 독립적인 상수다. 즉 위의 두 식 모두 n의 선형 함수^{linear function}다. 다시 말해서 LINEAR-SEARCH 수행 시간의 아래쪽 한계는 n의 선형 함수이고, 위쪽 한계도 n의 선형 함수다.

이처럼 수행 시간의 위쪽 한계가 n의 선형 함수이고, 아래쪽 한계도 n의 선형 함수(다른 함수일 수도 있음)라는 사실을 나타내는 표기법이 존재한다. 수행 시간을 $\Theta(n)$으로 표기하는 방법이다. 이 문자는 그리스 문자 세타^{theta}이며, 'n의 세타'나 더 짧게 '세타 n'이라고 읽는다. 1장에서 약속한 대로 이 표기법은 차수가 낮은 항($t_1 + t_2' + t_3$)과 n의 계수(하한계의 $t_2' + t_2'' + t_{2A}'$와 상한계의 $t_2' + t_2'' + t_{2A}' + t_{2A}''$)는 버린다. 수행 시간을 $\Theta(n)$으로 특징지으면 정밀성을 잃지만, 성가신 세부사항에 신경 쓰지 않고 수행 시간

의 증가 차수에만 집중할 수 있다.

Θ 표기법은 알고리즘의 수행 시간뿐만 아니라 함수에도 일반적으로 적용되며, 선형이 아닌 함수에도 적용된다. 그 개념은 이렇다. 두 함수 $f(n)$과 $g(n)$이 있을 때, 충분히 큰 n에 대해 $f(n)$이 $g(n)$의 상수배 안에 존재하면 $f(n)$은 $\Theta(g(n))$이다. 따라서 충분히 큰 n에 대해 LINEAR-SEARCH의 수행 시간은 n의 상수배 안에 있다.

Θ 표기법을 기술적으로 엄밀하게 정의할 수 있지만, 다행히 그 정의를 굳이 설명하지 않아도 Θ 표기법을 사용할 수 있다. 그저 지배적인 항에 집중하고, 낮은 차수의 항과 상수 인자를 버리면 된다. 예를 들어 $n^2/4 + 100n + 50$은 $\Theta(n^2)$이다. 여기서 낮은 차수의 항 $100n$과 50을 버리고 상수 인자 $1/4$도 버린다. n의 값이 작을 때는 차수가 낮은 항이 $n^2/4$보다 클 수 있지만, n이 400을 넘어가면 $n^2/4$ 항이 $100n + 50$을 초과한다. $n = 1000$일 때, $n^2/4$는 $250{,}000$인 반면 낮은 차수의 항 $100n + 50$은 겨우 $100{,}050$이다. $n = 2000$일 때, 그 차이는 $1{,}000{,}000$과 $200{,}050$으로 더 커진다. 알고리즘의 세계에서는 표기 방식에 약간의 꼼수를 부려서 $f(n) = \Theta(g(n))$으로 쓴다.[4] 따라서 $n^2/4 + 100n + 50 = \Theta(n^2)$으로 쓸 수 있다.

이제 41페이지 BETTER-LINEAR-SEARCH의 수행 시간을 살펴보자, LINEAR-SEARCH보다 약간 까다로운데, 루프가 몇 번 반복될지 미리 알 수 없기 때문이다. $A[1]$이 x와 같다면 한 번 반복한다. x가 배열에 존재하지 않으면 루프를 최대 횟수인 n번 반복한다. 루프의 각 이터레이션은 상수 시간을 차지하므로, 최악의 경우worst case에 BETTER-LINEAR-SEARCH는 배열의 요소 n개를 탐색하는 데 $\Theta(n)$시간이 걸린다. 왜 '최악의 경우'라

---

4 저자가 '꼼수'라는 표현을 쓴 이유는 $f(n) = \Theta(g(n))$에서 등호가 일반적인 의미의 '서로 같다'가 아니라, $f(n)$의 점근적 특징이 등호 오른쪽과 같다는 의미이기 때문이다. — 옮긴이

고 말하는가? 우리는 알고리즘의 수행 시간이 낮기를 바라기에, 모든 가능한 입력에 대해 알고리즘이 최대의 시간을 소모할 때가 바로 최악의 경우라고 할 수 있다.

최선의 경우best case, 즉 $A[1]$이 x와 같을 때 BETTER-LINEAR-SEARCH는 상수 시간을 소모한다. i를 1로 지정하고, $i \leq n$을 확인하고, $A[i] = x$가 참이 되면 프로시저는 i의 값인 1을 반환한다. 이 모든 시간은 n에 독립적이다. 이처럼 최선의 경우에 프로시저의 수행 시간이 1의 상수배이므로 BETTER-LINEAR-SEARCH의 최선의 수행 시간best-case running time은 $\Theta(1)$이다. 다시 말해, 프로시저의 최선의 수행 시간이 n에 독립적인 상수다.

결국 모든 경우에 대해 BETTER-LINEAR-SEARCH의 수행 시간을 나타내는 포괄적인 명제로서 Θ 표기법이 부적절함을 알 수 있다. 최선의 경우에 프로시저의 수행 시간이 $\Theta(1)$이므로 수행 시간이 항상 $\Theta(n)$이라고 말할 수 없다. 반대로 최악의 경우에 프로시저의 수행 시간이 $\Theta(n)$이므로 수행 시간이 항상 $\Theta(1)$이라고 말할 수도 없다. 다만, 모든 경우의 상한계가 n의 선형 함수라고 말할 수 있을 뿐이며, 이런 경우를 $O(n)$으로 표기하고 'n의 빅 오big-oh'나 그냥 'n의 오'라고 읽는다. n이 충분히 클 때, $f(n)$의 위쪽 한계가 $g(n)$의 상수배이면 $f(n)$은 $O(g(n))$이다. 여기서도 약간은 꼼수를 부려서 $f(n) = O(g(n))$으로 표기한다. BETTER-LINEAR-SEARCH의 모든 경우에 대한 수행 시간을 특징짓는 포괄적 명제가 바로 $O(n)$이다. 수행 시간이 n의 선형 함수보다 더 나을 수는 있지만 그보다 더 나쁠 수는 없기 때문이다.

수행 시간이 n에 대한 함수의 상수배보다 더 나쁠 수 없음을 나타내는 방법이 O 표기법이라면, 수행 시간이 n에 대한 함수의 상수배보다 더 좋을 수 없음을 나타내는 방법은 무엇일까? 이는 곧 하한계와 동일하며, Ω 표기법을 이용한다. Ω 표기법은 O 표기법과 반대로, $f(n)$의 아래쪽 한계가 $g(n)$의 상수배이면 함수 $f(n)$은 $\Omega(g(n))$이다. 이를 일컬어 '$f(n)$은 $g(n)$의 빅 오메가'나 '$f(n)$은 $g(n)$의 오메가'라고 말하며, $f(n) = \Omega(g(n))$으로 쓸 수 있다. O 표시법은 상한계를, Ω 표기법은 하한계를, Θ 표기법은 상한계와 하한계를 모두 의미하므로, $f(n)$이 $O(g(n))$인 동시에 $\Omega(g(n))$일 때에만if and only if $f(n) = \Theta(g(n))$이다.[5]

BETTER-LINEAR-SEARCH의 수행 시간에 대한 하한계는 어떤 경우든 $\Omega(1)$이라는 포괄적 명제를 세울 수 있다. 그러나 어떤 알고리즘도 모든 입력에 대해 적어도 상수 시간이 걸리므로, 이 명제는 큰 의미가 없다. Ω 표기법은 자주 사용하지 않지만 때때로 유용하다.

Θ 표기법과 O 표기법, Ω 표기법을 통틀어 일컫는 말이 바로 **점근적 표기법**asymptotic notation이다. 인자가 점점(점근적으로) 무한대에 가까워질 때, 함수의 증가를 특징짓는다는 뜻이다. 모든 점근적 표기법은 낮은 차수의 항과 상수 인자를 지움으로써 사소한 세부사항에 신경 쓰지 않고 중요한 부분, 즉 n이 증가함에 따라 함수가 어떻게 증가하는지에 집중할 수 있게 해준다.

이제 43페이지의 SENTINEL-LINEAR-SEARCH를 다시 살펴보자. BETTER-LINEAR-SEARCH와 마찬가지로 루프의 각 이터레이션은 상수 시간을 차지하며, 1부터 n까지의 어떤 수만큼 반복한다. 반면 SENTINEL-LINEAR-SEARCH와 BETTER-LINEAR-SEARCH의 중요한 차이점은 SENTINEL-LINEAR-SEARCH의 이터레이션당 수행 시간이 BETTER-LINEAR-SEARCH의 이터레이션당 수행 시간보다 짧다는 사실이다. 두 프로시저 모두 최악의 경우 수행 시간은 선형적이지만, SENTINEL-LINEAR-SEARCH의 상수 인자가 더 작다. 실제로는 SENTINEL-LINEAR-SEARCH가 더 빠르다고 할지라도 겨우 상수배일 뿐이다. BETTER-LINEAR-SEARCH

---

5 역으로 $f(n) = \Theta(g(n))$일 때에만 $f(n) = O(g(n))$인 동시에 $f(n) = \Omega(g(n))$이다. 즉 두 조건은 서로의 필요충분조건necessary and sufficient condition이다. 앞으로도 이 책에서 '때에만'이라는 표현은 필요충분조건을 나타내는 경우에만 사용한다. - 옮긴이

와 SENTINEL-LINEAR-SEARCH의 수행 시간을 점근적 표기법으로 표현하면, 최악의 경우 $\Theta(n)$이고 최선의 경우 $\Theta(1)$, 모든 경우에 $O(n)$으로 동일하다.

루프 불변조건

세 가지 종류의 선형 탐색 각각에 대해 올바른 답을 생성한다는 사실을 증명하기는 쉽지만, 정확성을 증명하기가 약간 어려운 경우도 있다. 이를 위해 이 책에서 다룰 수 없을 정도로 다양한 기법이 존재한다.

정확성을 증명하는 일반적인 방법 중의 하나는 **루프 불변조건**loop invariant을 사용하는 것으로, 루프의 각 이터레이션을 시작할 때 루프 불변조건이 항상 참임을 증명하면 된다. 루프 불변조건을 이용해 우리의 정확성을 주장하려면 세 가지를 증명해야 한다.

시작initialization: 루프의 첫 번째 이터레이션을 시작하기 전에 불변조건이 참이다.

유지maintenance: 루프의 이터레이션을 시작하기 전에 불변조건이 참이면 다음 이터레이션을 시작하기 전까지 불변조건이 계속 참이다.

종료termination: 루프는 반드시 종료된다. 그리고 루프가 종료된다면, 루프 불변조건은 루프가 종료되는 이유에 대한 유용한 힌트를 준다.

예를 들어 BETTER-LINEAR-SEARCH의 루프 불변조건은 다음과 같다.

1단계의 각 이터레이션을 시작하는 시점에, x가 배열 A에 존재하면 **부분배열**subarray(배열의 연속된 일부분) $A[i]$부터 $A[n]$에 x가 존재한다.

굳이 루프 불변조건을 사용하지 않아도 프로시저가 NOT-FOUND가 아닌 인덱스를 반환한다면, 반환된 인덱스가 올바르다는 사실을 증명할 수 있다. 1A단계에서 프로시저가 인덱스 i를 반환하는 유일한 경우는 x가 $A[i]$

와 같은 경우이기 때문이다. 대신 프로시저가 2단계에서 NOT-FOUND를 반환했다면 x가 배열에 존재하지 않음을 루프 불변조건을 이용해 증명해 보자.

시작: 처음에 $i = 1$일 때, 루프 불변조건에서 언급한 부분배열이 $A[1]$부터 $A[n]$까지, 즉 전체 배열이다.

유지: 인덱스 값이 i인 이터레이션이 시작할 때 x가 배열에 존재한다고 가정하면, x는 부분배열 $A[i]$부터 $A[n]$에 존재한다. 프로시저가 반환하지 않고 해당 이터레이션을 지나친다면 $A[i] \neq x$임을 알 수 있다. 따라서 x가 배열 A에 존재한다면 부분배열 $A[i+1]$부터 $A[n]$에 x가 존재한다고 할 수 있다. 다음 이터레이션을 시작하기 전에 i가 증가하므로 다음 이터레이션에서도 루프 불변조건은 참이다.

종료: 프로시저가 1A단계나 $i > n$일 때 반환하므로 루프는 반드시 종료된다. 프로시저가 1A단계에서 반환함으로 인해 루프가 종료되는 경우는 앞에서 이미 살펴봤다.

    $i > n$이 되어 루프가 종료되는 경우를 증명하기 위해 루프 불변조건의 **대우**contrapositive를 이용한다. 'A이면 B이다'라는 명제의 대우는 'B가 아니면 A가 아니다'이며, 주어진 명제가 참일 때에만 해당 명제의 대우도 참이다. 예제에서 루프 불변조건의 대우는 'x가 부분배열 $A[i]$부터 $A[n]$에 존재하지 않으면, x는 배열 A에 존재하지 않는다'이다.

    이제, $i > n$이면 부분배열 $A[i]$부터 $A[n]$은 비어 있게 되므로 해당 부분배열은 x를 포함할 수 없다. 루프 불변조건의 대우에 따르면, x는 배열 A에 존재하지 않는다. 따라서 2단계에서 NOT-FOUND를 반환하는 일은 옳다.

    그냥 간단한 루프치고는 긴 증명 과정이었다. 그렇다면 루프를 작성할 때마다 이런 증명을 거쳐야 하는가? 나는 그렇게 하지 않지만, 일부 컴퓨터 과학자들은 모든 루프에 엄격한 추론 과정이 필요하다고 주장한다. 내가 실제로 코드를 개발할 때는 루프를 작성할 때마다 마음 한구석에 루프 불변조건을 담아두곤 한다. 마음속 너무 구석진 곳에 담아둬서 깨닫지 못할 수 있지만, 꼭 해야 한다면 루프 불변조건을 말로 설명할 수 있다. 우리 대부분은 BETTER-LINEAR-SEARCH처럼 간단한 루프를 이해하는 데는 굳이 루프 불변조건을 사용할 필요가 없음에 동의하겠지만, 더 복잡한 루프가 제대로 동작하는 이유를 밝히려고 할 때는 루프 불변조건이 꽤나 유용하다.

재귀

재귀[recursion] 기법은 어떤 문제를 풀 때 더 작은 크기의 동일한 문제를 풂으로써 원래 문제를 해결하는 방법이다. 내가 가장 좋아하는 재귀의 전형적인 예는 $n!$(n의 계승[n-factorial])인데, 음수가 아닌 n에 대해 $n = 0$이면 $n! = 1$이고, $n \geq 1$에 대해서는 다음과 같다.

$$n! = n \cdot (n - 1) \cdot (n - 2) \cdot (n - 3) \cdots 3 \cdot 2 \cdot 1$$

예를 들어 $5! = 5 \cdot 4 \cdot 3 \cdot 2 \cdot 1 = 120$이다. 한편 $n \geq 1$일 때, 다음과 같은 식이 성립하므로

$$(n - 1)! = (n - 1) \cdot (n - 2) \cdot (n - 3) \cdots 3 \cdot 2 \cdot 1$$

이로부터 다음 수식도 성립함을 알 수 있다.

$$n! = n \cdot (n - 1)!$$

이처럼 $n!$은 더 작은 문제로, 즉 $(n - 1)!$을 이용해 정의할 수 있다. 재귀 프로시저를 이용해 $n!$을 계산하는 방법은 다음과 같다.

프로시저 FACTORIAL(n)

입력: $n \geq 0$인 정수

출력: $n!$의 값

1. $n = 0$이면, 출력으로 1을 반환한다.
2. 그렇지 않으면, FACTORIAL($n - 1$)을 재귀적으로 호출해 반환된 값에 n을 곱하여 반환한다.

여기서 2단계를 기술한 방법이 좀 귀찮다면, 재귀 호출의 반환 값을 이용한 좀 더 산술적인 표현으로 '그렇지 않으면, $n \cdot$ FACTORIAL($n - 1$)을 반환'이라고 쓸 수도 있다.

재귀가 동작하려면 두 가지 속성을 만족해야 한다. 첫 번째로 재귀를 이용하지 않고 답을 바로 구할 수 있는 **기반 케이스**base case가 하나 이상 있어야 한다. 두 번째로 프로시저에 대한 모든 재귀 호출은 더 작은 크기의 동일한 문제로서 마지막엔 기반 케이스가 돼야 한다. FACTORIAL의 기반 케이스는 $n = 0$인 경우이며, 모든 재귀 호출은 1씩 감소하는 n에 대해 이뤄진다. n의 원래 값이 음수가 아니므로 재귀 호출은 결국 기반 케이스에 다다르게 된다.

재귀 알고리즘이 제대로 동작함을 증명하는 일이 처음 보기엔 쉬워 보인다. 중요한 점은 각 재귀 호출이 올바른 결과를 출력한다고 믿는 것이다. 재귀 호출이 올바로 작동한다고 믿는다면 정확성을 증명하기가 쉬워진다. 여기서는 어떻게 FACTORIAL 프로시저가 올바른 답을 반환한다고 주장할 수 있을까? $n = 0$일 때, 반환 값 1이 $n!$과 같음은 자명하다. $n \geq 1$일 때, 재귀 호출 FACTORIAL($n - 1$)이 정확하게 작동해 $(n - 1)!$의 값을 반환한다고 가정하자. 그렇다면 프로시저는 이 값에 n을 곱하고, 이는 곧

$n!$의 값을 반환함을 의미한다.

이제 수학적으로는 옳을지 몰라도, 재귀 호출이 더 작은 크기의 동일한 문제가 아닌 경우를 살펴보자. $n \geq 0$이면 $n! = (n+1)!/(n+1)$이라는 명제가 참이라고 할지라도, 이 수식을 이용한 재귀적 프로시저는 $n \geq 1$일 때 올바른 값을 반환하지 않는다.

프로시저 BAD-FACTORIAL(n)

입력과 출력: FACTORIAL과 동일

1. $n = 0$이면, 1을 출력으로 반환한다.
2. 그렇지 않으면 BAD-FACTORIAL$(n+1)/(n+1)$을 반환한다.

BAD-FACTORIAL(1)을 호출하면, 재귀적으로 BAD-FACTORIAL(2)를 호출하고, 이는 다시 BAD-FACTORIAL(3)을 재귀 호출하는 일이 반복된다. 따라서 n이 0과 동일한 기반 케이스에 절대로 다다를 수 없다. 위의 프로시저를 실제 프로그래밍 언어로 구현하고 컴퓨터에서 실행하면, 오래지 않아 '스택 오버플로stack overflow 오류' 같은 메시지를 보게 될 것이다.

루프를 이용한 알고리즘을 재귀적으로 재작성할 수 있는데, 보초 값을 사용하지 않는 선형 탐색을 재귀적으로 만들면 다음과 같다.

프로시저 RECURSIVE-LINEAR-SEARCH(A, n, i, x)

입력: LINEAR-SEARCH의 입력에 i를 추가

출력: 부분배열 $A[i]$부터 $A[n]$에서 값이 x와 같은 요소의 인덱스 또는 x가 부분배열에 존재하지 않으면 NOT-FOUND

1. $i > n$이면, NOT-FOUND를 반환한다.

2. 그렇지 않고$(i \le n)$, $A[i] = x$이면 i를 반환한다.

3. 그렇지 않으면$(i \le n$이고 $A[i] \ne x)$, RECURSIVE-LINEAR-SEARCH$(A, n, i + 1, x)$를 반환한다.

여기서의 하위 문제subproblem는 부분배열 $A[i]$부터 $A[n]$에서 x를 찾는 일이다. 이 부분배열이 빈 배열이 될 때, 즉 $i > n$일 때, 1단계에서 기반 케이스를 처리한다. 어떤 재귀 호출도 2단계에서 i의 값을 그대로 반환하지 않는다면, 3단계의 재귀 호출 시 i의 값이 항상 증가하므로 결국 i는 n보다 커지고 기반 케이스에 다다르게 된다.

더 읽을거리

CLRS[CLRS09]의 2장과 3장에서 이 책의 2장 내용 대부분을 다룬다. 아호Aho와 홉크로프트Hopcroft, 얼맨Ullman의 알고리즘 교과서[AHU74]는 점근적 표기법을 이용한 알고리즘 분석 분야에 영향을 미쳤다. 프로그램의 정확성을 증명하는 분야에도 꽤 많은 서적이 있는데, 그리스Gries[Gri81]와 미첼Mitchell[Mit96]의 책을 참고하라.

3장

정렬 알고리즘과 탐색 알고리즘

2장에서 배열을 선형 탐색하는 세 가지 방법을 살펴봤는데, 탐색 알고리즘을 더 개선할 수 있을까? 답은 경우에 따라 다르다. 배열의 요소가 어떤 순서인지 전혀 모른다면 더 이상의 개선은 불가능하다. 최악의 경우에 앞쪽 $n-1$개의 요소에서 원하는 값을 찾지 못하면 마지막 n번째 요소가 원하는 값일 수 있으므로 n개의 요소를 확인해야 한다. 따라서 배열의 요소가 어떤 순서인지 전혀 모른다면 최악의 경우 수행 시간을 $\Theta(n)$보다 개선할 수는 없다.

하지만 배열이 비 내림차순nondecreasing order[1]으로 정렬돼 있다면, 배열의 각 요소는 그다음 요소들보다 작거나 같을 것이다. 물론 '~보다 작다'라는 말의 의미를 정의해야 한다. 3장에서는 배열이 정렬돼 있다면 이진 탐색 binary search이라는 간단한 기법을 이용해 겨우 $O(\lg n)$시간에 n개의 요소를 포함하는 배열에서 원하는 값을 찾을 수 있다.[2]

---

1 비 내림차순nondecreasing order은 연속된 동일한 값을 허용한다는 점에서 오름차순 increasing order과 다르다. 예를 들어 ⟨1, 3, 5, 5, 5, 7, 11⟩은 비 내림차순이지만, 동일한 값 5가 존재하므로 엄격한 의미에서 오름차순은 아니다. 마찬가지로 비 올림차순과 내림차순도 다르다. – 옮긴이

그렇다면 한 요소가 다른 요소보다 작다는 말은 어떤 의미인가? 요소가 숫자라면 그 의미는 자명하다. 요소가 텍스트 문자로 이뤄진 문자열이라면 **사전식 순서**lexicographic ordering를 생각해볼 수 있다. 즉 한 요소가 다른 요소보다 사전에서 더 앞쪽에 위치하면, 앞쪽의 요소는 뒤쪽 요소보다 작다. 요소가 다른 형식의 데이터라면 '~보다 작다'는 의미를 정의해야 한다. '~보다 작다'라는 말을 명확히 정의하면 배열이 정렬됐는지를 결정할 수 있다.

2장의 책꽂이 예제를 다시 떠올려보면, 책을 저자 이름의 알파벳 순서나 제목의 알파벳 순서, 도서관의 호출 번호로 정렬할 수 있다. 2장에서는 책꽂이의 책들이 저자 이름의 알파벳 순서대로 왼쪽에서 오른쪽 방향으로 꽂혀 있으면, 책꽂이가 정렬됐다고 정의한다. 책꽂이에는 저자가 동일한 책이 여러 권 존재할 수 있다. 즉 윌리엄 셰익스피어William Shakespeare의 작품이 여럿 존재할 수 있다. 셰익스피어의 아무 책이나 찾는 게 아니라 셰익스피어의 특정 작품을 찾는다면, 두 책의 저자가 같은 경우 제목이 알파벳 순서로 앞에 있는 책이 왼쪽에 와야 한다고 말할 수 있다. 반대로 저자의 이름에만 관심이 있다면, 탐색을 할 때 셰익스피어의 아무 작품이나 찾으면 된다. 우리가 비교하려는 정보를 **키**key라고 한다. 책꽂이 예제의 키는 저자의 이름이다. 따라서 두 책의 저자가 같은 경우 저자의 이름을 우선적으로 비교한 후에 책 제목을 굳이 다시 비교할 필요가 없다.

그런데 배열은 어떻게 정렬하는가? 3장에서는 선택 정렬selection sort과 삽입 정렬insertion sort, 병합 정렬merge sort, 퀵소트quicksort를 비롯해 배열을 정렬하는 네 가지 알고리즘을 살펴보고, 각 알고리즘을 책꽂이 예제에 적용해본다. 각 정렬 알고리즘은 나름의 장단점이 있고, 3장의 뒷부분에서 네

---

2 여러분이 컴퓨터를 직업으로 삼지 않고 1장의 '컴퓨터와 관련된 일을 하는 사람을 위한 알고리즘' 절을 읽지 않았다면, 31페이지에서 로그에 대한 내용을 읽기 바란다.

가지 알고리즘을 비교해 살펴본다. 3장의 모든 정렬 알고리즘은 최악의 경우에 $\Theta(n^2)$이나 $\Theta(n \lg n)$시간을 차지한다. 따라서 탐색을 수행하는 횟수가 적다면 그냥 선형 탐색을 이용하자. 반대로 탐색을 여러 번 수행한다면 우선 배열을 정렬한 후에 이진 탐색을 적용하자.

정렬은 이진 탐색의 전처리 단계로서뿐만 아니라 그 자체로서 중요한 문제다. 반드시 정렬해야 할 데이터를 떠올려보자. 전화번호부의 항목은 이름으로, 월별 은행 잔고는 수표 번호나 수표 처리일로, 웹 검색 엔진의 결과는 질의에 대한 적합성으로 정렬돼야 한다. 더 나아가 정렬은 다양한 알고리즘의 한 단계이기도 하다. 예를 들어, 컴퓨터 그래픽스에서는 한 물체가 다른 물체의 위에 놓일 수 있다. 화면에 물체를 렌더링rendering하는 프로그램은 바닥부터 위의 순서로 물체를 그리기 위해 물체들을 '아래에 놓여진' 순서에 따라 정렬해야 한다.

다음 논의를 진행하기 전에 정렬에 관련된 용어를 살펴보자. 일반적으로 정렬해야 할 요소는 (정렬을 수행할 때는 **정렬 키**sort key라고도 부르는) 키와 더불어 **위성 데이터**satellite data[3]를 포함한다. 위성 데이터가 정말 위성에서 올 수도 있지만, 사실 그렇지는 않다. 위성 데이터는 정렬 키에 연관된 데이터로, 요소를 다른 곳으로 옮길 때는 위성 데이터도 함께 따라다녀야 한다. 책꽂이 예제에서 정렬 키는 책의 저자 이름이고 위성 데이터는 책 자체다.

나는 학생들이 확실히 이해할 수 있는 방법으로 위성 데이터를 설명한다. 학생들의 성적을 각 행row이 이름으로 정렬된 스프레드시트에 저장하고, 학기 말에 강의의 최종 학점을 구할 때 강의에서 얻은 점수의 백분율을 포함한 열column을 정렬 키로 사용해 행을 정렬한다. 이때 학생 이름을

---

3 위성 데이터는 위성이 행성을 따라 돌듯이, 정렬 키를 따라 함께 이동해야 하는 데이터를 비유적으로 일컫는 말이다. – 옮긴이

포함한 나머지 열이 바로 위성 데이터다. 백분율을 내림차순으로 정렬한 후에 위쪽 행의 학생들에게는 A 학점을, 아래쪽 행의 학생들에게는 D나 E 학점을 준다.[4] 그런데 백분율을 포함한 열만 재배열하고 해당 백분율을 포함한 전체 행을 재배열하지 않으면, 학생들의 이름이 백분율에 상관없이 알파벳 순서로 남아 있게 된다. 그렇게 되면 이름이 알파벳 앞쪽에 있는 학생은 행복하겠지만, 이름이 알파벳 뒤쪽에 있는 학생은 전혀 그렇지 않을 것이다.

정렬 키와 위성 데이터의 또 다른 예를 살펴보자. 전화번호부의 정렬 키는 이름이고, 위성 데이터는 주소와 전화번호다. 은행 계좌에서 정렬 키는 수표 번호이고, 위성 데이터는 수표의 액수와 수표가 처리된 날짜를 포함한다. 검색 엔진에서 정렬 키는 질의에 대한 적합성을 나타내는 지표이고, 위성 데이터는 웹 페이지의 URL을 비롯해 검색 엔진에 저장된 페이지에 대한 그 밖의 데이터를 포함한다.

책꽂이 비유를 컴퓨터의 배열에 적용하려면, 비현실적이긴 하지만 책꽂이와 그 안의 책에 두 가지 부가적인 특징이 있다고 가정해야 한다. 첫 번째로 컴퓨터 배열의 모든 요소의 크기가 동일하듯이, 책꽂이의 모든 책은 크기가 같다. 두 번째로 책의 위치에 1부터 n까지 번호를 부여할 수 있고, 각 위치를 **슬롯**slot이라고 한다. 즉 슬롯 1이 가장 왼쪽 슬롯이고, 슬롯 n이 가장 오른쪽 슬롯이다. 눈치챘겠지만 책꽂이의 각 슬롯은 배열의 요소에 해당한다.

'정렬'이라는 단어도 한번 짚고 넘어가자. 우리가 일상생활에서 말하는 정렬의 의미는 컴퓨터에서 수행하는 정렬과 다를 수 있다. 나의 맥Mac 온라인 사전에서 정렬은 "체계적인 그룹별 배열하기, 종류와 유형 등에 따

---

4 다트머스 대학의 낙제점은 F가 아닌 E이다. 정확한 이유는 모르겠지만, 문자로 된 학점을 4.0 범위의 점수로 환산하는 프로그램을 단순하게 만들기 위해 그런 것이라고 추측한다.

른 구분하기 등"이라는 의미다. 예를 들어 옷을 '정렬'한다는 말은 셔츠는 이쪽에, 바지는 저쪽에, 옷의 종류별로 모아둔다는 뜻이다. 컴퓨터 알고리즘 분야에서 정렬은 명확히 정의된 순서에 따라 저장하는 일을 뜻하며, 반면에 '체계적인 그룹별 배열하기'는 '버켓팅bucketing'이나 '버켓화bucketizing', '비닝binning'이라고 한다.

이진 탐색

정렬 알고리즘을 공부하기 전에 이진 탐색binary search을 살펴보자. 이진 탐색을 적용하려면 탐색할 배열이 사전에 정렬된 상태여야 하며, n개의 요소를 포함하는 배열을 겨우 $O(\lg n)$시간에 탐색할 수 있다는 장점이 있다.

책꽂이 예제에서는 모든 책이 저자 이름에 따라 왼쪽부터 오른쪽까지 순서대로 정렬된 상태로 시작한다. 저자 이름을 키로 사용하며 Jonathan Swift의 책 중 하나를 찾고자 한다.[5] 저자의 성family name이 알파벳의 19번째 글자인 'S'로 시작하니 책꽂이에서 (19/26이 3/4와 비슷하기 때문에) 사분의 삼 즈음에 위치하는 슬롯을 확인할 수도 있다. 그러나 여러분이 Shakespeare의 모든 작품을 소장하고 있다면 저자의 성이 Swift보다 앞에 오는 책이 여럿 존재하고, 따라서 Swift의 책은 예상보다 오른쪽으로 밀려날 수 있다.

이제 이진 탐색을 적용해 Jonathan Swift의 책을 찾는 방법을 살펴보자. 일단 책꽂이의 가운데에 있는 슬롯에 꽂힌 책의 저자 이름을 확인한다. 책의 저자가 Jack London이라고 한다면, 우리가 찾던 책이 아닐뿐더러, 책이 저자 이름의 알파벳 순서로 정렬됐다는 전제하에 London의 책보다 왼쪽에서는 원하는 책을 찾을 수 없다는 사실을 알 수 있다. 고작 한 번의 확인만으로 책의 절반을 고려 대상에서 제외했다! 이제 Swift의 책은 책꽂

---

5 알파벳 순서를 유지하기 위해 저자명을 영어 그대로 표기한다. - 옮긴이

이의 오른쪽 절반에 위치한다. 따라서 나머지 오른쪽 절반에서 가운데 위치를 확인할 차례다. 그 위치에 해당하는 책의 저자가 Leo Tolstoy라면, 이 책도 찾는 책이 아니다. 그러나 이 책의 오른쪽에 있는 모든 책은 제외할 수 있다. 이제 그 절반의 책(전체 책의 1/4)이 남는다. 이 시점에서 Swift의 책이 책꽂이에 존재한다면, London의 오른쪽과 Tolstoy의 왼쪽 사이에 있는 책꽂이의 남겨진 1/4 구간에 Swift의 책이 존재해야 한다. 다음으로 남겨진 1/4 구간의 가운데 슬롯에 꽂힌 책을 확인하고, 이 책이 Swift의 책이라면 탐색을 완료한다. 그렇지 않다면 다시 남겨진 책의 절반을 제외할 수 있다. 결국에는 Swift의 책을 찾거나, 남아 있는 슬롯이 없게 된다. 후자의 경우라면 책꽂이에 Jonathan Swift의 책이 없다고 결론지을 수 있다.

컴퓨터는 배열을 대상으로 이진 탐색을 수행하는데, 각 단계에서 주어진 두 인덱스와 그 사이의 요소를 포함하는 배열의 일부, 즉 부분배열만을 고려한다. 여기서는 두 인덱스를 p와 r이라고 하자. 처음 시작할 때 $p = 1$이고 $r = n$으로 부분배열은 전체 배열과 같다. 그리고 원하는 값을 찾거나 부분배열이 빈 상태가 될 때(p가 r보다 커질 때)까지 부분배열의 크기를 계속해서 반으로 줄여나간다. 이처럼 부분배열의 크기를 계속해서 반으로 줄여나가는 덕분에 $O(\lg n)$이라는 수행 시간을 달성할 수 있다.

이진 탐색의 동작을 좀 더 자세히 살펴보자. 배열 A에서 x라는 값을 찾는다고 하자. 알고리즘의 각 단계에서, $A[p]$에서 시작하고 $A[r]$에서 끝나는 부분배열만을 고려한다. 앞으로 이런 부분배열을 자주 사용하므로 간단히 $A[p\,.\,.\,r]$로 표기하자. 각 단계에서 p와 r의 평균을 구한 후 소수점 아래를 버리는 방식으로 탐색 대상인 부분배열의 중간 지점, 즉 $q = \lfloor (p + r)/2 \rfloor$를 구한다(여기서는 소수점 아래를 버리고자 바닥 연산floor operation $\lfloor\ \rfloor$을 사용했다. 자바나 C, C++ 등의 언어로 이 연산을 구현하려면 그냥 정수 나눗셈으로 소수점 아래를 버리면 된다). 다음으로 $A[q]$와 x가 같은지 확인한다. 둘이 같으면 배열 A에서 x가 포함된 위치로 q를 바로 반환하면 되므로 탐색을 종료한다.

그렇지 않고 $A[q] \neq x$라면, 배열 A가 이미 정렬된 상태라는 가정을 이용한다. $A[q] \neq x$이므로 $A[q] > x$이거나 $A[q] < x$라는 두 가지 가능성이 존재한다. 우선 $A[q] > x$인 경우를 생각해보자. 배열이 정렬된 상태이므로, $A[q]$가 x보다 크다는 사실뿐만 아니라 (배열이 왼쪽에서 오른쪽으로 배치된다고 생각하면) $A[q]$ 오른쪽의 모든 요소는 x보다 크다는 사실도 알 수 있다. 따라서 $A[q]$와 그 오른쪽의 모든 요소를 고려 대상에서 제외할 수 있다. 이제 아래 그림처럼 p의 값은 그대로 두고 r을 $q - 1$로 지정해 다음 단계를 반복한다.

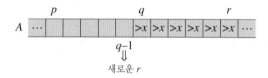

이와 달리 $A[q] < x$라면, $A[q]$와 그 왼쪽의 모든 배열 요소는 x보다 작으므로 $A[q]$와 그 왼쪽의 요소를 고려 대상에서 제외할 수 있다. 그리고 아래 그림처럼 r의 값은 그대로 두고 p를 $q + 1$로 지정해 다음 단계를 반복한다.

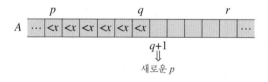

이진 탐색의 정확한 수행 과정은 다음과 같다.

입력과 출력: LINEAR-SEARCH와 동일

1. p는 1로, r은 n으로 지정한다.

2. $p \leq r$인 동안 다음을 반복한다.

    A. q를 $\lfloor (p+r)/2 \rfloor$로 지정한다.

    B. $A[q] = x$이면 q를 반환한다.

    C. 그렇지 않고($A[q] \neq x$), $A[q] > x$이면 r에 $q-1$을 지정한다.

    D. 그렇지 않으면($A[q] < x$), p에 $q+1$을 지정한다.

3. NOT-FOUND를 반환한다.

    2단계의 루프가 종료하는 경우는 p가 r보다 커지는 경우뿐만이 아니다. $A[q]$가 x와 같으면 A에서 x가 발견된 인덱스인 q를 반환하므로, 2B단계에서도 루프가 종료될 수 있다.

    BINARY-SEARCH 프로시저가 올바로 동작함을 증명하려면 BINARY-SEARCH가 3단계에서 NOT-FOUND를 반환했을 때 배열에 x가 존재하지 않음을 증명하면 된다. 증명에 사용할 루프 불변조건은 다음과 같다.

    2단계에서 루프의 각 이터레이션을 시작할 때, x가 배열 A에 존재한다면, 부분배열 $A[p \, . \, . \, r]$에 x가 존재한다.

이 루프 불변조건을 이용한 증명은 다음과 같다.

시작: 1단계에서 p와 r을 각각 1과 n으로 초기화하므로, 프로시저가 루프를 처음 수행할 때 루프 불변조건은 참이다.

유지: 위에서 이미 2C와 2D단계에서 p와 r을 올바르게 변경함을 보였다.

종료: x가 배열에 존재하지 않으면, $p \geq r$이 될 때까지 프로시저가 수행된

다. 그리고 $p > r$이면 루프를 종료한다. 그렇지 않고 $p = r$이면 2A단계에서 q를 p 및 r과 같은 값으로 계산하게 된다. 다음으로 2C단계에서 r을 $q - 1$로 지정한다면, 다음 이터레이션을 시작할 때 r이 $p - 1$과 같으므로 p가 r보다 커진다. 반면 2D단계에서 p를 $q + 1$로 지정한다면, 다음 이터레이션을 시작할 때 p가 $r + 1$과 같으므로 이 경우에도 역시 p가 r보다 커진다. 즉 어떤 경우에도 2단계의 루프 조건이 거짓이 되어 루프가 종료된다. 즉 $p > r$이 되면 부분배열 $A[p..r]$은 빈 상태가 되므로 x라는 값이 해당 부분배열 안에 존재할 수 없다. 루프 불변조건의 대우를 취하면(51페이지 참고), x가 부분배열 $A[p..r]$에 존재하지 않을 경우 x는 배열 A에 존재하지 않는다. 따라서 프로시저가 3단계에서 NOT-FOUND를 반환하는 일은 올바르다.

이진 탐색을 재귀 프로시저로 작성할 수도 있다.

프로시저 RECURSIVE-BINARY-SEARCH(A, p, r, x)

입력과 출력: 입력 A와 x, 출력은 LINEAR-SEARCH와 같다. 입력 p와 r은 고려 대상인 부분배열 $A[p..r]$을 가리킨다.

1. $p > r$이면 NOT-FOUND를 반환한다.
2. 그렇지 않으면($p \leq r$), 다음을 수행한다.
   A. q를 $\lfloor (p+r)/2 \rfloor$로 지정한다.
   B. $A[q] = x$이면 q를 반환한다.
   C. 그렇지 않고($A[q] \neq x$), $A[q] > x$이면
      RECURSIVE-BINARY-SEARCH($A, p, q - 1, x$)를 반환한다.
   D. 그렇지 않으면($A[q] < x$),
      RECURSIVE-BINARY-SEARCH($A, q + 1, r, x$)를 반환한다.

초기 호출은 RECURSIVE-BINARY-SEARCH$(A, 1, n, x)$이다.

이제 n개의 요소를 포함하는 배열에서 이진 탐색이 $O(\lg n)$시간을 소모하는 이유를 알아보자. 여기서 중요한 사실은 탐색 대상인 부분배열의 크기인 $r - p + 1$이 매 이터레이션마다 반으로 작아진다는 점이다(재귀 버전에서는 매번 재귀 호출 때마다 반으로 작아지지만, 여기서는 반복 버전인 BINARY-SEARCH 에 집중한다). 모든 경우를 따져보자면, s개의 요소를 포함하는 부분배열로 이터레이션을 시작할 때, s가 짝수인지 홀수인지 그리고 $A[q]$가 x보다 큰지 작은지에 따라 다음 이터레이션의 부분배열은 $\lfloor s/2 \rfloor$나 $s/2 - 1$개의 요소를 포함한다. 부분배열의 크기가 1이 되면, 다음 이터레이션에서 프로시저가 완료됨을 앞에서 이미 증명했다. 따라서 부분배열의 크기가 원래 크기인 n에서 1이 되도록 크기를 반으로 줄여나가려면, 루프에서 이터레이션을 몇 번 반복해야 하는가를 생각해보자. 이는 부분배열의 크기가 1부터 시작해 n 이상이 되려면 크기를 두 배로 늘리는 작업을 몇 번 반복해야 하는지를 묻는 것과 같다. 다시 말해, 지수 함수 2^x가 n 이상이 되는 지점을 묻는 것이다. n이 정확히 2의 거듭제곱수라면, 31페이지에서 봤듯이 답은 $\lg n$이다. 물론 n이 정확히 2의 거듭제곱수가 아닐 수 있고, 이런 경우 답은 $\lg n$과 1 차이다. 마지막으로 루프의 각 이터레이션은 상수 시간을 차지한다는 점에 주목하자. 즉 이터레이션을 한 번 실행하는 시간은 전체 배열의 크기 n이나 탐색 대상인 부분배열의 크기에 독립적이다. 이제 점근적 표기법을 이용해 상수 인자와 차수가 낮은 항을 지워버리자. (루프 반복 횟수가 $\lg n$이든 $\lfloor \lg n \rfloor + 1$이든 누가 상관할까?) 결국 이진 탐색의 수행 시간은 $O(\lg n)$이다.

모든 경우를 아우르는 포괄적 명제를 만들고자 O 표기법을 이용했다. 최악의 경우, 즉 값 x가 배열에 존재하지 않으면, 탐색 대상인 부분배열이 빈 배열이 될 때까지 그 부분배열을 반으로 나누는 과정을 반복하므로 수행 시간은 $\Theta(\lg n)$이다. 최선의 경우, 즉 루프의 첫 번째 이터레이션에서 x를 찾으면 수행 시간은 $\Theta(1)$이다. 이처럼 Θ 표기법은 모든 경우를 포괄하진 못하지만, 배열이 미리 정렬된 상태이기만 하면 이진 탐색의 수행 시간은 항상 $O(\lg n)$이다.

탐색 문제에 있어서 최악의 경우에 수행 시간 $\Theta(\lg n)$을 뛰어넘을 수도 있지만, 그렇게 하려면 데이터를 좀 더 정교한 방법으로 조직화해야 하며 키에 대한 특별한 가정이 필요하다.

선택 정렬

이제 우리의 관심을 **정렬**sorting로 돌려보자. 정렬은 배열의 각 요소가 그다음 요소보다 작거나 같게 재배열rearranging하는 일을 말한다. 우리가 처음으로 살펴볼 정렬 알고리즘은 선택 정렬selection sort이다. 내가 맨 처음 정렬 알고리즘을 설계할 때도 쉽게 생각해냈을 정도로 가장 간단한 알고리즘이지만, 가장 빠른 알고리즘과는 거리가 멀다.

선택 정렬을 이용해 책꽂이의 책을 저자 이름 순서대로 정렬하는 방법을 알아보자. 우선 책꽂이 전체를 훑어서 저자 이름이 알파벳 순서로 가장 빠른 책을 찾는다. 그 책의 저자가 Louisa May Alcott라고 하자(저자의 책이 두 권 이상 꽂혀 있다면 아무 책이나 고른다). 그리고 찾은 책과 슬롯 1에 꽂힌 책의 위치를 맞바꾼다. 이제 슬롯 1에 꽂힌 책은 저자 이름이 알파벳 순서로 가장 빠른 책이다. 다음으로 슬롯 2부터 시작해 슬롯 n까지, 왼쪽부터 오른쪽으로 책꽂이를 훑으며 저자 이름이 알파벳 순서로 가장 빠른 책을 찾는다. 이번에 찾은 책은 Jane Austen의 책이다. 이 책의 위치를 슬롯 2에 꽂힌 책과 맞바꾸면, 슬롯 1과 2에는 전체 알파벳 순서로 첫 번째와 두 번째 책이 놓여 있다. 다음으로 슬롯 3과 그다음 슬롯에서 같은 과정을 반복한다. 슬롯 $n-1$(H. G. Wells의 책)까지 제대로 책을 꽂은 후에는 정렬이 완료된다. 마지막으로 한 권 남은 책이 제자리인 슬롯 n에 꽂혀 있기 때문이다.

이러한 알고리즘을 컴퓨터 알고리즘으로 바꿔 말하자면, 책꽂이는 배열로, 배열의 요소는 책으로 바꿔서 생각하면 된다. 그 결과는 다음과 같다.

프로시저 SELECTION-SORT(A, n)

입력

- A: 배열
- n: A에 포함된 정렬할 요소의 개수

결과: A의 요소가 비 내림차순으로 정렬된다.

1. $i = 1$부터 $n - 1$까지

   A. 부분배열 $A[i\,.\,.n]$에서 가장 작은 요소의 인덱스를 *smallest*에 저장한다.

   B. $A[i]$와 $A[smallest]$를 교환^{swap}한다.

$A[i\,.\,.n]$에서 가장 작은 요소를 찾는 일은 선형 탐색과 비슷하다. 우선 $A[i]$를 부분배열에서 가장 작은 요소로 지정한 후에, 시퀀스의 나머지 요소를 훑어가며 현재 요소보다 작은 요소를 발견할 때마다 가장 작은 요소의 인덱스를 갱신한다. 이를 반영한 프로시저는 다음과 같다.

프로시저 SELECTION-SORT(A, n)

입력과 결과: 앞과 동일함

1. $i = 1$부터 $n - 1$까지

   A. *smallest*에 i를 지정한다.

이 프로시저는 '중첩된nested' 루프를 포함한다. 즉 1단계의 루프 안에 1B단계의 루프가 중첩된다. 바깥쪽 루프outer loop의 이터레이션이 한 번 실행될 때마다 내부 루프inner loop의 모든 이터레이션이 수행된다. 안쪽 루프에서 j의 시작 값이 바깥쪽 루프에 있는 i의 현재 값에 의존적이라는 점에 주목하자. 다음 그림은 6개의 요소를 포함하는 배열에서 선택 정렬이 동작하는 모습을 보여준다.

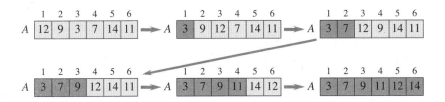

왼쪽 위의 그림은 맨 처음 배열의 상태를 나타내며, 그림의 각 단계는 바깥쪽 루프의 각 이터레이션이 수행된 후의 배열을 보여준다. 어두운 색으로 칠해진 요소들은 정렬된 부분배열을 가리킨다.

루프 불변조건을 이용해 SELECTION-SORT 프로시저가 배열을 올바르게 정렬한다는 사실을 증명하려면, 각 루프별로 불변조건이 필요하다. 불변조건을 이용한 증명 과정 전체를 살펴볼 필요가 없을 정도로 간단한 프로시저이지만, 일단 루프 불변조건을 살펴보자.

1단계 루프의 각 이터레이션이 시작할 때, 부분배열 $A[1 . . i - 1]$이 전체 배열 A에서 $i - 1$번째까지 작은 요소를 모두 포함하며, 정렬된 순서로 존재한다.

1B단계 루프의 각 이터레이션이 시작할 때, $A[smallest]$는 부분배열 $A[i \,.\, . \, j-1]$에서 가장 작은 요소다.

그렇다면 SELECTION-SORT의 수행 시간은 어떨까? 이 프로시저의 수행 시간이 $\Theta(n^2)$임을 증명해보자. 안쪽 루프의 각 이터레이션이 $\Theta(1)$시간을 차지한다고 가정했을 때, 안쪽 루프의 이터레이션이 몇 번 수행되는지를 분석하는 일이 중요하다(주어진 이터레이션마다 smallest에 대입하는 작업이 수행되거나 수행되지 않을 수도 있으므로, Θ 표기법에서 상한계와 하한계의 상수 인자가 달라질 수 있다). 이제 바깥쪽 루프 변수 i의 값에 따라, 안쪽 루프의 이터레이션 수행 횟수를 세어보자. i가 1일 때, j의 값이 2에서 n이 될 때까지 안쪽 루프는 $n-1$번 수행된다. i가 2일 때, j의 값이 3에서 n이 될 때까지 안쪽 루프는 $n-2$번 수행된다. 즉 바깥쪽 루프에서 i가 증가할 때마다, 안쪽 루프의 수행 횟수는 한 번 줄어든다. 이를 일반화하면, 안쪽 루프는 $n-i$번 수행된다. 바깥쪽 루프의 마지막 이터레이션에서 i가 $n-1$이 되면, 안쪽 루프는 딱 한 번 수행된다. 따라서 안쪽 루프의 이터레이션 수행 횟수는 다음과 같다.

$$(n-1) + (n-2) + (n-3) + \cdots + 2 + 1$$

이러한 합산을 일컬어 **산술급수**arithmetic series라고 하는데, 산술급수의 기본적인 성질에 따르면 음수가 아닌 정수 k에 대해 아래가 성립한다.

$$k + (k-1) + (k-2) + \cdots + 2 + 1 = \frac{k(k+1)}{2}$$

여기서 k 대신 $n-1$을 대입하면, 안쪽 루프 이터레이션의 총 수행 횟수는 $(n-1)n/2$나 $(n^2-n)/2$이다. 점근적 표기법을 이용해 차수가 낮은 항$(-n)$

과 상수 인자(1/2)를 제거하면, 안쪽 루프 이터레이션의 총 수행 횟수는 $\Theta(n^2)$이라고 할 수 있다. 따라서 SELECTION-SORT의 수행 시간은 $\Theta(n^2)$이며, 이는 모든 경우를 포함하는 포괄적 명제다. 즉 실제 요소의 값에 상관없이 안쪽 루프 이터레이션은 $\Theta(n^2)$번 수행된다.

이제 산술급수를 이용하지 않고 수행 시간이 $\Theta(n^2)$임을 증명해보자. 수행 시간이 $O(n^2)$인 동시에 $\Omega(n^2)$임을 보이면, 점근적 상한계와 하한계를 바탕으로 수행 시간이 $\Theta(n^2)$이라는 결론을 이끌어낼 수 있다. 우선 수행 시간이 $O(n^2)$임을 증명하자. 바깥쪽 루프의 각 이터레이션에서 안쪽 루프를 최대 $n-1$번 실행하며, 안쪽 루프의 각 이터레이션은 상수 시간을 차지하므로 $O(n)$이라고 할 수 있다. 바깥쪽 루프는 $n-1$번 반복되며, 이 또한 $O(n)$이다. 따라서 안쪽 루프의 총 수행 시간은 $O(n)$ 곱하기 $O(n)$, 즉 $O(n^2)$이다. 이제 수행 시간이 $\Omega(n^2)$임을 증명하자. 바깥쪽 루프의 $n/2$번째 이터레이션까지, 각 이터레이션에서 안쪽 루프를 적어도 $n/2$번 실행한다. 따라서 모두 합쳐서 적어도 $n/2$ 곱하기 $n/2$, 즉 $n^2/4$번 실행한다. 그리고 안쪽 루프의 각 이터레이션은 상수 시간을 차지하므로, 수행 시간은 적어도 상수 곱하기 $n^2/4$, 즉 $\Omega(n^2)$이다.

마지막으로, 선택 정렬에 대한 두 가지 고려사항을 살펴보자. 첫째로, 점근적 수행 시간 $\Theta(n^2)$은 우리가 살펴볼 정렬 알고리즘 중에서 최악이다. 둘째로, 선택 정렬의 동작 방식을 자세히 살펴보면 $\Theta(n^2)$의 수행 시간은 1Bi단계의 비교 연산에서 비롯됨을 알 수 있다. 그러나 1C단계는 $n-1$번만 수행되므로, 배열의 요소를 옮기는 횟수는 고작 $\Theta(n)$이다. 배열의 요소가 크거나 디스크처럼 느린 장치에 저장된 경우처럼, 배열의 요소를 옮기는 일이 특히 오랜 시간이 걸린다면 선택 정렬이 합리적인 알고리즘이 될 수 있다.

삽입 정렬

삽입 정렬insertion sort은 선택 정렬과 비슷하지만 약간 다르다. 선택 정렬에
서 어떤 책을 i번째 슬롯에 넣을지 결정한 후에는, i번째 슬롯까지 꽂혀
있는 모든 책은 저자 이름의 알파벳 순서로 정렬된 전체 책 목록의 앞쪽 i
번째까지의 책에 해당한다. 이와 달리 삽입 정렬에서는 i번째 슬롯까지 꽂
혀 있는 모든 책은 원래 i번째 슬롯까지 꽂혀 있던 책을 저자 이름의 알파
벳 순서로 정렬한 것과 같다.

예를 들어, 첫 슬롯에서 네 번째 슬롯까지 저자 이름 순서로 이미 정
렬된 상태라고 하자. 즉 Charles Dickens와 Herman Melville, Jonathan
Swift, Leo Tolstoy의 책이 꽂혀 있다. 그리고 5번 슬롯에는 Sir Walter
Scott의 책이 있다. 삽입 정렬에서는 Swift와 Tolstoy의 책을 슬롯 3에서
슬롯 4로, 슬롯 4에서 슬롯 5로 한 칸 오른쪽으로 옮긴다. 그리고 빈 슬롯
3에 Scott의 책을 넣는다. 이렇게 Scott의 책을 옮기는 시점에서는 그 오른
쪽에 무슨 책(아래 그림에서 Jack London과 Gustave Flaubert의 책)이 있는지 신경
쓸 필요가 없다. 오른쪽의 책은 나중에 처리하면 된다.

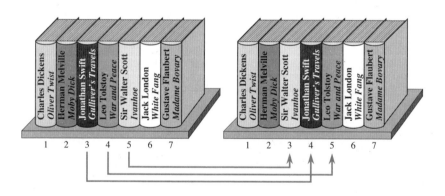

Swift와 Tolstoy의 책을 옮기려면, 우선 두 저자의 이름 Tolstoy와 Scott
을 비교해야 한다. Tolstoy는 Scott보다 뒤에 있으므로 Tolstoy의 책을 슬

롯 4에서 슬롯 5로 오른쪽으로 한 칸 옮긴다. 다음으로 Swift와 Scott의 이름을 비교한다. Swift는 Scott보다 뒤에 있으므로 Swift의 책을 오른쪽으로 한 칸 옮긴다. 즉 슬롯 3에 있는 책을 Tolstoy의 책이 있던 비어 있는 슬롯 4로 옮긴다. 다음으로 Herman Melville과 Scott의 이름을 비교한다. 이번에는 Melville이 Scott보다 앞에 있다. Scott의 책이 Melville의 책보다는 오른쪽에, Swift의 책보다는 왼쪽에 있어야 하므로 여기서 비교를 멈춘다. 그리고 Swift의 책을 옮기면서 비어 있게 된 슬롯 3에 Scott의 책을 넣는다.

　이 아이디어를 삽입 정렬을 이용해 배열을 정렬하는 일에 적용해보자. 부분배열 $A[1 . . i-1]$에는 원래 배열에서 $i-1$번째까지 존재하던 요소들을 정렬된 순서로 포함한다. 이제 요소 $A[i]$가 있어야 할 위치를 찾기 위해, 삽입 정렬은 $A[i-1]$부터 시작해 왼쪽으로 $A[1 . . i-1]$을 훑어가며, 현재 요소보다 큰 요소를 오른쪽으로 밀어낸다. $A[i]$보다 크지 않은 요소를 찾아내거나 배열의 왼쪽 끝에 닿게 되면, 원래 $A[i]$에 있던 요소를 배열의 새로운 위치에 저장한다.

프로시저 INSERTION-SORT(A, n)

입력과 결과: SELECTION-SORT와 동일

1. $i=2$부터 n까지

　A. key를 $A[i]$로 지정하고, j를 $i-1$로 지정한다.

　B. $j>0$이고 $A[j]>key$인 동안 다음을 수행한다.

　　i. $A[j]$를 $A[j+1]$에 저장한다.

　　ii. j를 감소시킨다(즉 j를 $j-1$로 지정한다).

　C. key를 $A[j+1]$에 저장한다.

1B단계에서는 논리곱^{and} 연산을 사용하는데, 이는 **쇼트 서킷**^{short circuiting} 효과를 불러온다. 즉 왼쪽 표현식 $j > 0$이 거짓이면 오른쪽 계산식 $A[j] > key$의 참/거짓 여부를 평가하지 않는다. 그렇게 하지 않고 $j \leq 0$일 때 $A[j]$에 접근하면 배열 인덱싱 오류가 발생한다.

선택 정렬에서 예로 들었던 69페이지의 배열을 이용해 삽입 정렬의 동작 방식을 설명하면 다음과 같다.

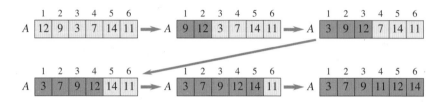

왼쪽 상단에서 원래 배열의 모습을 볼 수 있고, 각 단계의 그림은 1단계의 바깥쪽 루프가 수행된 후 배열의 모습을 보여준다. 어둡게 칠해진 부분은 정렬된 부분배열을 나타낸다. 바깥쪽 루프의 루프 불변조건은 다음과 같다(여기서도 증명은 생략한다).

1단계에서 루프의 각 이터레이션이 시작할 때, 부분배열 $A[1 ..$ $i-1]$에는 원래 $A[1 .. i-1]$의 요소들이 정렬된 순서로 포함된다.

다음 그림은 i가 4일 때 1B단계의 안쪽 루프가 수행되는 모습을 보여준다. 부분배열 $A[1 .. 3]$에는 원래 세 번째 위치까지 존재하던 요소들이 정렬된 순서로 포함된다고 가정하자. 원래 $A[4]$의 요소가 들어갈 위치를 찾기 위해 그 값을 key라는 이름의 변수에 저장하고 $A[1 .. 3]$에서 key보다 큰 요소를 한 칸씩 오른쪽으로 밀어낸다.

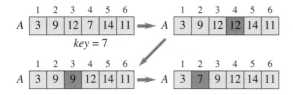

어둡게 표시된 위치는 요소가 이동된 위치다. 마지막 그림에서 $A[1]$의 값 3이 key의 값 7보다 크지 않으므로 안쪽 루프가 종료된다. 그리고 key의 값은 마지막 그림에서 보듯이 $A[1]$의 바로 오른쪽에 저장된다. 물론 안쪽 루프의 첫 번째 이터레이션에서 $A[i]$를 덮어쓰므로, 1A단계에서 $A[i]$의 원래 값을 key에 저장해둬야 한다.

$j > 0$이라는 조건이 거짓이 되어 안쪽 루프를 종료할 수 있다. key가 $A[1 . . i-1]$의 모든 요소보다 작은 경우 이런 일이 발생한다. j가 0이라면, $A[1 . . i-1]$의 모든 요소는 오른쪽으로 밀려난 상태이므로, 1C단계에서 key를 우리가 원하던 위치인 $A[1]$에 저장한다.

INSERTION-SORT의 수행 시간을 분석하는 일은 SELECTION-SORT보다 까다롭다. SELECTION-SORT 프로시저의 안쪽 루프가 반복되는 횟수는 바깥쪽 루프의 인덱스 i에만 의존적이며, 요소의 값 자체와는 상관이 없다. 하지만 INSERTION-SORT 프로시저에서는 안쪽 루프가 반복되는 횟수가 바깥쪽 루프의 인덱스 i는 물론이고 배열에 포함된 요소의 값에 의존적이다.

INSERTION-SORT의 최선의 경우는 안쪽 루프의 반복 횟수가 0일 때다. 이런 일이 발생하려면 i의 모든 값에 대해 첫 확인 시에 $A[j] > key$가 거짓이어야 한다. 다시 말해, 1B단계를 실행할 때마다 $A[i-1] \leq A[i]$가 성립해야 한다. 이런 일이 어떻게 가능한가? 프로시저가 시작할 때 배열이 이미 정렬된 경우에만 이런 일이 가능하다. 이 경우에 바깥쪽 루프는 $n-1$번 실행되고, 바깥쪽 루프의 각 이터레이션은 상수 시간을 차지하므로 INSERTION-SORT는 고작 $\Theta(n)$시간을 차지한다.

반대로 최악의 경우는 안쪽 루프가 매번 최대 횟수만큼 반복될 때다. 즉 $A[j] > key$가 항상 참이고, $j > 0$이 거짓일 때만 루프가 종료된다. 각 요소 $A[i]$는 배열의 왼쪽 끝까지 비교를 해야 한다. 이런 일이 어떻게 가능한가? 프로시저가 시작할 때 배열 A가 거꾸로 정렬된 경우, 즉 비 올림차순 nonincreasing order 으로 정렬됐을 때만 이런 일이 가능하다. 이 경우에, 바깥쪽 루프를 반복할 때마다 안쪽 루프는 $i-1$번 반복된다. 바깥쪽 루프에서 i가 2부터 n까지 증가하므로, 안쪽 루프의 반복 횟수는 산술급수를 이룬다.

$$1 + 2 + 3 + \cdots + (n-2) + (n-1)$$

위의 식은 선택 정렬에서 봤듯이 $\Theta(n^2)$이다. 안쪽 루프의 각 이터레이션은 상수 시간을 차지하므로, 삽입 정렬의 최악의 경우 수행 시간은 $\Theta(n^2)$이다. 따라서 최악의 경우에 선택 정렬과 삽입 정렬의 수행 시간은 점근적으로 동일하다.

그렇다면 삽입 정렬의 수행 시간을 평균적으로 이해할 수 있을까? 그 대답은 '평균적인' 입력이 무엇인지에 달렸다. 입력 배열의 요소 순서가 정말 무작위적 random 이라면, 각 요소가 그 앞에 있는 요소 중의 절반보다는 크고, 그 앞에 있는 요소 중의 절반보다는 작다고 생각할 수 있다. 따라서 안쪽 루프를 실행할 때 반복 횟수는 대략 $(i-1)/2$번이 될 것이다. 최악의 경우에 비하면 수행 시간이 반으로 줄어들지만, 1/2은 상수 인자이므로 점근적으로는 최악의 경우 수행 시간과 마찬가지로 여전히 $\Theta(n^2)$이다.

삽입 정렬은 배열이 '거의 정렬된 상태'로 시작하는 경우에 가장 적합하다. 배열의 각 요소가 정렬된 위치로부터 k만큼 떨어진 상태로 시작한다면, 모든 안쪽 루프에서 주어진 요소를 밀어내는 횟수는 많아야 k번이다. 따라서 모든 안쪽 루프에서 모든 요소가 밀려나는 횟수는 최대 kn이며, 안쪽 루프의 반복 횟수도 kn임을 알 수 있다(안쪽 루프의 각 이터레이션에서 요소를 정확히 한 칸씩 밀어내므로). 여기서 k가 상수라면 Θ 표기법이 상수 인자 k를 무시하므로, 삽입 정렬의 수행 시간은 고작 $\Theta(n)$이다. 사실 일부 요소가 배열 안에서 꽤 먼 거리를 이동한다고 해도, 그런 요소의 수가 너무 많지 않다면 큰 문제는 없다. 특히 l개의 요소가 배열의 어디로든 이동할 수 있다고 해도(해당 요소가 $n-1$번 이동할 수 있다고 해도), 나머지 $n-l$개의 요소가 최대 k번 이동할 수 있다면 밀어내기의 최대 횟수는 $l(n-1) + (n-l)k = (k+l)n - (k+1)l$, 즉 k와 l이 모두 상수라면 $\Theta(n)$이다.

삽입 정렬과 선택 정렬의 점근적 수행 시간을 비교하면 최악의 경우에는 두 알고리즘이 동일하다. 배열이 거의 정렬된 경우에는 삽입 정렬이 더 낫다. 하지만 선택 정렬은 삽입 정렬에 비해 한 가지 장점이 있는데, 선택 정렬은 어떤 경우든 요소의 이동 횟수가 $\Theta(n)$인 반면, 삽입 정렬은 최대 $\Theta(n^2)$번 요소를 이동시킨다. INSERTION-SORT의 1Bi단계를 실행할 때마다 요소가 이동하기 때문이다. 선택 정렬을 설명한 71페이지에서 밝혔듯이 요소를 옮기는 일에 특히 오랜 시간이 걸리고 입력이 삽입 정렬의 최선의 경우에 가깝다고 판단할 근거가 없다면, 삽입 정렬보다 선택 정렬을 수행하는 편이 더 좋다.

병합 정렬

다음으로 배울 정렬 알고리즘인 병합 정렬merge sort은 모든 경우에 수행 시간이 거우 $\Theta(n \lg n)$이다. 이 수행 시간을 선택 정렬과 삽입 정렬의 최악의 경우 수행 시간인 $\Theta(n^2)$과 비교해보면, 인자 n이 고작 인자 $\lg n$으로 대체됐다. 1장의 31페이지에서 봤듯이 이러한 개선이 우리가 추구하는 바다.

하지만 병합 정렬은 앞서 배운 두 정렬 알고리즘에 비해 두 가지 단점이 있다. 첫 번째로, 점근적 표기법에서는 보이지 않는 상수 인자가 다른 두 알고리즘보다 크다. 물론 배열의 크기 n이 커지면 큰 문제가 되지 않는다. 두 번째로, 병합 정렬은 **제자리**in place에서 수행할 수 없다. 즉 입력 배열 전체에 대한 완벽한 사본을 만들어야 한다. 이런 특징에 비춰보면 선택 정렬과 삽입 정렬은 배열의 모든 요소가 아니라 한 요소의 사본을 유지한다. 따라서 저장 공간이 넉넉하지 않다면 병합 정렬은 적합하지 않을 수 있다.

병합 정렬에 일반적인 알고리즘적 패러다임paradigm인 **분할 정복**divide-and-conquer을 적용해보자. 분할 정복에서는 원래 문제를 그와 비슷한 하위 문제로 나눈 후, 하위 문제를 재귀적으로 해결하고, 하위 문제에 대한 해답을 합쳐서 원래 문제의 해답을 구한다. 2장에서 다룬 재귀의 동작 방식을 떠올려보라. 각 재귀 호출은 동일하지만 더 작은 문제들에 상응하며, 결국 기반 케이스에 다다르게 된다. 분할 정복 알고리즘의 일반적인 줄거리는 다음과 같다.

1. 주어진 문제를 동일하지만 더 작은 크기의 하위 문제로 **분할**한다.
2. 하위 문제를 재귀적으로 해결해 **정복**한다. 하위 문제의 크기가 충분히 작으면 기반 케이스로서 답을 구한다.
3. 하위 문제의 해답을 **통합**해 원래 문제의 해답을 구한다.

병합 정렬을 이용해 책꽂이의 책을 정렬한다면, 각 하위 문제는 책꽂이의 연속된 구간을 정렬하는 일로 이뤄진다. 맨 처음에는 슬롯 1에서 n까지 n개의 책을 정렬하는 것이 목표지만, 이를 일반화한 하위 문제는 슬롯 p부터 r까지의 책을 정렬하는 일이다. 병합 정렬에 분할 정복을 적용하면 다음과 같다.

1. 슬롯 p와 r의 중간에 위치한 q를 구해 문제를 **분할**한다. 이진 탐색에서 했던 방법대로 p와 r을 더한 후 2로 나누고, 소수점을 버리면 된다.
2. 분할 단계에서 만든 두 하위 문제 각각에 포함된 책을 재귀적으로 정

렬함으로써 문제를 **정복**한다.

3. 슬롯 p부터 q까지의 책과 슬롯 $q+1$부터 r까지의 책을 병합해 두 하위 문제의 해답을 **통합**한다. 즉 슬롯 p부터 r까지의 모든 책이 정렬되게 한다. 책을 병합하는 방법은 곧 살펴보겠다.

포함된 책이 없거나 책 한 권만 포함된 집합은 정렬된 상태임이 자명하므로, 여기서의 기반 케이스는 두 권 미만의 책을 정렬할 때(즉 $p \geq r$일 때) 발생한다.

이 아이디어를 배열을 정렬하는 일로 바꿔 생각하면, 슬롯 p부터 r까지는 부분배열 $A[p..r]$에 해당한다. 병합 정렬 프로시저는 다음과 같은데, 정렬된 부분배열 $A[p..q]$와 $A[q+1..r]$을 병합해 하나의 정렬된 배열 $A[p..r]$을 만드는 프로시저 MERGE(A, p, q, r)을 호출한다.

프로시저 MERGE-SORT(A, p, r)

입력

- A: 배열
- p, r: A의 부분배열의 시작 인덱스와 끝 인덱스

결과: 부분배열 $A[p..r]$의 요소가 비 내림차순으로 정렬된다.

1. $p \geq r$이면, 부분배열 $A[p..r]$은 최대 1개의 요소를 포함하므로 이미 정렬된 상태다. 아무 일도 하지 않고 반환한다.

2. 그렇지 않으면 다음을 수행한다.

   A. q를 $\lfloor (p+r)/2 \rfloor$로 지정한다.

   B. MERGE-SORT(A, p, q)를 재귀적으로 호출한다.

   C. MERGE-SORT$(A, q+1, r)$을 재귀적으로 호출한다.

   D. MERGE(A, p, q, r)을 호출한다.

MERGE 프로시저의 동작을 아직 설명하지 않았지만, MERGE-SORT 프로시저의 동작을 보여주는 예를 먼저 살펴보자. 시작할 때의 배열은 다음과 같다.

1	2	3	4	5	6	7	8	9	10
12	9	3	7	14	11	6	2	10	5

첫 호출은 MERGE-SORT(A, 1, 10)이다. 2A단계에서 q의 값을 5로 계산한 후, 2B와 2C단계에서 MERGE-SORT(A, 1, 5)와 MERGE-SORT(A, 6, 10)을 다음과 같이 재귀 호출한다.

1	2	3	4	5		6	7	8	9	10
12	9	3	7	14		11	6	2	10	5

두 재귀 호출이 반환된 후에 두 부분배열의 모습은 다음과 같다.

1	2	3	4	5		6	7	8	9	10
3	7	9	12	14		2	5	6	10	11

마지막으로, 2D단계에서 MERGE(A, 1, 5, 10)을 호출해 정렬된 부분배열 2개를 정렬된 부분배열 하나로 병합한다. 이제 병합된 전체 배열을 보자.

1	2	3	4	5	6	7	8	9	10
2	3	5	6	7	9	10	11	12	14

모든 재귀 호출을 풀어헤쳐 보면 다음 페이지의 그림과 같다. 그림에서 두 갈래로 나뉘는 화살표는 분할 단계를, 한 곳으로 모이는 화살표는 병합 단계를 표현한다. 각 부분배열 위의 변수 p와 q, r은 각 재귀 호출에서 해당 인덱스에 상응하는 위치에 놓여 있다. 이탤릭체로 쓰인 숫자는 첫 호출 MERGE-SORT(A, 1, 10)부터 시작하는 호출 순서를 보여준다. 예를 들어

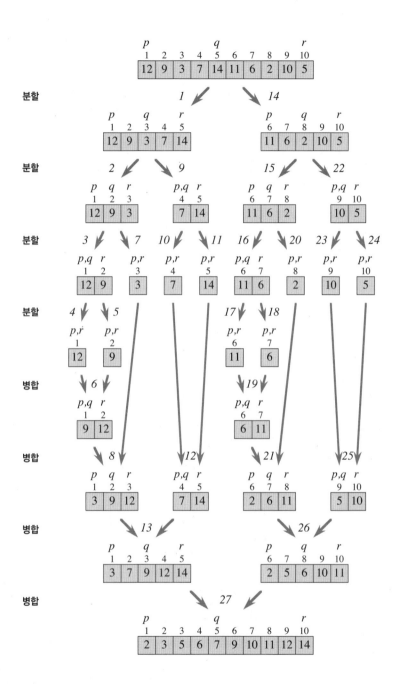

MERGE(A, 1, 3, 5)는 첫 호출 이래로 13번째 호출이고, MERGE-SORT(A, 6, 7)은 16번째 호출이다.

실제 작업은 MERGE 프로시저에서 이뤄진다. 따라서 MERGE 프로시저는 정확할 뿐만 아니라 빠르게 동작해야 한다. 총 n개의 요소를 정렬할 때, 각 요소가 알맞은 자리에 오도록 병합해야 하므로 우리가 기대할 수 있는 최상의 수행 시간은 $\Theta(n)$이다. 다행히 병합 과정에서 선형 시간을 달성할 수 있다.

이제 다시 책꽂이로 돌아와서, 책꽂이의 슬롯 9부터 14까지를 살펴보자. 다음과 같이 슬롯 9~11의 책을 정렬했고, 슬롯 12~14의 책을 정렬했다고 하자.

슬롯 9~11의 책을 뽑아 한 더미로 쌓되, 저자 이름이 알파벳 순서로 빠른 책이 위에 오게 하자. 그리고 같은 방법으로 슬롯 12~14의 책을 쌓아 두 번째 더미를 만들자.

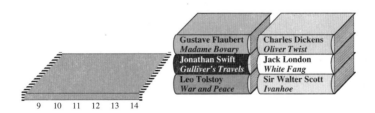

두 책 더미는 정렬된 상태이므로, 9번 슬롯에 다시 꽂을 책은 두 책 더미의 맨 위에 있는 책, 즉 Gustave Flaubert와 Charles Dickens의 저서 중하나다. Dickens가 Flaubert보다 앞에 오므로 이 책을 슬롯 9로 옮긴다.

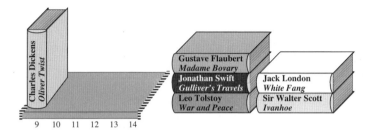

Dickens의 책을 슬롯 9로 옮긴 후에, 슬롯 10에 꽂힐 책은 첫 번째 더미의 맨 위에 있는 Flaubert의 책이거나 두 번째 더미의 맨 위에 있는 Jack London의 책이다. 이제 Flaubert의 책을 슬롯 10에 꽂는다.

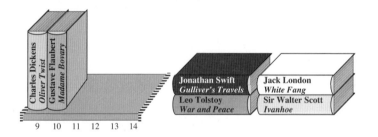

다음으로 두 책 더미의 맨 위에 있는 두 책, 즉 Jonathan Swift와 London의 책을 비교한 후 London의 책을 슬롯 11로 옮긴다. 이제 오른쪽 더미의 맨 위에는 Sir Walter Scott의 책이 남게 되고, 이 책을 Swift의 책과 비교한다. 그리고 Scott의 책을 슬롯 12로 옮긴다. 이 시점에서 오른쪽 책 더미에는 남아 있는 책이 없다.

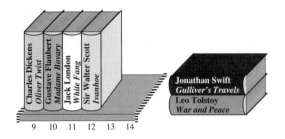

이제 남은 일은 왼쪽 더미의 책을 남은 슬롯으로 차례로 옮기는 일뿐이다. 이제 슬롯 9~14의 모든 책이 정렬됐다.

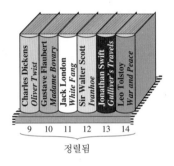

정렬됨

이러한 병합 프로시저는 얼마나 효율적인가? 각 책은 정확히 두 번씩 옮겨지는데, 책꽂이에서 뽑아 책 더미로 옮길 때와 책 더미의 맨 위에서 책꽂이로 다시 옮길 때다. 더 나아가 어떤 책을 책꽂이로 돌려놓을지 경정할 때 두 책 더미 맨 위의 책 두 권을 비교한다. 따라서 n권의 책을 병합할 때, 책을 $2n$번 옮기고 한 쌍의 책을 n번 비교한다.

그런데 왜 책꽂이에서 책을 빼내는가? 그 대신 책을 책꽂이에 그냥 놓아두고, 어떤 책을 알맞은 슬롯에 꽂았고 어떤 책을 옮기지 않았는지만 기억하면 어떨까? 그러나 오히려 그 방법이 더 번거로울 수 있다. 예를 들어, 오른쪽 절반의 모든 책을 왼쪽 절반의 모든 책보다 앞에 넣어야 한다고 하자. 오른쪽 절반의 첫 번째 책을 왼쪽 첫 번째 슬롯으로 옮기려면, 빈 공간을 만들기 위해 왼쪽 절반의 모든 책을 오른쪽으로 한 칸씩 밀어야 한다. 그리고 오른쪽 절반의 두 번째 책을 왼쪽 두 번째 슬롯으로 옮길 때도 같은 일을 해야 한다. 즉 오른쪽 절반의 모든 책을 알맞은 슬롯에 넣을 때마다 왼쪽 절반의 모든 책을 밀어내야 한다.

이러한 이유로 병합 과정을 제자리에서 수행하지 않는다.[6] 정렬된 부분 배열 $A[p..q]$와 $A[q+1..r]$을 부분배열 $A[p..r]$로 병합하는 과정을 다시 보면, 병합할 요소를 배열 A에서 임시 배열로 복사하는 일부터 시작하고, 이 임시 배열을 다시 배열 A로 병합한다. 이제 $A[p..q]$의 요소 개수를 $n_1 = q - p + 1$이라 하고, $A[q+1..r]$의 요소 개수를 $n_2 = r - q$라고 하자. n_1개의 요소를 포함하는 임시 배열 B와 n_2개의 요소를 포함하는 임시 배열 C를 만든 후, $A[p..q]$의 요소를 B로, $A[q+1..r]$의 요소를 C로 차례대로 복사한다. 이제 유일한 원본을 덮어쓸 걱정 없이 두 임시 배열의 요소를 $A[p..r]$로 병합한다.

배열의 요소를 병합하는 일은 책을 병합하는 과정과 같다. B와 C 각각에서 아직 복사하지 않은 요소 중 가장 작은 요소를 가리키는 인덱스를 유지하고, 그 둘 중 작은 요소를 원래 배열로 복사한다. 결국 배열 B와 C의 요소를 부분배열 $A[p..r]$로 복사하게 된다. 두 요소 중 어떤 쪽이 더 작은지를 결정하는 일과 그 요소를 $A[p..r]$의 알맞은 자리로 복사하는 일, 배열의 인덱스를 갱신하는 일 모두 상수 시간 안에 수행할 수 있다.

결국 두 배열 중 한 배열의 모든 요소를 $A[p..r]$로 다시 복사하게 된다. 즉 두 책 더미 중 한쪽만 남은 상황과 같다. 하지만 매번 두 배열 중 하나가 비었는지를 확인하는 수고를 덜고자 꼼수를 동원한다. 배열 B와 C 각각의 오른쪽 끝에 다른 모든 요소보다 큰 여분의 요소를 추가하는 것이다. 2장의 SENTINEL-LINEAR-SEARCH에서 사용했던 보초 값을 기억하는

---

6 제자리에서 선형 시간에 병합을 수행할 수도 있지만, 그 과정이 꽤 복잡하다.

가? 이번 아이디어도 보초 값과 비슷하다. 여기서는 보초 값의 정렬 키로 ∞(무한대^{infinity})를 사용한다. 한 배열에서 남아 있는 가장 작은 요소의 정렬 키가 ∞라면, 두 배열에 남아 있는 요소 중 어느 쪽이 더 작은지를 선택할 때 항상 선택받지 않게 된다.[7] 두 배열 B와 C를 모두 복사한 후에는, 양쪽 배열 모두 가장 작은 값으로 보초 값이 남게 된다. 그러나 (보초 값을 제외한) 모든 '진짜' 요소를 $A[p..r]$로 복사한 후에는 보초 값을 비교할 필요가 없다. $A[p]$부터 $A[r]$까지 요소를 다시 복사해넣는다는 사실을 미리 알고 있으므로, 요소를 $A[r]$에 복사한 후에는 병합을 멈출 수 있다. 실제로는 p부터 r까지 증가하는 A의 인덱스를 바탕으로 루프를 수행한다.

Merge 프로시저는 다음과 같다. 길어 보이지만 위에서 설명한 방법을 따를 뿐이다.

프로시저 Merge(A, p, q, r)

입력

- A: 배열
- p, q, r: A의 인덱스. 부분배열 $A[p..q]$와 $A[q+1..r]$은 각각 정렬된 상태라고 가정한다.

결과: 부분배열 $A[p..r]$은 $A[p..q]$와 $A[q+1..r]$의 요소를 포함하며, 부분배열 $A[p..r]$ 전체는 정렬된 상태다.

1. n_1은 $q-p+1$로, n_2는 $r-q$로 지정한다.
2. $B[1..n_1+1]$과 $C[1..n_2+1]$을 새 배열이라 하자.

---

7 실제로 ∞는 다른 어떤 정렬 키보다 큰 값으로 표현한다. 예를 들어, 정렬 키가 저자 이름이라면 ∞는 ZZZZ가 될 수 있다(물론 그런 이름의 저자가 없다는 가정하에).

3. $A[p\,.\,.q]$를 $B[1\,.\,.n_1]$으로, $A[q+1\,.\,.r]$을 $C[1\,.\,.n_2]$로 복사한다.

4. $B[n_1+1]$과 $C[n_2+1]$을 ∞로 지정한다.

5. i와 j를 1로 지정한다.

6. $k=p$부터 r까지

   A. $B[i] \leq C[j]$이면, $A[k]$를 $B[i]$로 지정하고 i를 증가시킨다.

   B. 그렇지 않으면($B[i] > C[j]$), $A[k]$를 $C[j]$로 지정하고 j를 증가
      시킨다.

1~4단계에서는 배열 B와 C를 할당한 후 $A[p\,.\,.q]$를 B로, $A[q+1\,.\,.r]$
을 C로 복사하고, 각 배열에 보초 값을 넣는다. 6단계 메인 루프의 각 이
터레이션에서는 남아 있는 가장 작은 요소를 $A[p\,.\,.r]$의 다음 위치에 복사
하며, B와 C의 모든 요소를 복사한 후에는 루프가 종료된다. 루프에서 인
덱스 i는 B에 남아 있는 가장 작은 요소를, j는 C에 남아 있는 가장 작은
요소를, k는 요소를 복사해넣을 A의 위치를 가리킨다.

n개의 요소를 병합한다면($n = n_1 + n_2$), 요소를 배열 B와 C로 복사하는
시간은 $\Theta(n)$이고, 요소 하나를 $A[p\,.\,.r]$에 다시 복사하는 일은 상수 시간
이므로, 모두 합쳐 겨우 $\Theta(n)$시간에 병합을 수행한다.

앞에서 전체 병합 정렬 알고리즘이 $\Theta(n \lg n)$시간을 차지한다고 했다.
배열의 크기 n이 2의 거듭제곱수라는 간단한 가정을 하면, 배열을 분할할
때마다 나눠진 부분배열의 크기는 같다(일반적으로는 n이 2의 거듭제곱수가 아니
고, 재귀 호출 시 주어진 부분배열의 크기가 다를 수 있다. 엄밀한 분석이라면 이런 점도 고
려하겠지만, 우리는 이 점을 신경 쓰지 말자).

병합 정렬을 분석하는 방법은 이러하다. 요소가 n개인 부분배열을 정
렬하는 시간이 $T(n)$이라고 하자. 여기서 $T(n)$은 n에 따라 증가하는 함수

다(따라서 요소의 수가 많을수록 정렬이 오래 걸린다). 이 $T(n)$은 분할 정복 패러다임의 세 구성요소로부터 유래하므로, 그 셋의 시간을 합해보자.

1. 분할 단계에서는 인덱스 q를 계산하는 일만 하므로 상수 시간을 차지한다.
2. 정복 단계에서는 각각 $n/2$개의 요소를 포함하는 부분배열 2개를 재귀적으로 호출한다. 위에서 정의한 부분배열의 정렬 소요 시간을 바탕으로, 각 재귀 호출은 $T(n/2)$시간을 차지함을 알 수 있다.
3. 정렬된 부분배열을 병합해, 두 재귀 호출의 결과를 통합하는 데 $\Theta(n)$시간이 걸린다.

분할 단계의 상수 수행 시간은 통합 단계의 $\Theta(n)$에 비하면 차수가 낮으므로, 분할 단계의 시간을 통합 단계와 합쳐서, 분할과 통합 단계의 총 수행 시간은 $\Theta(n)$이라고 할 수 있다. 정복 단계의 비용은 $T(n/2) + T(n/2)$, 즉 $2T(n/2)$로 쓸 수 있다. 이들을 모두 합친 $T(n)$을 나타내는 방정식은 다음과 같다.

$$T(n) = 2T(n/2) + f(n)$$

여기서 $f(n)$은 분할과 병합 단계의 수행 시간인데, 앞서 살펴본 바와 같이 $\Theta(n)$이다. 알고리즘 연구 분야의 통상적인 관례대로 방정식에서 점근적 표기법을 곧바로 쓰면 이름에 개의치 않는 어떤 함수를 말한다. 즉 다음과 같이 쓸 수 있다.

$$T(n) = 2T(n/2) + \Theta(n)$$

잠깐! 뭔가 이상하다. 병합 정렬의 수행 시간을 나타내는 함수 T가 스스로에 대한 함수로 정의됐다! 이런 방정식을 일컬어 **재귀 방정식**recurrence equation 또는 간단히 **재귀**라고 한다. 문제는 $T(n)$을 비재귀적non-recursive 방식, 즉 스스로를 항으로 포함하지 않게 표현하고 싶다는 점이다. 재귀 형태로 표현된 함수를 비재귀적으로 바꾸는 일은 성가신 일이지만, 다양한 유형의 재귀 방정식에 마스터 공식master method[8]을 적용할 수 있다. 마스터 공식은 $T(n) = aT(n/b) + f(n)$ 형태를 띠는 상당수의 재귀에 적용할 수 있다(그러나 모든 유형에 적용될 수는 없다). 여기서 상수 a와 b는 양의 정수다. 다행히도 병합 정렬에 이 공식을 적용할 수 있는데, 공식에 따르면 $T(n)$은 $\Theta(n \lg n)$이다.

$\Theta(n \lg n)$의 수행 시간은 최선의 경우와 최악의 경우, 그 사이의 어딘가를 포함한 병합 정렬의 모든 경우에 적용된다. 그리고 각 요소는 $\Theta(n \lg n)$번 복사된다. MERGE 프로시저를 설명할 때 밝혔듯이, $p = 1$과 $r = n$으로 함수를 호출할 때 n개 요소의 복사본을 만들므로 병합 정렬은 제자리에서 수행되지 않음을 분명히 알 수 있다.

퀵소트

병합 정렬과 마찬가지로 퀵소트quicksort도 분할 정복 패러다임에 바탕을 둔다(따라서 재귀를 사용한다). 하지만 퀵소트는 병합 정렬과는 약간 다른 방식으로 분할 정복을 사용한다. 병합 정렬과 비교했을 때 그 밖의 중요한 차이점은 다음과 같다.

- 퀵소트는 제자리에서 동작한다.
- 퀵소트의 점진적 수행 시간은 최악의 경우와 평균적인 경우에 다르다. 특히 퀵소트의 최악의 경우 수행 시간은 $\Theta(n^2)$이며, 평균적인 경우 수행 시간은 그보다 나은 $\Theta(n \lg n)$이다.

---

[8] 마스터 공식은 마스터 정리master theorem라고도 하며, 『Introduction to Algorithms』에서 자세한 내용을 볼 수 있다. - 옮긴이

퀵소트는 상수 인자가 작고(병합 정렬보다 낫다), 실제로 사용하기에 좋은 정렬 알고리즘이다.

퀵소트가 분할 정복을 사용하는 방법을 살펴보자. 책꽂이의 책을 정렬하는 일을 다시 생각해보면, 초기에는 병합 정렬과 마찬가지로 슬롯 1부터 n까지의 모든 책 n권을 정렬하길 원한다. 이 문제를 슬롯 p부터 r까지의 책을 정렬하는 문제로 일반화할 수 있다.

1. **분할** 단계에서는 슬롯 p부터 r 사이에서 아무 책이나 한 권 고른다. 이 책을 **피벗**pivot이라고 하자. 그리고 피벗의 저자 이름보다 저자 이름이 앞에 있거나 동일한 모든 책은 피벗의 왼쪽에, 피벗의 저자 이름보다 저자 이름이 뒤에 오는 모든 책은 피벗의 오른쪽에 오게 책을 재배치한다.

   아래 예제에서는 슬롯 9부터 15까지를 재배치하는 피벗으로 가장 오른쪽 책인 Jack London을 선택했다.

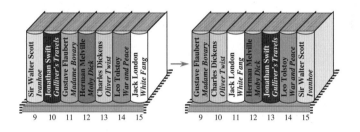

(퀵소트에서는 **파티셔닝**partitioning이라고 일컫는) 이러한 재배치 후에는, London보다 알파벳 순서로 앞에 있는 Flaubert와 Dickens의 책이 London의 책 왼쪽에 위치하고, London보다 알파벳 순서로 뒤에 있는 다른 모든 저자의 책은 London의 책 오른쪽에 위치한다. 파티셔닝 후에 주의할 점은 London의 책 왼쪽에 있는 책들 사이에는 특정한 순서가 없으며, 오른쪽에 있는 책들도 마찬가지로 특정한 순서가 없다는 점이다.

2. **정복** 단계에서는 피벗 왼쪽의 책들과 오른쪽의 책들을 재귀적으로 정렬한다. 즉 분할 단계에서 피벗을 슬롯 q (위 예에서는 슬롯 11)로 옮겼다면, p부터 $q-1$까지의 책과 $q+1$부터 r까지의 책을 재귀적으로 정렬한다.

3. **통합** 단계에서는 아무 일도 하지 않는다. 정복 단계에서 재귀적으로 정렬을 수행하면 끝이다. 왜 그런가? 피벗 왼쪽(슬롯 p부터 $q-1$까지)의 책들은 피벗보다 앞에 오거나 피벗의 저자 이름과 같으며 정렬된 상태다. 피벗 오른쪽(슬롯 $q+1$부터 r까지)의 책들도 피벗보다 뒤에 오며 정렬된 상태다. 즉 슬롯 p부터 r까지의 책은 이미 정렬된 상태다!

책꽂이를 배열로, 책을 배열의 요소로 생각하면, 퀵소트의 전략을 알 수 있다. 병합 정렬과 마찬가지로 기반 케이스는 정렬할 요소가 2개 미만인 경우다.

퀵소트 프로시저는 PARTITION(A, p, r) 프로시저를 호출하는데, PARTITION 프로시저는 부분배열 $A[p..r]$을 파티셔닝하고 피벗이 옮겨진 인덱스 q를 반환한다.

프로시저 QUICKSORT(A, p, r)

입력과 결과: MERGE-SORT와 동일

1. $p \geq r$이면, 아무 일도 하지 않고 반환한다.
2. 그렇지 않으면 다음을 실행한다.

   A. PARTITION(A, p, r)을 호출하고, q를 그 반환 값으로 지정한다.

   B. QUICKSORT$(A, p, q-1)$을 재귀적으로 호출한다.

   C. QUICKSORT$(A, q+1, r)$을 재귀적으로 호출한다.

MERGE-SORT와 마찬가지로 첫 호출은 QUICKSORT(A, 1, n)이다. 다음 그림은 재귀 호출을 풀어서 보여주는데, 인덱스 p와 q, r은 각 부분배열을 가리키며 $p \leq r$을 만족한다.

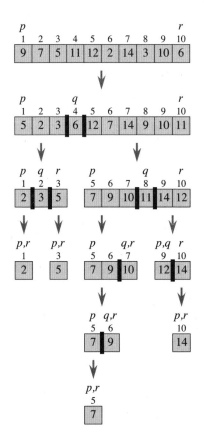

배열의 각 위치에서 맨 아래쪽 값은 해당 위치에 최종적으로 저장된 요소를 보여준다. 배열을 왼쪽에서 오른쪽으로 훑어가면서, 각 위치에서 가장 아래쪽 값을 읽어보면 배열이 정렬된 사실을 알 수 있다.

퀵소트의 핵심은 파티셔닝이다. n개의 요소를 $\Theta(n)$시간에 병합했던 것처럼, n개의 요소를 $\Theta(n)$시간에 파티셔닝할 수 있다. 이제 책꽂이의 슬롯

p부터 r까지의 책을 파티셔닝하는 방법을 알아보자. 주어진 책 중 가장 오른쪽 책(슬롯 r에 꽂힌 책)을 피벗으로 선택하고 나면, 모든 책은 항상 아래 네 그룹 중 하나에만 속하게 되며, 네 그룹은 슬롯 p부터 r까지 왼쪽에서 오른쪽으로 순서대로 위치한다.

- 그룹 L(왼쪽 그룹): 저자 이름이 피벗의 저자 이름보다 알파벳 순서로 앞에 오거나 저자가 동일한 책의 그룹. 그 다음으로,
- 그룹 R(오른쪽 그룹): 저자 이름이 피벗의 저자 이름보다 알파벳 순서로 뒤에 오는 책의 그룹. 그 다음으로,
- 그룹 U(알려지지 않은unknown 그룹): 아직 확인하지 않은 책들의 그룹. 따라서 해당 저자 이름과 피벗의 저자 이름 사이의 비교 결과를 알지 못함
- 그룹 P(피벗): 피벗에 해당하는 책 한 권

그룹 U에 속하는 책을 왼쪽에서 오른쪽으로 훑어가며, 한 권씩 피벗과 비교한 후 그룹 L이나 R에 넣는 과정을 피벗에 다다를 때까지 반복한다. 이때 피벗과 비교하는 책은 항상 그룹 U에서 가장 왼쪽에 위치한 책이다.

- 해당 책의 저자가 피벗의 저자보다 뒤에 있으면 그 책이 그룹 R의 가장 오른쪽 책이 되게 한다. 해당 책은 그룹 U에서 가장 왼쪽에 남아 있던 책이고 그룹 R 바로 오른쪽에 그룹 U가 위치하므로, 실제로 책을 옮길 필요 없이 그룹 R과 U의 경계선을 한 칸 오른쪽으로 옮기면 된다.

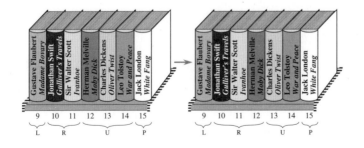

- 해당 책의 저자가 피벗의 저자보다 앞에 있거나 동일하면 그 책이 그룹 L의 가장 오른쪽 책이 되게 한다. 그러기 위해 해당 책의 위치를 그룹 R의 가장 왼쪽 책과 맞바꾸고, 그룹 L과 R, 그룹 R과 U의 경계선을 각각 한 칸 오른쪽으로 옮긴다.

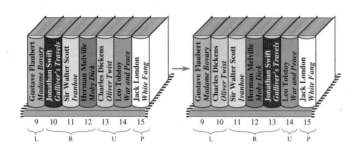

마지막에 피벗에 다다르면 피벗과 그룹 R의 가장 왼쪽 책을 맞바꾼다. 이번 예제에서 책꽂이의 최종 배치는 90페이지의 그림과 같다.

모든 책을 피벗과 한 번씩 비교하며, 책의 저자가 피벗의 저자보다 앞에 있거나 동일하면 자리 맞바꾸기가 한 번 발생한다. 따라서 n권의 책을 파티셔닝할 때 (피벗 스스로는 비교할 필요가 없으므로) 최대 $n-1$번의 비교를 수행하며 최대 n번의 자리 맞바꾸기를 수행한다. 눈여겨볼 점은 병합 과정과 달리 책꽂이를 비우지 않고도 파티셔닝이 가능하다는 사실이다. 즉 제자리에서 파티셔닝을 할 수 있다.

책을 파티셔닝하는 일을 부분배열 $A[p\,.\,.r]$을 파티셔닝하는 일로 바꿔서 생각해보자. 우선 $A[r]$(가장 오른쪽 요소)을 피벗으로 선택한다. 그리고 부분배열을 왼쪽부터 오른쪽으로 훑어가며 각 요소를 피벗과 비교한다. 이 과정에서 부분배열을 다음과 같이 분할하는 인덱스 q와 u를 적절히 유지한다.

- 부분배열 $A[p\,.\,.q-1]$은 그룹 L에 해당함. 각 요소는 피벗보다 작거나

같음

- 부분배열 $A[q \ldots u-1]$은 그룹 R에 해당함. 각 요소는 피벗보다 큼
- 부분배열 $A[u \ldots r-1]$은 그룹 U에 해당함. 각 요소와 피벗의 비교 결과를 아직 모름
- 요소 $A[r]$은 그룹 P에 해당함. 즉, 피벗임

사실 이러한 분할이 바로 루프 불변조건이다(그러나 여기서 증명하진 않겠다).

각 단계에서 그룹 U의 가장 왼쪽 요소인 $A[u]$를 피벗과 비교한다. $A[u]$가 피벗보다 크면 u를 증가시켜서 그룹 R과 U의 경계선을 오른쪽으로 옮긴다. 그렇지 않고 $A[u]$가 피벗보다 작거나 같다면 (그룹 R의 가장 왼쪽 요소인) $A[q]$를 $A[u]$와 맞바꾸고, q와 u를 증가시켜서 그룹 L과 R, 그룹 R과 U의 경계선을 각각 오른쪽으로 옮긴다. 지금까지 설명한 PARTITION 프로시저는 다음과 같다.

프로시저 PARTITION(A, p, r)

입력: MERGE-SORT와 동일

결과: $A[p \ldots r]$의 요소를 재배치해서, $A[p \ldots q-1]$의 모든 요소가 $A[q]$보다 작거나 같고 $A[q+1 \ldots r]$의 모든 요소가 $A[q]$보다 커진다. 인덱스 q를 호출한 쪽에 반환한다.

1. q를 p로 지정한다.
2. $u=p$부터 $r-1$까지 다음을 수행한다.
   A. $A[u] \leq A[r]$이면, $A[q]$와 $A[u]$를 맞바꾸고 q를 증가시킨다.
3. $A[q]$와 $A[r]$을 맞바꾸고 q를 반환한다.

두 인덱스 q와 u의 시작 값이 p이므로, 그룹 L$(A[p . . q-1])$과 그룹 R$(A[q . . u-1])$은 처음에는 비어 있고, 그룹 U$(A[u . . r-1])$는 피벗을 제외한 모든 요소를 포함한다. $A[p] \leq A[r]$인 경우에는 요소를 스스로와 맞바꾸므로 결과적으로 배열에 변화가 없다. 3단계에서는 피벗과 그룹 R의 가장 왼쪽 요소를 맞바꿈으로써 피벗을 파티셔닝된 배열에서 올바른 위치로 옮기고, 피벗의 새로운 인덱스인 q를 반환한다.

이제 93페이지의 퀵소트 예제에서 첫 번째 파티셔닝으로 만들어진 $A[5 . . 10]$을 대상으로 PARTITION 프로시저의 수행 과정을 한 단계씩 살펴보자. 그룹 U는 흰 바탕, 그룹 L은 밝은 색 음영, 그룹 R은 더 어두운 색 음영, 피벗은 가장 어두운 색으로 나타냈다. 그림의 첫 부분은 배열과 인덱스들의 초기 상태를 보여주며, 이어서 나오는 5개의 그림은 2단계의 각 이터레이션(각 이터레이션의 마지막에 인덱스 u를 증가시키는 과정도 포함)을 수행한 후 배열과 인덱스들의 상태를 보여준다. 그리고 마지막 부분에서는 파티셔닝된 최종 배열을 볼 수 있다.

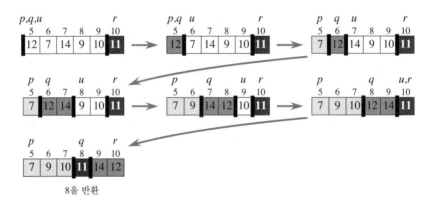

8을 반환

책을 파티셔닝하는 과정에서 각 요소를 피벗과 한 번씩 비교하고, 피벗과 비교한 요소의 위치를 최대 한 번 맞바꾼다. 모든 비교 작업과 자리 맞바꾸기는 상수 시간에 이뤄지므로, n개의 요소를 포함하는 부분배열을

PARTITION하는 데 걸리는 총 시간은 $\Theta(n)$이다.

그렇다면 QUICKSORT 프로시저의 수행 시간은 어떠한가? 병합 정렬과 마찬가지로 n개의 요소를 포함한 부분배열을 정렬하는 시간을 $T(n)$이라고 하자. 여기서 $T(n)$은 n에 따라 증가하는 함수다. PARTITION 프로시저가 수행하는 분할 단계는 $\Theta(n)$시간을 차지한다. 그러나 QUICKSORT의 수행 시간은 파티셔닝의 결과가 얼마나 고른지에 달려 있다.

최악의 경우는 파티션 크기의 편차가 매우 클 때다. 피벗을 제외한 모든 요소가 피벗보다 작다면, PARTITION을 수행한 후에 피벗은 $A[r]$에 위치하며 QUICKSORT에 인덱스 r을 반환한다. QUICKSORT는 그 반환 값을 변수 q에 저장한다. 이 경우에 파티션 $A[q+1 .. r]$은 빈 배열이며, 파티션 $A[p .. q-1]$은 $A[p .. r]$보다 요소의 개수가 딱 하나 적은 배열이다. 빈 부분배열에 대한 재귀 호출은 $\Theta(1)$시간을 차지한다(프로시저 호출에 걸리는 시간과 1단계에서 부분배열이 비었는지 확인하는 시간). 따라서 이 $\Theta(1)$시간은 파티셔닝 전 과정에 걸쳐 $\Theta(n)$시간이 된다. 그러나 $A[p .. r]$의 요소가 n개이면 $A[p .. q-1]$의 요소는 $n-1$개이며, $A[p .. q-1]$에 대한 재귀 호출은 $T(n-1)$시간을 차지한다. 즉 다음과 같은 재귀 방정식을 도출할 수 있다.

$$T(n) = T(n-1) + \Theta(n)$$

이 재귀 방정식은 마스터 공식을 이용해서 풀 수는 없지만, 결론적으로 $T(n)$은 $\Theta(n^2)$이다. 선택 정렬보다 나은 게 없다! 어떤 경우에 이렇게 파티션 크기의 편차가 커질까? 모든 피벗이 다른 모든 요소보다 큰 경우, 즉 배열이 이미 정렬된 상태로 시작하는 경우가 그렇다. 반대로 배열이 역순으로 정렬된 상태로 시작하는 경우에도 파티션 크기의 편차가 커진다.

반면 모든 분할 단계에서 양쪽 파티션의 크기가 비슷하다면, 각 시퀀스는 최대 $n/2$개 요소를 포함하게 된다. 이런 경우에 88페이지에서 살펴본 병합 정렬과 동일한 재귀 방정식을 얻을 수 있다.

$$T(n) = 2T(n/2) + \Theta(n)$$

앞에서 살펴본 바와 같이 $T(n)$은 $\Theta(n \lg n)$이다. 물론 매번 이처럼 균형 잡힌 분할 단계를 수행하려면 매우 운이 좋거나, 입력 배열을 인위적으로 조작해야 할 것이다.

일반적인 경우는 최선의 경우와 최악의 경우 사이의 어딘가에 위치한다. 이에 대한 기술적 분석은 복잡하므로 여기서는 다루지 않는다. 그러나 요소의 순서가 무작위적이고 각 분할 단계의 파티션 크기가 충분히 비슷하다면, QUICKSORT는 $\Theta(n \lg n)$시간을 차지한다.

이제 엉뚱한 상상을 해보자. 여러분의 적수가 여러분에게 정렬해야 할 배열을 넘겨준다고 해보자. 그 적수는 여러분이 항상 부분배열의 마지막 요소를 피벗으로 선택한다는 사실을 알고서, 최악의 분할 작업을 수행하도록 배열을 조작한다. 어떻게 해야 이 적수를 저지할 수 있는가? 우선 배열이 정렬됐거나 역순으로 정렬됐는지를 확인하고, 그렇다면 특별한 조치를 취할 수 있다. 그러면 여러분의 적은 분할 단계가 최악은 아니지만 항상 최악에 가깝도록 배열을 조작할 수 있다.

다행히도 훨씬 간단한 답이 있다. 항상 마지막 요소를 피벗으로 선택하지 않으면 된다. 그러나 그렇게 하면 앞에서 봤던 우아한 PARTITION 프로시저가 작동하지 않는다. 각 그룹의 위치가 더 이상 그 정의를 따르지 않기 때문이다. 그러나 이도 큰 문제는 아니다. PARTITION 프로시저를 수행하기 전에 $A[r]$의 위치를 $A[p \,.\, . \, r]$에서 임의로 선택한 요소와 맞바꾸면 된다. 이제 무작위로 선택한 피벗을 이용해 PARTITION 프로시저를 그대로 수행할 수 있다.

사실, 약간의 노력을 더하면 균형 잡힌 분할을 수행할 가능성을 높일 수 있다. $A[p \ldots r]$에서 한 요소를 임의로 선택하는 대신, 세 요소를 임의로 선택해 그 셋 중의 중앙값을 $A[r]$과 맞바꾸면 된다. 여기서 셋 중의 중앙 값은 나머지 두 값 사이에 위치하는 값을 말한다(임의로 선택한 요소 중 둘 이상의 값이 같다면, 아무 값이나 고른다). 이번에도 기술적 분석을 하진 않겠지만, QUICKSORT가 $\Theta(n \lg n)$보다 긴 시간을 차지하려면, 요소를 무작위적으로 선택할 때마다 엄청나게 운이 나빠야 한다. 게다가 정렬할 수가 모두 다르 다면, 여러분의 적이 난수 생성기를 손에 넣지 않는 한 분할 단계가 얼마 나 균형 잡히게 수행될지에 전혀 영향을 끼칠 수 없다.

QUICKSORT에서 요소의 교환(맞바꿈)은 얼마나 많이 수행될까? 이 질문 의 답은 같은 위치의 요소를 교환하는 일도 '교환'으로 인정할지에 따라 달라진다. 물론 여러분은 이런 경우에는 교환을 수행하지 않게 할 수 있으 므로, 여기서는 교환 작업으로 인해 요소가 배열 안의 다른 위치로 옮겨지 는 경우만 '교환'으로 인정한다. 즉 PARTITION 프로시저의 2A단계에서 $q \neq u$이거나 3단계에서 $q \neq r$인 경우에 교환을 수행한다. 교환 횟수를 최 소화하는 최선의 경우는 배열이 이미 정렬된 경우로, 수행 시간의 점근적 표기법으로는 최악의 경우에 해당하며, 이 경우엔 교환을 한 번도 수행하 지 않는다. 교환을 가장 많이 수행하는 경우는 짝수인 n에 대해 입력 배열 이 $n, n-2, n-4, \ldots, 4, 2, 1, 3, 5, \ldots, n-3, n-1$인 경우이며, 이때 교환 의 수행 횟수는 $n^2/4$이고 점근적 수행 시간도 최악의 경우인 $\Theta(n^2)$이다.

복습

2장과 3장에서 네 가지 탐색 알고리즘과 네 가지 정렬 알고리즘을 살펴봤 는데, 각 알고리즘의 특성을 표로 요약해보자. 2장에서 살펴본 탐색 알고 리즘 중 셋은 한 알고리즘의 변형에 불과하므로 BETTER-LINEAR-SEARCH 나 SENTINEL-LINEAR-SEARCH를 선형 탐색의 대표로 삼는다.

탐색 알고리즘

알고리즘	최악의 경우 수행 시간	최선의 경우 수행 시간	정렬된 배열이 필요한가?
선형 탐색	$\Theta(n)$	$\Theta(1)$	아니요
이진 탐색	$\Theta(\lg n)$	$\Theta(1)$	예

정렬 알고리즘

알고리즘	최악의 경우 수행 시간	최선의 경우 수행 시간	최악의 경우 교환 횟수	제자리 여부
선택 정렬	$\Theta(n^2)$	$\Theta(n^2)$	$\Theta(n)$	예
삽입 정렬	$\Theta(n^2)$	$\Theta(n)$	$\Theta(n^2)$	예
병합 정렬	$\Theta(n \lg n)$	$\Theta(n \lg n)$	$\Theta(n \lg n)$	아니요
퀵소트	$\Theta(n^2)$	$\Theta(n \lg n)$	$\Theta(n^2)$	예

위 표에서는 평균적인 경우의 수행 시간을 볼 수 없는데, 퀵소트처럼 특별한 경우를 빼면 평균적인 경우의 수행 시간이 최악의 경우 수행 시간과 같다. 앞에서 봤듯이 배열의 요소가 무작위적으로 위치한다면 퀵소트의 평균적인 경우 수행 시간은 $\Theta(n \lg n)$이다.

실제 상황에서 이 알고리즘들을 비교하면 어떨까? 알고리즘을 C++로 코딩해 4바이트 정수의 배열을 입력으로 하여 각기 다른 2개의 머신에서 실행했다. (이 책을 쓸 때 사용한) 나의 맥북 프로는 2.4GHz 인텔 코어 2 듀오 프로세서와 4GB 램을 탑재하고 있으며 맥 OS 10.6.8을 바탕으로 동작한다. (웹사이트 서버로 사용 중인) 델 PC는 3.2GHz 인텔 펜티엄 4 프로세서와 1GB 램을 장착하고 리눅스 2.6.22.14를 설치했다. 알고리즘 구현 코드는 g++ 최적화 레벨 -O3으로 컴파일했다. 각 알고리즘은 최대 크기가 50,000인 배열로 테스트했고, 초기에는 역순으로 정렬된 배열을 사용했다. 각 알고리즘은 각 배열 크기별로 20번 실행하여 평균 시간을 구했다.

각 배열을 역순으로 정렬된 상태로 시작함으로써, 삽입 정렬과 퀵소트의 최악의 경우 점근적 수행 시간을 재현했다. 따라서 두 가지 버전의 퀵소트를 실험했는데, 파티셔닝할 부분배열 $A[p \,.\, . \, r]$의 마지막 요소 $A[r]$

을 항상 피벗으로 선택하는 '일반적인' 퀵소트와, 파티셔닝을 하기 전에
$A[p..r]$에서 무작위로 선택한 요소를 $A[r]$과 맞바꾸는 두 가지 버전을 실
험했다(셋 중의 중앙값을 이용하는 방법은 실험하지 않았다). '일반적인' 버전의 퀵
소트는 무작위적인 동작이 없어 정렬할 입력 배열이 주어졌을 때 이미 모
든 결과가 결정되므로 **결정론적**deterministic이라고도 한다.

　$n \geq 64$인 경우 두 컴퓨터 모두에서 무작위적 퀵소트가 가장 뛰어났다.
다음 표는 다양한 입력 크기에서 무작위적 퀵소트의 수행 시간에 대한 각
알고리즘 수행 시간의 비율을 보여준다.

맥북 프로

알고리즘	50	100	500	n 1000	5000	10,000	50,000
선택 정렬	1.34	2.13	8.04	13.31	59.07	114.24	537.42
삽입 정렬	1.08	2.02	6.15	11.35	51.86	100.38	474.29
병합 정렬	7.58	7.64	6.93	6.87	6.35	6.20	6.27
결정론적 퀵소트	1.02	1.63	6.09	11.51	52.02	100.57	475.34

델 PC

알고리즘	50	100	500	n 1000	5000	10,000	50,000
선택 정렬	0.76	1.60	5.46	12.23	52.03	100.79	496.94
삽입 정렬	1.01	1.66	7.68	13.90	68.34	136.20	626.44
병합 정렬	3.21	3.38	3.57	3.33	3.36	3.37	3.15
결정론적 퀵소트	1.12	1.37	6.52	9.30	47.60	97.45	466.83

　무작위적 퀵소트가 꽤 훌륭한 결과를 보여주지만, 우리는 무작위적 퀵
소트를 뛰어넘을 수 있다. 요소를 너무 멀리 이동시키지 않는다면 삽입 정
렬도 꽤 잘 동작한다는 점을 떠올려보자. 재귀적 알고리즘에서 하위 문제
의 크기가 어떤 수 k에 다다랐을 때, 어떤 요소도 $k-1$만큼의 거리 이상
으로 이동시킬 필요가 없다. 하위 문제의 크기가 작아졌을 때 무작위적 퀵
소트를 재귀적으로 호출하는 대신, 전체 배열이 아닌 주어진 부분배열을
정렬하도록 수정된 삽입 정렬을 이용하면 어떨까? 결론적으로 이 같은 혼
합 방식을 이용해 무작위적 퀵소트보다 빠르게 정렬을 수행할 수 있다. 실

험을 통해 맥북 프로에서는 부분배열의 크기가 22일 때 알고리즘을 전환하는 것이 가장 좋은 결과를 냈고, 델 PC에서는 부분배열의 크기가 17일 때 알고리즘을 전환하는 것이 가장 좋은 결과를 냈다. 다음 표는 문제 크기가 동일할 때, 무작위적 퀵소트의 수행 시간에 대한 혼합 알고리즘 수행 시간의 비율을 보여준다.

머신	n						
	50	100	500	1000	5000	10,000	50,000
맥북 프로	0.55	0.56	0.60	0.60	0.62	0.63	0.66
PC	0.53	0.58	0.60	0.58	0.60	0.64	0.64

그렇다면 정렬 문제에서 $\Theta(n \lg n)$시간을 뛰어넘을 수 있는가? 경우에 따라 다르다. 4장에서는 요소를 어디에 위치시킬지 결정하는 유일한 방법이 다른 요소와 비교를 수행하고 그 결과에 따라 다른 선택을 하는 것이라면 $\Theta(n \lg n)$시간을 뛰어넘을 수 없다는 사실을 살펴본다. 그러나 배열의 요소에 대한 유용한 정보가 주어진 경우라면 그 이상의 개선이 가능하다.

더 읽을거리

CLRS[CLRS09]에서는 삽입 정렬과 병합 정렬, 결정론적 퀵소트와 무작위적 퀵소트를 다룬다. 그러나 정렬과 탐색을 다루는 책의 시조라고 할 만한 책으로 커누스의 『The Art of Computer Programming』[Knu98b] 3권을 들 수 있다. 1장에서 조언했듯이 TAOCP의 내용은 깊이 있지만 쉽지는 않다.

4장

정렬의 하한계 뛰어넘기

3장에서 배열에 담긴 n개의 요소를 정렬하는 알고리즘 네 가지를 살펴봤다. 그중 두 가지인 선택 정렬과 삽입 정렬은 최악의 경우에 $\Theta(n^2)$의 수행 시간을 차지하는데, 썩 훌륭하지는 않다. 다른 한 가지 알고리즘인 퀵소트는 최악의 경우 수행 시간이 $\Theta(n^2)$이지만, 평균적으로는 $\Theta(n \lg n)$시간만을 차지한다. 병합 정렬은 모든 경우에 $\Theta(n \lg n)$시간을 차지한다. 실제적으로 넷 중 가장 빠른 알고리즘은 퀵소트이지만, 최악의 경우에 성능 저하를 반드시 막아야 한다면 병합 정렬을 선택해야 한다.

그렇다면 $\Theta(n \lg n)$은 만족스러운가? 최악의 경우에도 $\Theta(n \lg n)$시간을 뛰어넘는 정렬 알고리즘을 발명할 수 있을까? 이 질문의 답은 게임의 법칙에 따라 다르다. 즉 알고리즘이 정렬된 순서를 결정하기 위해 정렬 키를 어떤 식으로 사용하는지에 달려 있다.

4장에서는 특정 규칙하에서는 $\Theta(n \lg n)$을 뛰어넘을 수 없음을 증명한다. 다음으로, 게임의 규칙을 약간 변형해서 $\Theta(n)$시간에 정렬을 가능케 하는 두 알고리즘인 계수 정렬counting sort과 기수 정렬radix sort을 살펴본다.

정렬의 법칙

3장에서 다룬 네 알고리즘에서 정렬 키를 사용하는 방법을 살펴보면, 한 쌍의 정렬 키를 비교한 결과로만 정렬 순서가 결정됨을 알 수 있다. 네 알고리즘의 의사결정은 모두 '이 요소의 정렬 키가 다른 요소의 정렬 키보다 작으면 특정 작업을 수행하고, 그렇지 않으면 다른 작업을 수행하거나 아무것도 하지 않는다'와 같은 형태다. 그렇다면 정렬 알고리즘은 이런 형태의 결정만 내릴 수 있는가? 정렬 알고리즘이 내릴 수 있는 다른 형태의 결정은 어떤 것이 있을까?

어떤 종류의 결정이 가능한지 알아보기 위해, 정말 단순한 상황을 가정하자. 우리는 정렬할 요소에 대해 두 가지를 알고 있다. 각 요소의 정렬 키는 1이나 2이며, 요소는 위성 데이터 없이 정렬 키만 포함한다. 이렇게 간단한 경우에는 3장에서 배운 $\Theta(n \lg n)$ 알고리즘을 뛰어넘어 $\Theta(n)$시간에 n개의 요소를 정렬할 수 있다. 어떻게? 우선 모든 요소를 훑어가면서 1의 개수를 센다. 값이 1인 요소의 개수를 k라고 하자. 다음으로 배열을 다시 훑어가며 앞쪽 k개의 요소의 값을 1로 채우고, 뒤쪽 $n - k$개 요소의 값을 2로 채운다. 이를 수행하는 프로시저는 다음과 같다.

프로시저 REALLY-SIMPLE-SORT(A, n)

입력

- A: 값이 1이나 2인 요소로 이뤄진 배열
- n: 정렬할 배열 A의 요소 개수

결과: A의 요소가 비 내림차순으로 정렬된다.

1. k를 0으로 지정한다.
2. $i = 1$부터 n까지

A. $A[i] = 1$이면, k를 증가시킨다.
3. $i = 1$부터 k까지
    A. $A[i]$를 1로 지정한다.
4. $i = k + 1$부터 n까지
    A. $A[i]$를 2로 지정한다.

1단계와 2단계에서는 값이 1인 요소 $A[i]$가 나올 때마다 k를 증가시켜서, 1의 개수를 센다. 3단계에서는 $A[1 . . k]$를 1로 채우고, 4단계에서는 남아 있는 자리 $A[k + 1 . . n]$을 2로 채운다. 이 프로시저가 $\Theta(n)$시간에 수행됨은 쉽게 증명할 수 있다. 첫 번째 루프는 n번 반복되고, 나머지 두 루프는 합해서 n번 반복된다. 그리고 모든 루프의 각 이터레이션은 상수 시간을 차지한다.

여기서 REALLY-SIMPLE-SORT는 배열의 두 요소를 서로 비교하지 않는다는 점에 주목하자. 배열의 각 요소를 1이라는 값과 비교할 뿐, 다른 요소와 비교하지 않는다. 따라서 이처럼 제한된 상황에서는 정렬 키끼리 비교하지 않고도 정렬이 가능함을 알 수 있다.

비교 정렬의 하한계

이제 게임의 규칙이 어떻게 변경될 수 있는지 감을 잡았으니, 정렬 속도의 하한계를 살펴보자.

우선 여러 쌍의 요소를 비교한 결과만으로 정렬 순서를 결정하는 모든 알고리즘을 일컬어 **비교 정렬**comparison sort이라고 정의하자. 즉 3장에서 다룬 네 가지 정렬 알고리즘은 모두 비교 정렬인 반면, REALLY-SIMPLE-SORT는 비교 정렬이 아니다.

비교 정렬의 하한계는 다음과 같다.

최악의 경우에, 어떤 정렬 알고리즘이든 n개의 요소에 대해 요소 사이의 비교를 $\Omega(n \lg n)$번 수행해야 한다.

Ω 표기법은 하한계를 나타내므로, 위의 문장은 '모든 비교 정렬 알고리즘은 충분히 큰 수 n과 상수 c에 대해, 최악의 경우 적어도 $cn \lg n$번의 비교를 수행해야 한다'는 뜻이다. 각 비교 작업은 적어도 상수 시간을 차지하므로, 비교 정렬 알고리즘을 사용한다면 n개의 요소를 정렬하는 시간의 하한계는 $\Omega(n \lg n)$임을 알 수 있다.

이러한 하한계에 대해 알아야 할 중요한 점 몇 가지를 알아보자. 첫째로, 이 하한계는 최악의 경우만을 다루고 있다. 반대로 최선의 경우에는 어떤 정렬 알고리즘이든 선형 시간으로 동작하게 할 수 있다. 여기서 말하는 최선의 경우는 배열이 이미 정렬된 경우로, (마지막을 제외한) 모든 요소가 그 이전의 요소와 같거나 작은지만 확인하면 된다. 이런 작업은 $\Theta(n)$ 시간에 쉽게 끝마칠 수 있으며, 모든 요소가 그 이전의 요소와 같거나 작다면 정렬은 완료된다. 그러나 최악의 경우에는 $\Omega(n \lg n)$번의 비교가 불가피하다. 이처럼 $\Omega(n \lg n)$번의 비교를 요구하는 입력이 일부 존재한다는 의미에서 이러한 하한계를 일컬어 **특수 하한계**existential lower bound라고 한다. 그 밖에는 모든 입력에 적용 가능한 하한계인 **보편 하한계**universal lower bound가 있는데, 정렬에서는 각 요소를 적어도 한 번은 확인해야 하므로 유일한 보편 하한계는 $\Omega(n)$이다. 이때 $\Omega(n)$이 무엇을 가리키는지 특정 짓지 않았다는 점에 주목하자. 비교 횟수가 $\Omega(n)$이란 말인가? 아니면 수행 시간이 $\Omega(n)$이란 말인가? 여기서 $\Omega(n)$은 시간을 말한다. 요소를 서로 비교하진 않더라도, 각 요소를 한 번은 확인해야 하기 때문이다.

두 번째로 중요한 사실은 매우 주목할 만하다. 모든 비교 정렬 알고리즘에 대해, 이러한 하한계는 특정 알고리즘에 의존하지 않는다. 이 하한계는 알고리즘이 간단하든 복잡하든 모든 비교 정렬에 적용된다. 지금까지 발명되거나 앞으로 발명될 모든 비교 정렬 알고리즘에 이 하한계가 적용된다는 뜻이다. 앞으로 인류가 발견하지 못할 비교 정렬 알고리즘마저도 이 하한계를 따른다.

계수 정렬을 이용해 하한계 뛰어넘기

매우 제한된 상황에서 하한계를 극복하는 방법을 앞에서 이미 살펴봤다. 즉 정렬 키는 두 값 중 하나이며, 각 요소는 위성 데이터 없이 정렬 키로만 이뤄진다. 이렇게 제한적인 상황에서는, n개의 요소를 서로 비교하지 않고도 $\Theta(n)$시간에 정렬할 수 있다.

REALLY-SIMPLE-SORT에서 사용한 방법을 일반화해서 정렬 키가 각기 다른 m개의 값을 가질 수 있고, 그 값이 m개의 연속된 정수로 0부터 $m-1$까지인 경우를 처리할 수 있다. 이에 더하여 요소가 위성 데이터를 포함하도록 허용한다.

우선 아이디어를 살펴보자. 정렬 키는 0부터 $m-1$ 구간의 정수이며, 그중 정확히 세 요소의 정렬 키 값이 5이고 정확히 여섯 요소의 정렬 키가 5보다 작다고 가정하자(즉 0부터 4 구간에 있다). 그렇다면 정렬된 배열의 7, 8, 9번 위치에는 정렬 키가 5인 요소가 존재해야 함을 알 수 있다. 일반적으로 정렬 키가 x인 요소의 개수가 k이고 정렬 키가 x보다 작은 요소의 개수가 l임을 알면, 정렬 키가 x인 요소가 $l+1$부터 $l+k$번 위치까지를 차지해야 함을 알 수 있다. 따라서 가능한 모든 정렬 키 값에 대해, 해당 값보다 정렬 키가 작은 요소의 개수와 해당 값과 정렬 키가 동일한 요소의 개수를 계산해야 한다.

가능한 모든 정렬 키 값마다 그보다 작은 정렬 키를 갖는 요소의 개수를 알기 위해, 먼저 특정 값과 정렬 키가 동일한 요소의 개수를 알아내는 일부터 시작하자.

프로시저 COUNT-KEYS-EQUAL(A, n, m)

입력

- A: 0부터 $m - 1$ 구간의 정수로 이뤄진 배열
- n: A에 포함된 요소의 개수
- m: A에 포함된 값의 범위를 정의

출력: $j = 0, 1, 2, ..., m - 1$에 대해, $equal[j]$가 배열 A에서 j와 동일한 요소의 개수를 나타내는 배열 $equal[0 . . m - 1]$

1. 새로운 배열 $equal[0 . . m - 1]$을 할당한다.
2. $equal$의 모든 값을 0으로 지정한다.
3. $i = 1$부터 n까지
   A. key를 $A[i]$로 지정한다.
   B. $equal[key]$를 증가시킨다.
4. 배열 $equal$을 반환한다.

COUNT-KEYS-EQUAL이 정렬 키를 다른 정렬 키와 서로 비교하지 않는다는 점에 주목하자. 여기서는 정렬 키를 단지 $equal$ 배열의 인덱스로 사용할 뿐이다. (2단계에 암묵적으로 포함된) 첫 번째 루프가 m번 반복되고, (3단계의) 두 번째 루프가 n번 반복되며, 각 루프의 모든 이터레이션은 상수 시간을 차지하므로 COUNT-KEYS-EQUAL은 $\Theta(m + n)$시간을 차지한다. 여기서 m을 상수로 취급하면 COUNT-KEYS-EQUAL은 $\Theta(n)$시간을 차지한다고 할 수 있다.

이제 다음과 같이 *equal* 배열의 누적 합을 구하여 각 값보다 작은 정렬 키를 갖는 요소의 개수를 구해보자.

프로시저 COUNT-KEYS-LESS(*equal*, *m*)

입력

- *equal* : COUNT-KEYS-EQUAL에서 반환한 배열
- *m* : *equal*의 인덱스 구간을 0부터 *m* − 1로 정의

출력: *j* = 0, 1, 2, ..., *m* − 1에 대해, *less*[*j*]가 합 *equal*[0] + *equal*[1] + ⋯ + *equal*[*j* − 1]과 같은 배열 *less*[0 . . *m* − 1]

1. 새로운 배열 *less*[0 . . *m* − 1]을 할당한다.
2. *less*[0]을 0으로 지정한다.
3. *j* = 1부터 *m* − 1까지
   A. *less*[*j*]에 *less*[*j* − 1] + *equal*[*j* − 1]을 지정한다.
4. 배열 *less*를 반환한다.

j = 0, 1, 2, ..., *m* − 1에 대해 *equal*[*j*]가 *j*와 동일한 정렬 키의 정확한 개수를 담고 있다면, COUNT-KEYS-LESS가 반환할 때 *less*[*j*]가 *j*보다 작은 정렬 키의 개수를 담고 있다는 사실을 아래의 루프 불변조건을 바탕으로 증명할 수 있다.

3단계에서 루프의 각 이터레이션을 시작할 때, *less*[*j* − 1]은 *j* − 1보다 작은 정렬 키의 개수와 같다.

시작과 유지, 종료의 세 부분을 채우는 일은 숙제로 남겨둔다. COUNT-KEYS-LESS 프로시저가 $\Theta(m)$시간에 수행된다는 점은 쉽게 확인할 수 있다. 그리고 정렬 키를 다른 키와 서로 비교하지 않는다는 점도 확실하다.

이제 예를 살펴보자. $m = 7$로서 모든 정렬 키는 0부터 6까지 구간에 존재하며, 배열 A의 크기 $n = 10$이고, $A = \langle 4, 1, 5, 0, 1, 6, 5, 1, 5, 3 \rangle$이다. 이제, $equal = \langle 1, 3, 0, 1, 1, 3, 1 \rangle$이고 $less = \langle 0, 1, 4, 4, 5, 6, 9 \rangle$가 된다. 여기서 $less[5] = 6$이고 $equal[5] = 3$이므로, 정렬이 완료됐을 때 1번부터 6번 위치까지는 5보다 작은 키 값이 존재해야 하며, 7, 8, 9번의 키 값은 5여야 한다.

$less$ 배열을 구한 후에는 정렬된 배열을 만들어낼 수 있다(즉 제자리 정렬이 아님).

프로시저 REARRANGE(A, $less$, n, m)

입력

- A: 0부터 $m - 1$ 구간의 정수로 이뤄진 배열
- $less$: COUNT-KEYS-LESS가 반환한 배열
- n: A의 요소 개수
- m: A에 포함된 값의 구간을 정의

출력: A의 요소를 정렬된 순서로 담고 있는 배열 B

1. 새로운 배열 $B[1 . . n]$과 $next[0 . . m - 1]$을 할당한다.
2. $j = 0$부터 $m - 1$까지
   A. $next[j]$를 $less[j] + 1$로 지정한다.
3. $i = 1$부터 n까지
   A. key를 $A[i]$로 지정한다.
   B. $index$를 $next[key]$로 지정한다.
   C. $B[index]$를 $A[i]$로 지정한다.
   D. $next[key]$를 증가시킨다.
4. 배열 B를 반환한다.

다음 페이지의 그림은 REARRANGE에서 배열 A의 요소를 정렬된 순서가 되도록 배열 B로 옮기는 방법을 보여준다. 그림의 가장 윗부분은 3단계에서 루프의 첫 이터레이션을 시작하기 전에 배열 $less$와 $next$, A, B의 모습을 보여준다. 그림에서 이어지는 부분들은 각 이터레이션을 수행한 후의 $next$와 A, B의 모습을 보여준다. A의 요소 중 B로 옮겨진 요소는 회색으로 표시했다.

이제 아이디어를 살펴보자. 배열 A를 처음부터 끝까지 훑어가며, 배열 A의 요소 중에 키가 j와 동일한 다음 요소가 배열 B의 어느 곳에 위치해야 하는지를 알려주는 인덱스를 $next[j]$로부터 조회한다. 정렬 키가 x보다 작은 요소의 개수가 l일 때, 정렬 키가 x와 동일한 k개의 요소는 $l+1$번부터 $l+k$번에 위치해야 한다는 점을 떠올려보자. 2단계에서는 $l = less[j]$일 때, $next[j] = l+1$이 되도록 $next$를 초기화한다. 3단계의 루프는 배열 A를 처음부터 끝까지 훑어간다. 각 요소 $A[i]$에 대해, 3A단계에서는 $A[i]$를 key에 저장하고, 3B단계에서는 $A[i]$가 배열 B에서 위치해야 할 인덱스를 $index$에 계산한다. 그리고 3C단계에서는 $A[i]$를 B의 해당 위치로 옮긴다. 다음으로 3D단계에서는 배열 A의 요소 중 $A[i]$와 정렬 키가 동일한 다음 요소는(물론 그러한 요소가 존재한다면) B에서 해당 위치 다음에 와야 하므로 $next[key]$를 증가시킨다.

그렇다면 REARRANGE는 얼마나 많은 시간을 차지할까? 2단계의 루프가 $\Theta(m)$시간을 차지하고 3단계의 루프가 $\Theta(n)$시간을 차지한다. 따라서 COUNT-KEYS-EQUAL과 마찬가지로 REARRANGE도 $\Theta(m+n)$시간을 차지하며, m을 상수로 취급하면 $\Theta(n)$이라고 할 수 있다.

이제 앞서 설명한 프로시저들을 이용해 계수 정렬을 작성하면 다음과 같다.

less (indices 0–6):

0	1	2	3	4	5	6
0	1	4	4	5	6	9

next (indices 0–6):

0	1	2	3	4	5	6
1	2	5	5	6	7	10

A (indices 1–10):

1	2	3	4	5	6	7	8	9	10
4	1	5	0	1	6	5	1	5	3

B (indices 1–10): (empty)

---

next:

0	1	2	3	4	5	6
1	2	5	5	7	7	10

A:

1	2	3	4	5	6	7	8	9	10
4	1	5	0	1	6	5	1	5	3

B:

1	2	3	4	5	6	7	8	9	10
					4				

---

next:

0	1	2	3	4	5	6
1	3	5	5	7	7	10

A:

1	2	3	4	5	6	7	8	9	10
4	1	5	0	1	6	5	1	5	3

B:

1	2	3	4	5	6	7	8	9	10
1					4				

---

next:

0	1	2	3	4	5	6
1	3	5	5	7	8	10

A:

1	2	3	4	5	6	7	8	9	10
4	1	5	0	1	6	5	1	5	3

B:

1	2	3	4	5	6	7	8	9	10
1					4	5			

---

next:

0	1	2	3	4	5	6
2	3	5	5	7	8	10

A:

1	2	3	4	5	6	7	8	9	10
4	1	5	0	1	6	5	1	5	3

B:

1	2	3	4	5	6	7	8	9	10
0	1				4	5			

---

next:

0	1	2	3	4	5	6
2	4	5	5	7	8	10

A:

1	2	3	4	5	6	7	8	9	10
4	1	5	0	1	6	5	1	5	3

B:

1	2	3	4	5	6	7	8	9	10
0	1	1			4	5			

---

next:

0	1	2	3	4	5	6
2	4	5	5	7	8	11

A:

1	2	3	4	5	6	7	8	9	10
4	1	5	0	1	6	5	1	5	3

B:

1	2	3	4	5	6	7	8	9	10
0	1	1			4	5			6

---

next:

0	1	2	3	4	5	6
2	4	5	5	7	9	11

A:

1	2	3	4	5	6	7	8	9	10
4	1	5	0	1	6	5	1	5	3

B:

1	2	3	4	5	6	7	8	9	10
0	1	1			4	5	5		6

---

next:

0	1	2	3	4	5	6
2	5	5	5	7	9	11

A:

1	2	3	4	5	6	7	8	9	10
4	1	5	0	1	6	5	1	5	3

B:

1	2	3	4	5	6	7	8	9	10
0	1	1	1		4	5	5		6

---

next:

0	1	2	3	4	5	6
2	5	5	5	7	10	11

A:

1	2	3	4	5	6	7	8	9	10
4	1	5	0	1	6	5	1	5	3

B:

1	2	3	4	5	6	7	8	9	10
0	1	1	1		4	5	5	5	6

---

next:

0	1	2	3	4	5	6
2	5	5	6	7	10	11

A:

1	2	3	4	5	6	7	8	9	10
4	1	5	0	1	6	5	1	5	3

B:

1	2	3	4	5	6	7	8	9	10
0	1	1	1	3	4	5	5	5	6

프로시저 COUNTING-SORT(A, n, m)

입력

- A : 0부터 $m - 1$ 구간의 정수로 이뤄진 배열
- n : A의 요소 개수
- m : A에 포함된 값의 구간을 정의

출력: A의 요소를 정렬된 순서로 담고 있는 배열 B

1. COUNT-KEYS-EQUAL(A, n, m)을 호출하고, 그 결과를 *equal*에 대입한다.
2. COUNT-KEYS-LESS(*equal, m*)을 호출하고, 그 결과를 *less*에 대입한다.
3. REARRANGE($A, less, n, m$)을 호출하고, 그 결과를 B에 대입한다.
4. 배열 B를 반환한다.

COUNT-KEYS-EQUAL($\Theta(m + n)$)과 COUNT-KEYS-LESS($\Theta(m)$), REARRANGE($\Theta(m + n)$)의 수행 시간으로부터 COUNTING-SORT의 수행 시간이 $\Theta(m + n)$임을 증명할 수 있으며, m이 상수일 때는 $\Theta(n)$이다. 이처럼 계수 정렬이 비교 정렬의 하한계 $\Omega(n \lg n)$을 뛰어넘을 수 있는 이유는 정렬 키를 서로 비교하지 않기 때문이다. 그 대신 계수 정렬에서는 정렬 키를 배열의 인덱스로 사용할 뿐인데, 이는 정렬 키가 작은 정수이기에 가능하다. 이와 달리 정렬 키가 소수 부분을 포함하는 실수^{real number}이거나 문자라면 계수 정렬을 이용할 수 없다.

위의 프로시저에서는 요소가 위성 데이터를 제외한 정렬 키만을 포함한다는 가정을 했는데, 앞서 약속한 대로 REALLY-SIMPLE-SORT와 달리 COUNTING-SORT는 위성 데이터를 허용한다. 그저 REARRANGE의 3C단계

에서 정렬 키뿐만 아니라 위성 데이터도 함께 복사하도록 수정하면 된다.

위에서 설명한 프로시저들에서 배열을 다소 비효율적으로 사용한다는 점도 알 수 있는데, *equal*과 *less*, *next*를 한 배열로 합칠 수 있지만 여러분의 과제로 남겨두겠다.

지금까지 m이 상수라면 수행 시간이 $\Theta(n)$이라는 점을 계속 언급했다. 그렇다면 어떤 경우에 m을 상수로 취급할까? 시험 성적을 정렬하는 예를 들 수 있는데, 성적은 0부터 100까지의 구간에 속하지만 학생의 수는 때에 따라 다르다. 여기서 $m = 101$(정렬할 구간은 0부터 $m - 1$임을 기억하자)이 상수이므로, 학생 n명의 시험 성적을 $\Theta(n)$시간에 정렬할 수 있다.

그러나 실제로, 계수 정렬은 기수 정렬이라는 또 다른 정렬 알고리즘의 일부로서 유용하다. 계수 정렬은 m이 상수일 때 선형 시간에 수행된다는 점 외에도 **안정적**stable이라는 중요한 특징이 있다. 안정 정렬이란 정렬 키가 동일한 요소 간의 순서가 (정렬 이전의) 입력 배열과 (정렬 이후의) 출력 배열에서 같다는 말이다. 다시 말해 안정 정렬에서는 정렬 키가 동일한 두 요소 간의 순서를 결정할 때, 입력 배열에서 둘 중 더 앞에 등장하는 요소를 출력 배열에서도 앞에 위치시킨다. REARRANGE에서 3단계의 루프를 살펴보면 계수 정렬이 안정 정렬인 이유를 알 수 있다. A의 두 요소가 동일한 정렬 키 *key*를 갖는다면, A에서 둘 중 먼저 등장한 첫 번째 요소를 B로 옮긴 직후에 *next*[*key*]를 증가시킨다. 이로 인해 A에서 그 이후로 등장하는 두 번째 요소를 B로 옮길 때는 해당 요소를 B에서 더 뒤쪽으로 옮기게 된다.

기수 정렬

길이가 고정된 문자열을 정렬한다고 가정하자. 예를 들어 지금 이 문장을 비행기 안에서 작성하고 있는데, 내가 받은 인증 코드는 XI7FS6이다. 항공사는 모든 인증 코드를 여섯 문자로 이뤄진 문자열로 만드는데, 모든 문자는 영어 알파벳이나 숫자다. 각 문자는 36개의 값 중 하나이므로(26개 알파벳과 10개 숫자), 가능한 인증 코드의 개수는 $36^6 = 2,176,782,236$개다. 이는 상수이긴 하지만 꽤 큰 상수이므로 항공사에서는 인증 코드를 정렬할 때 계수 정렬을 사용할 수 없다.

문제를 구체화하기 위해, 36개의 문자를 0부터 35까지의 정수 코드로 변환하자. 숫자의 코드는 그 숫자 자체이며(숫자 5의 코드는 5), 알파벳의 코드는 A에 해당하는 10부터 시작하여 Z에 해당하는 35까지로 하자.

이제 문제를 단순화하는 차원에서 인증 코드가 2개의 문자로 구성된다고 가정하자(걱정 마라. 곧 6개의 문자로 돌아올 테니). $m = 36^2 = 1296$ 정도면 계수 정렬을 이용할 수도 있지만, 그 대신에 $m = 36$으로 놓고 계수 정렬을 두 번 수행할 수도 있다. 우선 가장 오른쪽 문자를 정렬 키로 사용해 계수 정렬을 수행한다. 다음으로 첫 번째 계수 정렬의 결과를 바탕으로, 가장 왼쪽 문자를 정렬 키로 삼아 두 번째 계수 정렬을 수행한다. 여기서 계수 정렬을 선택한 이유는 m이 상대적으로 작은 경우에 적합하며, 안정 정렬이기 때문이다.

예를 들어 두 문자로 이뤄진 인증 코드 〈F6, E5, R6, X6, X2, T5, F2, T3〉가 주어졌다고 하자. 가장 오른쪽 문자를 기준으로 계수 정렬을 실행한 후의 정렬된 순서는 〈X2, F2, T3, E5, T5, F6, R6, X6〉이다. 계수 정렬이 안정 정렬이므로 X2가 원래 순서에서 F2보다 앞에 위치하면, 가장 오른쪽 문자로 정렬한 이후에도 X2가 F2보다 앞에 위치한다. 이제 이 결과를 가장 왼쪽 문자를 기준으로 다시 계수 정렬하면 원하던 결과 〈E5, F2, F6, R6, T3, T5, X2, X6〉을 얻는다.

가장 왼쪽 문자를 기준으로 첫 번째 정렬을 수행하면 어떻게 될까? 가장 왼쪽 문자를 기준으로 계수 정렬을 수행한 결과는 〈E5, F6, F2, R6, T5,

T3, X6, X2〉이며, 이 결과를 바탕으로 가장 왼쪽 문자를 기준 삼아 계수 정렬을 수행하면 잘못된 결과 〈F2, X2, T3, E5, T5, F6, R6, X6〉을 얻는다.

오른쪽에서 왼쪽으로 처리할 때 올바른 결과를 얻는 이유는 무엇인가? 안정 정렬을 사용했다는 점이 중요한데, 계수 정렬이 아닌 그 밖의 안정 정렬 알고리즘을 이용해도 좋다. 우리가 i번째로 문자를 정렬할 차례라면, 오른쪽 끝에서 $i-1$번째 문자까지는 배열이 정렬된 상태다. 임의의 두 정렬 키에 대해 i번째 문자가 서로 다르다면, 오른쪽에서 $i-1$번째 문자가 무엇인지는 상관이 없다. i번째 위치에서의 안정 정렬로 인해 두 정렬 키가 올바른 위치로 옮겨지기 때문이다. 반대로 i번째 문자가 같다면, 오른쪽 $i-1$번째 문자가 더 앞에 오는 정렬 키가 안정 정렬을 수행한 후에도 더 앞에 있다는 사실을 보장할 수 있다.

이제 여섯 문자로 이뤄진 인증 코드 문제로 돌아가서, 〈XI7FS6, PL4ZQ2, JI8FR9, XL8FQ6, PY2ZR5, KV7WS9, JL2ZV3, KI4WR2〉의 순서로 시작하는 인증 코드를 정렬해보자. 오른쪽에서 왼쪽의 순서로 문자에 1부터 6까지 번호를 부여하면, 오른쪽부터 왼쪽 순서로 i번째 문자를 기준으로 안정 정렬을 수행한 이후의 결과는 다음과 같다.

i	결과 순서
1	〈PL4ZQ2, KI4WR2, JL2ZV3, PY2ZR5, XI7FS6, XL8FQ6, JI8FR9, KV7WS9〉
2	〈PL4ZQ2, XL8FQ6, KI4WR2, PY2ZR5, JI8FR9, XI7FS6, KV7WS9, JL2ZV3〉
3	〈XL8FQ6, JI8FR9, XI7FS6, KI4WR2, KV7WS9, PL4ZQ2, PY2ZR5, JL2ZV3〉
4	〈PY2ZR5, JL2ZV3, KI4WR2, PL4ZQ2, XI7FS6, KV7WS9, XL8FQ6, JI8FR9〉
5	〈KI4WR2, XI7FS6, JI8FR9, JL2ZV3, PL4ZQ2, XL8FQ6, KV7WS9, PY2ZR5〉
6	〈JI8FR9, JL2ZV3, KI4WR2, KV7WS9, PL4ZQ2, PY2ZR5, XI7FS6, XL8FQ6〉

일반화해서 말하면, **기수 정렬**radix sort에서 각 정렬 키를 d자리의 수로 생각할 수 있으며, 각 자릿수의 수는 0부터 $m-1$의 구간에 포함된다. 그리

고 오른쪽부터 왼쪽까지의 각 자리의 수에 대해 안정 정렬을 수행한다. 안정 정렬 알고리즘 중에서 계수 정렬을 선택한다면, 한 자리를 정렬하는 시간은 $\Theta(m + n)$이며, d자리를 모두 정렬하는 시간은 $\Theta(d(m + n))$이다. (앞서 인증 코드 예의 36처럼) m이 상수라면, 기수 정렬의 수행 시간은 $\Theta(dn)$이다. (인증 코드 예의 6처럼) d도 상수라면 기수 정렬의 수행 시간은 $\Theta(n)$이다.

기수 정렬에서 각 자릿수를 정렬할 때 계수 정렬을 사용한다면 두 정렬 키를 서로 비교하지 않고, 각 자리의 수를 계수 정렬에서 배열의 인덱스로 사용할 뿐이다. 이런 이유로 기수 정렬도 계수 정렬과 마찬가지로 비교 정렬의 하한계인 $\Omega(n \lg n)$을 극복할 수 있다.

더 읽을거리

CLRS[CLRS09]의 8장에서는 이 책의 4장에서 다룬 모든 내용을 확장해 설명한다.

5장

방향성 비순환 그래프

내가 하키를 치곤 했다고 말했던 23페이지의 각주를 떠올려보자. 7년 동안 골키퍼를 맡았는데 스스로도 내가 플레이하는 모습을 못 봐줄 정도였다. 거의 모든 슛이 그물에 꽂혀버리곤 했으니까. 결국 7년간의 공백 기간이 지난 후에야, 골대로 돌아가서 게임을 좀 뛸 수 있었다.

　(스스로가 형편없다는 사실을 알고 있었기에) 나의 가장 큰 고민은 내가 플레이를 잘하는지가 아니라, 모든 골키퍼 장비를 착용하는 방법을 기억하는 일이었다. 아이스하키의 골키퍼는 (무게가 35~40파운드에 달하는) 많은 장비를 착용하며, 반드시 알맞은 순서대로 착용해야 한다. 예를 들어, 오른손잡이인 나는 퍽puck을 잡을 때 사용하는 커다란 장갑을 왼손에 껴야 한다. 이 장비를 캐치 글로브catch globe라고 하는데, 캐치 글로브를 끼고 나면 그때부터는 왼손을 능숙하게 사용할 수 없다. 따라서 상반신에 착용하는 어떤 장비도 입을 수가 없다.

　이런 이유로 골키퍼 장비를 입을 때는, 어떤 장비를 다른 장비보다 먼저 착용해야 하는지를 보여주는 다이어그램diagram을 직접 그리곤 했다. 그 다이어그램은 다음 페이지에서 볼 수 있는데, 항목 A에서 시작해 항목 B

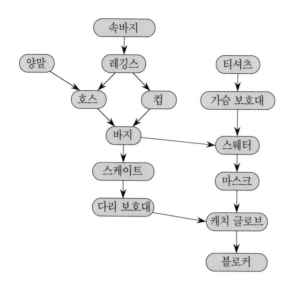

로 향하는 화살표는 반드시 A를 B보다 먼저 착용해야 함을 의미한다. 예를 들어, 스웨터를 입기 전에 가슴 보호대를 먼저 착용해야 한다. 물론 '~보다 먼저 착용해야 한다'는 제약에는 **전이성**transitive이 있다. 즉 항목 A를 항목 B보다 먼저 착용해야 하고, 항목 B를 항목 C보다 먼저 착용해야 한다면, 항목 A를 항목 C보다 먼저 착용해야 한다. 따라서 스웨터와 마스크, 캐치 글로브, 블로커blocker보다 가슴 보호대를 우선 착용해야 한다.

그러나 어떤 순서로 입든 상관없는 2개의 장비도 존재한다. 예를 들어, 양말은 가슴 보호대보다 먼저 신든 나중에 신든 상관이 없다.

결국 나에게 필요한 건 장비를 입는 순서다. 다이어그램이 주어졌다면, 주어진 다이어그램의 모든 항목을 포함하고 '~보다 먼저 착용해야 한다'는 제약을 하나도 어기지 않는 목록을 만들어야 한다. 그러한 순서는 여러 가지가 존재하는데, 다음 표는 그중 셋을 보여준다.

순서 1	순서 2	순서 3
속바지	속바지	양말
레깅스	티셔츠	티셔츠
컵	레깅스	속바지
양말	컵	가슴 보호대
호스	가슴 보호대	레깅스
바지	양말	호스
스케이트	호스	컵
다리 보호대	바지	바지
티셔츠	스웨터	스케이트
가슴 보호대	마스크	다리 보호대
스웨터	스케이트	스웨터
마스크	다리 보호대	마스크
캐치 글로브	캐치 글로브	캐치 글로브
블로커	블로커	블로커

이런 순서는 어떻게 정했을까? 순서 #2를 만들어낸 방법을 살펴보자. 우선 다른 항목보다 나중에 착용할 필요가 없는 항목을 선택하는데, 이는 다이어그램에서 들어오는 화살표가 없는 항목을 말한다. 이제 착용 순서의 첫 번째로 속바지를 선택하고 (상상 속에서) 속바지를 입은 후에 다이어그램에서 제거한다. 이 시점에서 다이어그램의 모습은 다음과 같다.

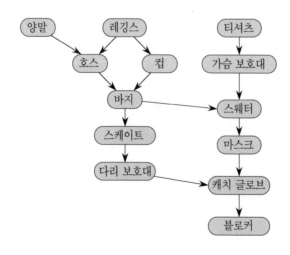

다음으로, 들어오는 화살표가 없는 항목을 고르는 과정을 반복한다. 이번에는 티셔츠를 골라보자. 티셔츠를 착용 순서의 마지막에 추가하고 다이어그램에서 제거하면, 다이어그램의 모습은 다음과 같다.

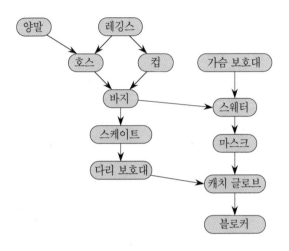

들어오는 화살표가 없는 항목을 고르는 과정을 한 번 더 반복한다. 이번에는 레깅스를 골라 착용 순서의 마지막에 추가하고 다이어그램에서 제거하면, 다이어그램의 모습은 다음과 같다.

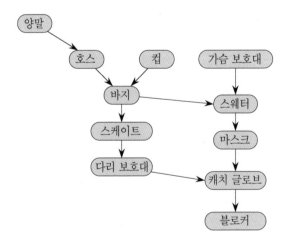

다음 차례로 컵을 선택한다.

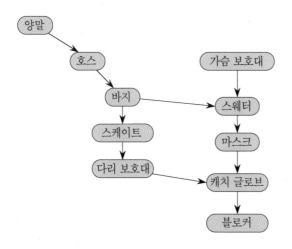

이처럼 들어오는 화살표가 없는 항목을 선택하고, 선택된 항목을 착용 순서의 마지막에 추가한 후 다이어그램에서 제거하는 과정을 항목이 하나도 남지 않을 때까지 반복한다. 121페이지에서 본 세 가지 각기 다른 착용 순서는 (120페이지의 동일한 다이어그램을 바탕으로) 들어오는 화살표가 없는 항목 중 하나를 고를 때 선택의 순서를 달리한 결과다.

방향성 비순환 그래프

이러한 다이어그램은 **방향성 그래프**directed graph의 한 예다. 방향성 그래프는 예제에서 골키퍼 장비 항목에 해당하는 **정점**vertex과 화살표로 표시된 **방향성 간선**directed edge으로 이뤄진다. 방향성 간선은 두 정점 u와 v에 대한 순서쌍 (u, v)로 나타낸다. 예를 들어 120페이지의 방향성 그래프에서 가장 왼쪽 간선은 (양말, 호스)로 표기한다. 주어진 방향성 그래프가 방향성 간선 (u, v)를 포함하면, v가 u에 **인접하다**adjacent고 하고, (u, v)는 u에서 **나가서**leave v로 **들어간다**enter고 말한다. 즉 이름이 '호스'인 정점은 이름이 '양말'

인 정점에 인접하며, 간선 (양말, 호스)는 이름이 '양말'인 정점에서 나가서 이름이 '호스'인 정점으로 들어간다.

앞서 살펴본 방향성 그래프에는 또 다른 특성이 있다. 어떤 정점에서 시작해 하나 이상의 간선으로 이뤄진 시퀀스를 따라서 다시 그 정점으로 되돌아올 수 없다는 점이다. 이러한 그래프를 일컬어 **방향성 비순환 그래프** directed acyclic graph, 줄여서 **대그**dag라고 한다. 비순환이란 말은 어떤 정점에서 시작해 스스로에게 되돌아오는 순환cycle이 없다는 뜻이다(순환에 대한 형식적인 정의는 5장 후반부에서 알아본다).

대그는 한 작업을 다른 작업보다 반드시 먼저 수행해야 하는 의존성을 모델링할 때 매우 유용하며, 프로젝트를 계획할 때도 유용하다. 집 짓는 일을 예로 들면 지붕을 올리기 전에 뼈대를 세워야 한다. 요리를 예로 들면 어떤 작업들은 정해진 순서대로 수행해야 하는 반면, 일부 단계들은 순서가 상관없다. 요리를 예로 든 대그는 5장 후반부에서 살펴본다.

위상 정렬

골키퍼 장비를 착용하는 단 하나의 선형적 순서linear order를 얻으려면 '위상 정렬'을 수행해야 한다. 정확히 말하자면, 대그에 대한 **위상 정렬**topological sort은 선형적 순서를 생성하는데, 해당 대그가 간선 (u, v)를 포함하면 선형적 순서에서는 u가 v보다 앞에 등장한다. 이처럼 위상 정렬은 3장과 4장에서 다룬 정렬과는 의미가 다르다.

위상 정렬로 생성한 선형적 순서는 유일하진 않다. 이미 알고 있듯이 121페이지의 각기 다른 세 가지 골키퍼 장비 착용 순서를 위상 정렬로 만들어낼 수 있다.

내가 오래전에 경험한 프로그래밍 작업에서도 위상 정렬의 활용 예를 찾아볼 수 있다. 그 당시에 컴퓨터를 이용한 설계CAD, computer-aided designs

시스템을 만들고 있었는데, 이 시스템은 부품 목록을 관리할 수 있었다. 한 부품은 다른 부품을 포함할 수 있지만, 순환 의존성은 허용하지 않는다. 즉 부품이 스스로를 포함할 수는 없다. 부품의 설계를 테이프(말했듯이 아주 오래전이니까)에 출력해야 했으므로, 모든 부품은 그 부품을 포함하는 부품보다 먼저 등장해야 한다. 부품이 정점에 해당하고, 간선 (u, v)는 부품 v가 부품 u를 포함함을 의미한다면, 위상 정렬된 선형적 순서에 따라 부품을 출력해야 한다.

그렇다면 어떤 정점이 선형적 순서에서 맨 앞에 올 수 있을까? 들어가는 간선이 없는 모든 정점이 그 후보가 될 수 있다. 한 정점으로 들어가는 간선의 개수를 그 정점의 **진입 차수**in-degree라고 하는데, 진입 차수가 0인 어떤 정점에서든 시작할 수 있다. 다행히도 모든 대그는 진입 차수가 0인 정점을 적어도 하나 포함하며, **진출 차수**out-degree가 0인 정점(나가는 간선이 없는 정점)도 적어도 하나 포함한다. 그렇지 않으면 순환이 반드시 존재하게 된다.

이제 진입 차수가 0인 정점을 선택한다고 가정하고, 선택된 정점을 u라고 하자. 이 정점을 선형적 순서의 맨 처음에 추가하면, 정점 u가 맨 앞이라고 했으므로 다른 모든 정점은 선형적 순서에서 u보다 뒤에 위치한다. 특히 u에 인접한 정점 v는 선형적 순서에서 u 이후의 어딘가에 등장한다. 따라서 간선으로 정의되는 의존성을 고려했다면, 정점 u와 u에서 나가는 모든 간선을 대그에서 안전하게 제거할 수 있다. 대그에서 한 정점과 그 정점에서 나가는 모든 간선을 제거하면 무엇이 남을까? 또 다른 대그가 남는다! 결국 정점과 간선을 제거함으로서 (원래 없던) 순환이 생겨나지는 않는다. 따라서 남겨진 대그에서 진입 차수가 0인 정점을 찾고, 그 정점을 선형적 순서에서 u 다음에 추가하고, 해당 정점과 간선을 제거하는 일을 반복할 수 있다.

아래에서 살펴볼 프로시저는 이 아이디어를 바탕으로 하지만, 정점과 간선을 대그에서 실제로 제거하는 대신, 각 정점의 진입 차수를 추적하며 상상 속에서 제거할 들어가는 간선에 해당하는 진입 차수를 감소시킨다. 배열의 인덱스는 정수이므로 각 정점은 1에서 n 구간의 정수로 식별한다. 그리고 프로시저에서 진입 차수가 0인 정점을 빠르게 찾을 수 있도록 정점의 번호를 인덱스로 사용하는 배열 *in-degree*에 각 정점의 진입 차수를 저장하고, 진입 차수가 0인 모든 정점의 목록을 *next*에 저장한다. 1~3단계는 배열 *in-degree*를 초기화하고, 4단계는 *next*를 초기화하며, 5단계에서는 상상 속에서 정점과 간선을 제거하면서 *in-degree*와 *next*의 내용을 갱신한다. 프로시저는 선형적 순서에 포함시킬 다음 정점으로 *next*에 포함된 어떤 정점이든 선택할 수 있다.

프로시저 TOPOLOGICAL-SORT(G)

입력

• G: 정점의 번호가 1부터 n인 방향성 비순환 그래프

출력: 정점들의 선형적 순서. 간선 (u, v)가 그래프에 존재하면 선형적 순서에서 u가 v보다 먼저 등장한다.

1. 새로운 배열 *in-degree*[1 . . n]을 할당하고, 정점의 선형적 순서를 빈 상태로 생성한다.

2. *in-degree*의 모든 값을 0으로 지정한다.

3. 각 정점 u에 대해

    A. u에 인접한 각 정점 v에 대해

        i. *in-degree*[v]를 증가시킨다.

4. *in-degree*[u] = 0을 만족하는 모든 정점 u를 포함하는 목록 *next*

를 만든다.

5. *next*가 비어 있지 않을 때까지 다음을 반복한다.

   A. *next*에서 정점을 제거하고, 제거된 정점을 *u*라고 하자.

   B. *u*를 선형적 순서의 끝에 추가한다.

   C. *u*에 인접한 모든 정점 *v*에 대해

      i. *in-degree*[*v*]를 감소시킨다.

      ii. *in-degree*[*v*] = 0이면, *v*를 목록 *next*에 삽입한다.

6. 선형적 순서를 반환한다.

골키퍼 장비 착용 순서를 보여주는 대그를 예로 삼아 5단계의 이터레이
션을 수행하는 방법을 알아보자. 이 대그를 이용해 TOPOLOGICAL-SORT를
수행하려면 128페이지에서 보여주듯이 정점에 번호를 붙여야 한다. 진입
차수가 0인 정점은 1과 2, 9뿐이므로 5단계의 루프를 시작할 때 *next*에는
세 정점만 포함된다. 121페이지의 순서 #1을 얻으려면 *next*에 포함된 정
점의 순서는 1, 2, 9여야 한다. 이제 5단계에서 루프의 첫 번째 이터레이션
에서는 정점 1(속바지)을 정점 *u*로 선택하고 *next*에서 제거한 후, 비어 있
는 선형적 순서의 끝에 추가한다. 그리고 *in-degree*[3](레깅스)을 감소시킨
다. 이로 인해 *in-degree*[3]이 0이 되므로 정점 3을 *next*에 삽입한다. 이처
럼 삽입과 삭제가 한쪽 끝에서 일어나는 목록을 **스택**stack이라고 하는데, 쌓
여 있는 접시 더미stack처럼 항상 맨 위에서 접시를 넣거나 빼야 하기 때문
이다(이런 구조를 **후입선출**LIFO, last in first out이라고 한다). 이런 가정하에서 루프의
다음 이터레이션에서 *next*는 3, 2, 9가 되고, 정점 3을 정점 *u*로 선택한다.
선택한 정점을 *next*에서 제거하고 선형적 순서의 끝에 추가하면, 선형적
순서는 '속바지, 레깅스'가 된다. 다음으로 *in-degree*[4]를 (2에서 1로) 감소

시키고, *in-degree* [5]를 (1에서 0으로) 감소시킨다. 이제 정점 5(컵)를 *next*에 삽입하면, *next*는 5, 2, 9가 된다. 다음 이터레이션에서는 정점 5를 정점 *u*로 선택하고, *next*에서 제거한 후, 선형적 순서의 끝에 추가하고(선형적 순서는 '속바지, 레깅스, 컵'이 된다), *in-degree* [6]을 2에서 1로 감소시킨다. 이번에는 *next*에 추가할 정점이 없으므로, 정점 2를 정점 *u*로 선택하고 같은 과정을 반복한다.

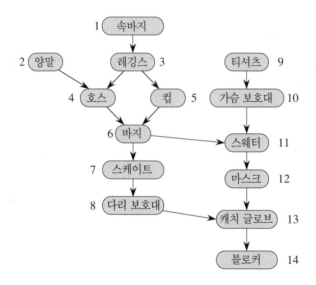

Topological-Sort 프로시저를 분석하려면, 우선 방향성 그래프와 *next* 같은 목록을 표현하는 방법을 알아야 한다. 그래프를 표현하는 방법에 있어서는 그래프가 비순환일 필요는 없다. 순환의 유무가 그래프를 표현하는 방법에 영향을 주지는 않기 때문이다.

방향성 그래프를 표현하는 방법

컴퓨터에서 방향성 그래프를 표현하는 방법에는 몇 가지가 있다. 관례적으로 그래프에 포함된 정점의 개수를 *n*, 간선의 개수를 *m*이라 하며, 정점에는 1부터 n까지의 번호를 부여한다. 따라서 정점을 배열의 인덱스로 사용하거나 행렬의 행 또는 열 번호로 사용할 수 있다.

이제 어떤 정점과 간선이 존재하는지만 알고 싶다고 하자(나중에는 각 간선에 수치 값을 연관시킨다). 이를 위해 $n \times n$ **인접 행렬**adjacency matrix을 사용할 수 있다. 인접 행렬의 각 열과 행은 한 정점에 해당하며, 정점 u의 행과 정점 v의 열에 해당하는 항목이 1이면 간선 (u, v)가 존재하며, 반대로 항목의 값이 0이면 그래프가 간선 (u, v)를 포함하지 않는다. 이때 인접 행렬의 항목은 n^2개이므로, $m \leq n^2$은 반드시 성립한다. 다른 대안으로는 그래프의 모든 간선 m개의 목록을 특정한 순서 없이 저장할 수 있다. 인접 행렬과 순서 없는 목록의 절충안으로 **인접 목록 표현**adjacency-list representation이 있는데, 이는 n개의 요소로 이뤄진 배열로서 정점을 인덱스로 사용하며, 각 정점 u에 해당하는 배열의 요소는 u에 인접한 모든 정점의 목록이다. 결국 m개의 간선마다 목록의 항목이 하나씩 대응되므로 목록에는 m개의 간선이 포함된다. 아래 그림에서 128페이지의 방향성 그래프를 표현하는 인접 행렬과 인접 목록 표현을 볼 수 있다.

인접 행렬	1	2	3	4	5	6	7	8	9	10	11	12	13	14
1	0	0	1	0	0	0	0	0	0	0	0	0	0	0
2	0	0	0	1	0	0	0	0	0	0	0	0	0	0
3	0	0	0	1	1	0	0	0	0	0	0	0	0	0
4	0	0	0	0	0	1	0	0	0	0	0	0	0	0
5	0	0	0	0	0	1	0	0	0	0	0	0	0	0
6	0	0	0	0	0	0	1	0	0	0	1	0	0	0
7	0	0	0	0	0	0	0	1	0	0	0	0	0	0
8	0	0	0	0	0	0	0	0	0	0	0	0	1	0
9	0	0	0	0	0	0	0	0	0	1	0	0	0	0
10	0	0	0	0	0	0	0	0	0	0	1	0	0	0
11	0	0	0	0	0	0	0	0	0	0	0	1	0	0
12	0	0	0	0	0	0	0	0	0	0	0	0	1	0
13	0	0	0	0	0	0	0	0	0	0	0	0	0	1
14	0	0	0	0	0	0	0	0	0	0	0	0	0	0

인접 목록	
1	3
2	4
3	4, 5
4	6
5	6
6	7, 11
7	8
8	13
9	10
10	11
11	12
12	13
13	14
14	(없음)

간선들의 순서 없는 목록과 인접 목록 표현을 보면 목록을 어떻게 표현하는지가 궁금해진다. 어떤 목록 표현 방법이 가장 좋은지는 목록에 어떤 연산을 수행할지에 따라 달라진다. 순서 없는 간선 목록과 인접 목록에서는 각 목록에 몇 개의 간선이 포함되는지를 미리 알 수 있고 목록의 내용이 변하지 않으므로, 각 목록을 배열에 저장할 수 있다. 시간이 지남에 따라 목록의 내용이 변경되는 경우에도, 한 시점에 목록에 포함될 수 있는 항목의 최대 개수를 알면 목록을 저장하는 데 배열을 이용할 수 있다. 목록의 중간에 항목을 삽입하거나 목록 중간에 있는 항목을 삭제하지 않는다면, 목록을 배열로 표현하는 방법은 다른 방법만큼이나 효율적이다.

목록의 가운데에서 삽입을 한다면 **연결 리스트**linked list를 이용할 수 있다. 리스트의 각 항목은 리스트 안에서 그다음에 등장하는 항목의 위치를 포함하므로, 주어진 항목 다음에 새로운 항목을 쉽게 끼워 넣을 수 있다. 리스트의 가운데에서 삭제를 수행하려면, 리스트의 각 항목이 그 앞의 항목의 위치도 포함해야 하며, 이로 인해 항목을 빠르게 제거할 수 있다. 이제부터 연결 리스트의 삽입과 삭제를 상수 시간에 수행할 수 있다고 가정한다. 앞에서 다음 항목에 대한 연결만 포함하는 연결 리스트를 **단일 연결 리스트**singly linked list라고 하며, 여기에 이전 항목의 연결을 추가하면 **이중 연결 리스트**doubly linked list가 된다.

위상 정렬의 수행 시간

인접 목록 표현으로 대그를 나타내고, *next* 목록이 연결 리스트라고 가정하면, TOPOLOGICAL-SORT 프로시저가 $\Theta(n+m)$임을 증명할 수 있다. *next*가 연결 리스트이므로 삽입과 삭제를 상수 시간에 수행할 수 있다. 1단계는 상수 시간을 차지한다. *in-degree* 배열의 요소가 n개이므로 배열을 모두 0으로 초기화하는 2단계는 $\Theta(n)$시간을 차지한다. 3단계는

$\Theta(n+m)$시간을 차지하는데, 3난계의 바깥쪽 루프에서 n개의 정점을 각각 확인하므로 $\Theta(n)$시간이 필요하고, 바깥쪽 루프의 모든 이터레이션이 실행되는 동안 3A단계의 안쪽 루프에서 m개의 간선을 한 번씩 방문하므로 $\Theta(m)$시간이 필요하다. 4단계에서 *next* 목록은 최대 n개의 정점을 포함할 수 있으므로 $O(n)$시간을 포함한다. 대부분의 작업은 5단계에서 이뤄진다. 각 정점이 *next*에 한 번씩 추가되므로 메인 루프는 n번 반복된다. 5A단계와 5B단계는 각 이터레이션에서 상수 시간을 차지한다. 3A단계와 마찬가지로 5C단계의 루프는 모두 합쳐 각 간선당 한 번씩 m번 수행된다. 5Ci와 5Cii단계는 각 이터레이션에서 상수 시간을 차지하므로, 5C단계의 모든 이터레이션을 합해서 $\Theta(m)$시간이 필요하다. 따라서 5단계의 루프는 $\Theta(n+m)$시간을 차지한다. 6단계는 물론 상수 시간을 차지하고, 모든 단계의 시간을 더하면 $\Theta(n+m)$을 얻는다.

퍼트 차트의 임계 경로

나는 하루 일과를 마친 후 요리를 하면서 휴식을 갖고는 한다. 그중에서도 중국요리인 궁보계정kung pao chicken을 만들어 먹기를 즐긴다. 우선 닭을 준비하고, 야채를 썰고, 마리네이드marinade와 각종 요리 양념을 섞고, 요리를 한다. 골키퍼 장비를 착용할 때처럼 어떤 작업은 다른 작업보다 먼저 수행돼야 하므로 궁보계정을 요리하는 과정도 대그dag로 표현할 수 있다. 다음 페이지의 그림에서 이 대그를 볼 수 있다.

대그에 포함된 각 정점 옆의 숫자는 해당하는 작업을 수행하는 데 걸리는 시간을 분 단위로 보여준다. 예를 들어, 마늘을 다지는 데 4분이 걸린다 (껍질도 벗겨야 하고, 많은 마늘을 쓰기 때문에). 모든 작업 시간을 더하면, 내가 작업을 순차적으로 수행했을 때 궁보계정을 만드는 데 한 시간이 걸림을 알 수 있다.

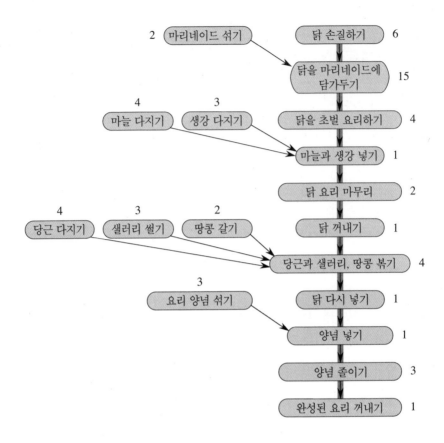

2 마리네이드 섞기 / 닭 손질하기 6

닭을 마리네이드에 담가두기 15

4 마늘 다지기 / 3 생강 다지기 / 닭을 초벌 요리하기 4

마늘과 생강 넣기 1

닭 요리 마무리 2

4 당근 다지기 / 3 샐러리 썰기 / 2 땅콩 갈기 / 닭 꺼내기 1

당근과 샐러리, 땅콩 볶기 4

3 요리 양념 섞기 / 닭 다시 넣기 1

양념 넣기 1

양념 졸이기 3

완성된 요리 꺼내기 1

그러나 누군가의 도움을 받는다면 몇몇 작업을 동시에 수행할 수 있다. 예를 들어, 한 사람이 닭을 다듬는 동안 다른 사람이 마리네이드를 섞을 수 있다. 도와줄 사람과 공간, 칼, 도마, 그릇이 풍부하다면 여러 작업을 동시에 할 수 있다. 대그에 포함된 두 작업에 대해 한 작업에서 화살표를 따라 다른 한 작업으로 이르는 길이 없다면, 그 두 작업을 다른 사람에게 맡겨서 동시에 진행할 수 있다.

작업을 동시에 수행하는 데 필요한 자원(사람, 공간, 요리 도구)이 무한히 주어진다면 궁보계정을 얼마나 빨리 만들 수 있을까? 위의 대그는 **퍼트 차트**PERT chart의 한 예로, 퍼트 차트는 '프로그램 평가/검토 기법program evaluation and review technique'의 줄임말이며, 퍼트 차트의 임계 경로로부터 최대한의 작업을 동시에 수행했을 때 전체 작업을 완료하는 데 걸리는 시간을 구할 수 있다. 임계 경로가 무엇인지 이해하려면, 임계 경로를 정의하기 전에 경로란 무엇인가를 이해해야 한다.

그래프에서의 **경로**path는 한 정점에서 다른 정점으로 이동할 때(또는 시작 정점으로 되돌아올 때) 거쳐야 할 정점과 간선의 시퀀스다. 즉 경로는 방문했던 정점과 거쳐 간 간선을 포함한다. 예를 들어 궁보계정에서 경로 중의 하나를 살펴보면 '마늘 다지기', '마늘과 생강 넣기', '닭 요리 마무리', '닭 꺼내기' 정점과 이를 연결하는 모든 간선을 포함한다. 어떤 경로에서 시작해 다시 되돌아오는 경로를 **순환**cycle이라고 하며, 대그는 당연히 순환을 포함하지 않는다.

퍼트 차트의 **임계 경로**critical path는 모든 경로 중에서 작업 수행 시간의 합이 최대가 되는 경로를 말하며, 임계 경로상에 존재하는 작업 시간의 총합은 얼마나 많은 작업을 동시에 수행하는지에 상관없이 모든 작업을 마치는 데 필요한 최소 시간을 나타낸다. 궁보계정의 퍼트 차트에서 임계 경로를 어두운 색으로 칠했는데, 이 임계 경로상의 작업 시간을 합하면 궁보계정을 만드는 데 적어도 39분이 걸림을 알 수 있다.[1]

모든 작업 시간은 양수이고, 퍼트 차트의 임계 경로는 진입 차수가 0인 정점에서 시작해 진출 차수가 0인 정점에서 끝난다고 가정한다. 진입 차수가 0이고 진출 차수가 0인 두 정점의 모든 쌍을 시작점과 끝점으로 갖는 모든 경로를 비교하는 대신에, 다음 그림처럼 두 가짜dummy 정점 '시작'과 '완료'를 추가하자. 이 두 정점은 가짜 정점이므로 작업 시간은 0으로 정하자. 그리고 시작 정점에서 진입 차수가 0인 모든 정점으로 향하는 간선

---

1 중국 요리점에서 궁보계정을 내오는 데 훨씬 적은 시간이 걸리는 이유는 많은 재료를 미리 준비하며, 상업용 오븐이 가정용 오븐보다 빨리 요리할 수 있기 때문이다.

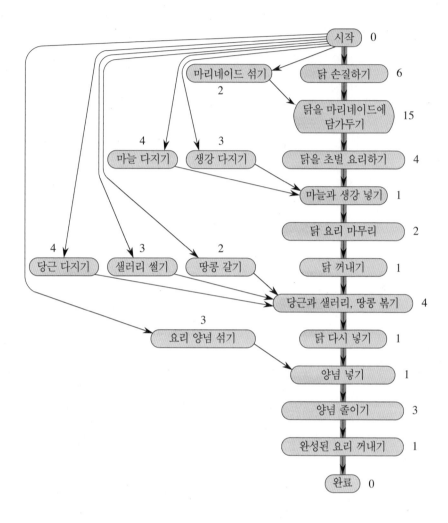

시작 0

마리네이드 섞기 2   닭 손질하기 6

닭을 마리네이드에 담가두기 15

마늘 다지기 4   생강 다지기 3   닭을 초벌 요리하기 4

마늘과 생강 넣기 1

닭 요리 마무리 2

당근 다지기 4   샐러리 썰기 3   땅콩 갈기 2   닭 꺼내기 1

당근과 샐러리, 땅콩 볶기 4

요리 양념 섞기 3   닭 다시 넣기 1

양념 넣기 1

양념 줄이기 3

완성된 요리 꺼내기 1

완료 0

을 만들고, 진출 차수가 0인 모든 정점에서 끝 정점으로 향하는 간선을 만들자. 이제 진입 차수가 0인 정점은 시작 정점뿐이고, 진출 차수가 0인 정점은 완료 정점뿐이다. 시작에서 완료로 가는 경로 중에서 작업 시간의 합이 최대인 (어둡게 표시된) 경로가 바로 임계 경로다. 물론 여기서 가짜 정점인 시작과 완료는 제외해야 한다.

일단 가짜 정점을 추가하고 나면, 작업 시간을 기준으로 시작에서 완료로 가는 최단 경로shortest path를 찾음으로써 임계 경로를 구할 수 있다. 이 시점에서 내가 실수를 했다고 생각하는 사람이 있을 것이다. 임계 경로는 최단 경로가 아니라 최장 경로longest path에 해당하지 않는가? 그렇다고 해도 퍼트 차트에는 순환이 없으므로, 최단 경로가 곧 임계 경로가 되도록 작업 시간을 변경할 수 있다. 즉 각 작업 시간을 음수로 만든 후에 시작에서 완료로 향하는 경로 중 작업 시간의 합이 최소가 되는 경로를 찾으면 된다.

작업 시간을 음수로 만들고 작업 시간의 합이 최소가 되는 경로를 찾는 이유는 무엇인가? 이 문제가 최단 경로 찾기의 특별한 경우이며, 최단 경로를 찾는 알고리즘이 많이 존재하기 때문이다. 그러나 최단 경로를 논할 때 경로의 길이를 결정하는 값은 정점이 아니라 간선에 연관되며, 각 간선에 연관된 값을 간선의 **가중치**weight라고 한다. 그리고 간선 가중치를 포함하는 방향성 그래프를 **방향성 가중치 그래프**weighted directed graph라고 한다. 이처럼 '가중치'는 간선에 연관된 값을 일컫는 일반적인 용어다. 예를 들어 도로망을 표현하는 방향성 가중치 그래프에서 각 간선은 두 교차로 사이의 편도를, 간선의 가중치는 도로의 길이나 도로를 거쳐 가는 데 필요한 시간, 톨게이트 통행료를 나타낼 수 있다. **경로의 가중치**weight of a path는 해당 경로상에 있는 모든 간선 가중치의 합이다. 예를 들어 간선 가중치가 도로의 길이라면, 경로의 가중치는 경로상의 도로 길이의 총합을 나타낸다. 정점 u에서 정점 v로의 **최단 경로**shortest path는 u에서 v로 가는 모든 경로 중에서 간선 가중치의 합이 최소인 경로를 일컫는다. u에서 v로 향하는 방향성 그래프는 가중치가 최소인 경로를 여럿 포함할 수 있으므로, 최단 경로가 반드시 유일하진 않다.

작업 시간이 음수인 퍼트 차트를 방향성 가중치 그래프로 바꾸려면, 각 정점의 음수 작업 시간을 해당 정점으로 들어오는 간선으로 옮긴다. 즉 정점 v의 (음수가 아닌) 작업 시간이 t라면, v로 들어오는 모든 간선 (u, v)의

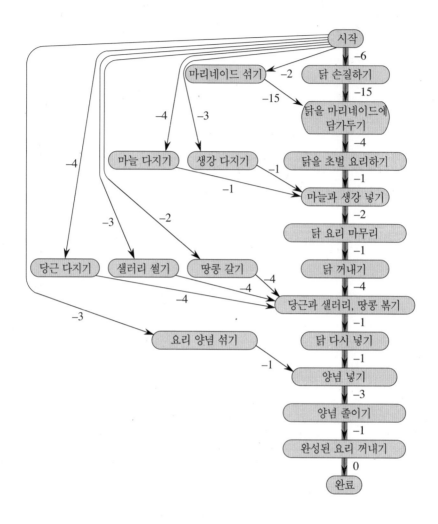

가중치를 $-t$로 지정한다. 그 결과로 얻어진 대그는 다음과 같으며, 간선 옆에 해당하는 간선 가중치를 표시했다.

이제 대그의 간선 가중치를 바탕으로 시작에서 완료에 이르는 (어둡게 색칠한) 최단 경로를 찾아야 한다. 이 대그에서 찾은 최단 경로의 정점들에서 시작과 완료를 제외하면 원래 퍼트 차트에서의 임계 경로와 동일하다. 이제 대그에서 최단 경로를 찾는 방법을 알아보자.

방향성 가중치 그래프의 최단 경로

대그에서 최단 경로를 찾는 방법을 배우는 데는 또 다른 이점이 있다. 바로 순환을 포함하는 임의의 방향성 그래프에서 최적 경로를 찾는 데 필요한 기초를 쌓을 수 있다는 점이다. 이처럼 좀 더 일반적인 문제는 6장에서 다룬다. 대그를 대상으로 위상 정렬을 수행했으므로, 대그가 인접 목록 표현의 형태로 정렬돼 있다고 가정한다. 그리고 각 간선 (u, v)에 대한 가중치 $weight(u, v)$도 함께 저장한다고 가정하자.

퍼트 차트로부터 만들어낸 대그에서 우리가 원하는 것은 '시작'이라고 이름 붙인 **출발 정점**source vertex에서 시작해 '완료'라고 이름 붙인 특정 **목적 정점**target vertex에 이르는 최단 경로다. 여기서는 이보다 좀 더 일반적인 문제인 **단일 출발점 최단 경로**single-source shortest path, 즉 한 출발 정점에서 스스로를 제외한 다른 모든 정점까지의 최단 경로를 찾는 문제를 해결해보자. 관례적으로 출발 정점은 s로 표기하며, 각 정점 v에 대해 두 가지를 구해야 한다. 첫째로 s에서 v로 향하는 최단 경로의 가중치를 구해야 하며, 이를 $sp(s, v)$로 표기한다. 둘째로, s에서 v로 향하는 최단 경로상에서 v의 **직전 정점**predecessor, 즉 s에서 u로 향하는 경로에 단 하나의 간선 (u, v)만을 추가한 경로가 s에서 v로 향하는 최단 경로임을 만족하는 정점 u를 구한다. n개의 정점에 1부터 n까지 번호를 붙이므로, 5장과 6장의 최단 경로 알고리즘에서는 앞의 두 결과를 배열 $shortest[1 .. n]$과 $pred[1 .. n]$에 각각 저장할 수 있다. 알고리즘이 수행 중인 동안에는 $shortest[v]$와 $pred[v]$의 값이 올바른 최종 값이 아니겠지만, 알고리즘이 완료된 후에는 올바른 값이 저장된다.

이제 가능한 몇 가지 경우에 대한 대처 방안을 생각해보자. 우선, s에서 v로 향하는 경로가 전혀 존재하지 않으면 어떻게 될까? 이럴 때는 $sp(s, v) = \infty$로 정의하고, 따라서 $shortest[v]$도 ∞가 돼야 한다. 그리고 v가 직전 정점을 갖지 않으므로 *pred* [*v*]는 특별히 정한 값 NULL이 돼야 한다. 더 나아가 *s*에서 시작하는 모든 최단 경로는 *s*에서 출발하므로 *s*도 직전 정점을 갖지 않고, *pred* [*s*]도 NULL이 돼야 한다. 그 밖의 경우는 그래프가 순환과 음수인 간선 가중치를 모두 포함할 때만 발생한다. 순환의 가중치가 음수이면 어떨까? 순환을 반복할 때마다 경로 가중치가 감소하므로 영원히 순환 경로를 따라 돌게 된다. *s*에서 가중치가 음수인 순환을 거쳐 *v*로 도달한다면 *sp*(*s*, *v*)는 정의할 수 없다^{undefined}. 그러나 지금 당장은 비순환 그래프만을 다루므로, 순환은 물론 가중치가 음수인 순환도 걱정하지 말자.

이제 출발점 *s*에서 시작하는 모든 최단 경로를 구할 텐데, (정점 스스로에게 돌아갈 때는 다른 정점을 방문할 필요가 없으므로) *shortest* [*s*] = 0, (*s*에서 도달 가능한 정점이 무엇인지 미리 알 수 없으므로) 다른 모든 정점 *v*에 대해 *shortest* [*v*] = ∞, 모든 정점 *v*에 대해 *pred* [*v*] = NULL인 상태로 시작한다. 그리고 그래프의 간선에 다음과 같은 **경감 연산**^{relaxation step}을 반복해 적용한다.

프로시저 RELAX(*u*, *v*)

입력: *u*, *v*: 간선 (*u*, *v*)가 존재하는 두 정점

결과: *shortest* [*v*]의 값이 감소될 수 있으며, 이 값이 감소된 경우 *pred* [*v*]는 *u*가 된다.

1. *shortest* [*u*] + *weight*(*u*, *v*) < *shortest* [*v*]이면 *shortest* [*v*]를 *shortest* [*u*] + *weight* (*u*, *v*)로 지정하고 *pred* [*v*]는 *u*로 지정한다.

RELAX(*u*, *v*)를 호출하면, (*u*, *v*)를 마지막 간선으로 받아들임으로써 *s*에서 *v*로 향하는 최단 경로가 개선되는지를 결정한다. *u*로 향하는 현재

최단 경로의 가중치와 간선 (u, v)의 가중치를 더한 값을 v로 향하는 최단 경로의 가중치와 비교한 결과, 간선 (u, v)를 받아들이는 쪽이 더 낫다면, shortest $[v]$를 개선된 가중치로 갱신하고 최단 경로상에서 v의 직전 정점을 u로 지정한다.

최단 경로상의 간선을 차례로 경감했다면 올바른 결과를 얻게 된다. 우리가 찾고자 하는, 어떤 경로인지 아직 알지도 못하는 최단 경로의 간선에 차례로 경감 연산을 적용해 정답을 얻을 수 있음을 어떻게 확신하는지가 궁금하겠지만, 대그에선 그리 어려운 문제가 아니다. 모든 간선을 거쳐가며 경감 연산을 적용함에 따라, 대그의 모든 간선이 경감되면서 각 최단 경로의 간선들이 제자리를 잡게 된다.

최단 경로상의 간선을 경감해나가는 구체적인 방법은 다음과 같으며, 이 방법은 순환의 유무에 상관없이 모든 방향성 그래프에 적용된다.

출발 정점 s에 대해 shortest $[s] = 0$임을 제외하고, 모든 정점에 대해 shortest $[u] = \infty$이고 pred $[u] =$ NULL로 시작한다.

다음으로, s에서 나가는 간선부터 시작해 v로 들어오는 간선까지 차례대로, s에서 임의의 정점 v로 향하는 최단 경로상에 존재하는 간선에 경감 연산을 수행한다. 다른 간선에 대한 경감 연산은 최단 경로상에서 일어나는 경감 연산과 자유롭게 뒤섞인 순서로 수행될 수 있지만, shortest나 pred의 값을 실제로 변경하는 연산은 경감 연산뿐이다.

간선이 차례대로 경감된 후에는 v의 shortest와 pred가 올바른 값을 갖는다. 즉 shortest $[v] = sp(s, v)$이고 pred $[v]$는 s에서 시작하는 최단 경로 중 하나에서 v 바로 앞(직전)에 있는 정점이다.

최단 경로를 따라 간선을 순서대로 경감하는 방법이 잘 동작하는 이유는 간단하다. s에서 v로 향하는 최단 경로가 정점 s, v_1, v_2, v_3, ..., v_k, v를 순서대로 방문한다고 가정하자. 간선 (s, v_1)이 경감된 후에, $shortest[v_1]$은 반드시 v_1에 대한 올바른 최단 경로의 가중치를 갖게 되고, $pred[v_1]$은 반드시 s가 된다. (v_1, v_2)가 경감된 후에는 $shortest[v_2]$와 $pred[v_2]$가 반드시 올바른 값을 갖는다. 같은 일을 반복해, (v_k, v)까지 경감된 후에는 $shortest[v]$와 $pred[v]$도 반드시 올바른 값을 갖는다.

참으로 반가운 소식이다. 대그에서는 모든 최단 경로를 따라 간선을 차례대로, 딱 한 번만 경감하는 일이 매우 쉽기 때문이다. 어떻게? 우선, 대그를 위상 정렬한다. 다음으로 위상 정렬된 선형적 순서대로 정점을 조회하고, 각 정점에서 나가는 간선을 경감하면 된다. 여기서 각 간선은 선형적 순서에서 앞에 있는 정점을 떠나 선형적 순서에서 뒤에 있는 정점으로 들어가므로, 대그의 모든 경로는 선형적 순서와 동일한 순서로 정점을 방문한다.

프로시저 DAG-SHORTEST-PATHS(G, s)

입력

- G: n개의 정점으로 이뤄진 집합 V와 m개의 방향성 간선으로 이뤄진 집합 E를 포함하는 방향성 가중치 그래프
- s: V에 포함된 출발 정점

결과: V에 존재하는 출발점이 아닌 정점 v에 대해, $shortest[v]$는 s에서 v로 향하는 최단 경로의 가중치인 $sp(s, v)$이고, $pred[v]$는 최단 경로 중 하나에서 v 바로 앞(직전)에 있는 정점이다. 출발 정점 s에 대해, $shortest[s] = 0$이고 $pred[s] = $ NULL이다. s에서 v로 향하는 경로가 존재하지 않으면 $shortest[v] = \infty$이고 $pres[v] = $ NULL

이다.

1. TOPOLOGICAL-SORT(G)를 호출해 반환된 정점의 선형적 순서를 l에 지정한다.

2. s를 제외한 모든 정점 v에 대해 shortest[v] = ∞로 지정한다. shortest[s] = 0으로 지정한다. 모든 정점 v에 대해 pred[v] = NULL로 지정한다.

3. l의 순서대로 조회한 각 정점 u에 대해
   A. u에 인접한 모든 정점 v에 대해
      i. RELAX(u, v)를 호출한다.

다음 그림에서 간선 옆에 가중치가 표기된 대그를 볼 수 있다. 출발 정점 s로부터 DAG-SHORTEST-PATHS를 수행해 얻어진 shortest 값은 정점 안에서 볼 수 있고, 어둡게 칠한 간선은 pred 값을 가리킨다. 위상 정렬로 얻어진 선형적 순서에 따라 정점을 왼쪽에서 오른쪽으로 배치했으므로, 모든 간선은 왼쪽에서 시작해 오른쪽으로 들어간다. 간선 (u, v)가 어둡게 칠해졌다면, pred[v]는 u이고 shortest[v] = shortest[u] + weight(u, v)이다. 예를 들어 (x, y)가 어둡게 칠해졌으므로, pred[y] = x이고 shortest[y](실제 값은 5)는 shortest[x](실제 값 6) + weight(x, y)(실제 값은 -1)와 같다. s에서 r로 향하는 경로는 존재하지 않으므로 shortest[r] = ∞이고 pres[r] = NULL 이다(r로 들어가는 간선 중에 어둡게 칠한 간선은 없다).

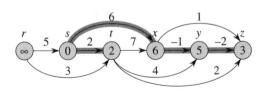

3단계 루프의 첫 이터레이션에서는 r로부터 나가는 간선 (r, s)와 (r, t)를 경감하지만, $shortest[r] = \infty$이므로 실제로는 경감 연산에 의해 아무 값도 바뀌지 않는다. 루프의 다음 이터레이션에서는 s로부터 나가는 간선 (s, t)와 (s, x)를 경감하는데, 이로 인해 $shortest[t]$는 2로, $shortest[x]$는 6으로, $pred[t]$와 $pred[x]$는 모두 s로 변경된다. 다음 이터레이션에서는 t로부터 나가는 간선 (t, x), (t, y), (t, z)를 경감한다. 하지만 $shortest[t] + weight(t, x)$ $(2 + 7 = 9)$가 $shortest[x]$(실제 값은 6)보다 크므로 $shortest[x]$는 바뀌지 않는다. 이와 달리 $shortest[y]$는 6으로, $shortest[z] = 4$로, $pred[y]$와 $pred[z]$는 모두 t로 변경된다. 다음 이터레이션에서는 x로부터 나가는 간선 (x, y)와 (x, z)를 경감하는데, 이로 인해 $shortest[y]$는 5로, $pred[y]$는 x로 변경되는 반면, $shortest[z]$와 $pred[z]$는 변경되지 않는다. 마지막 이터레이션에서는 y로부터 나가는 간선 (y, z)를 경감하는데, 이로 인해 $shortest[z]$는 3으로, $pred[z]$는 y로 변경된다.

DAG-SHORTEST-PATHS가 $\Theta(n + m)$시간에 수행된다는 사실은 쉽게 증명할 수 있다. 이미 살펴봤듯이 1단계는 $\Theta(n + m)$시간을 차지하고, 2단계에서는 각 정점마다 2개의 값을 초기화하므로 $\Theta(n)$시간을 소모한다. 앞서 증명했듯이 3단계의 바깥쪽 루프는 모든 정점을 한 번씩 확인하고, 3A단계의 안쪽 루프는 모든 간선을 한 번씩 확인한다. 그리고 3Ai단계의 RELAX 호출은 상수 시간을 차지하므로, 3단계는 총 $\Theta(n + m)$시간을 차지한다. 모든 단계의 수행 시간을 합하면 전체 프로시저는 $\Theta(n + m)$시간이 필요함을 알 수 있다.

이제 퍼트 차트를 다시 떠올려보자. n개의 정점과 m개의 간선을 포함하는 퍼트 차트에서 임계 경로를 찾는 일에 $\Theta(n + m)$시간이 필요함을 쉽게 알 수 있다. 두 정점 '시작'과 '완료'를 추가했고, 시작에서 나가는 간선을 최대 m개, 완료로 들어가는 간선을 최대 m개 추가했으니 대그는 모두 합쳐 최대 3m개의 간선을 포함한다. 가중치를 음수로 만들고 정점에서 간선으로 옮기는 일은 $\Theta(m)$시간을 차지하며, 이렇게 만든 대그에서 최단 경로를 찾는 일에는 $\Theta(n+m)$시간이 필요하다.

더 읽을거리

CLRS[CLRS09]의 22장에서는 여기서 다루지 않은 대그를 위상 정렬하는 다른 알고리즘을 설명하는데, 커누스의 『The Art of Computer Programming』[Knu97] 1권에서 같은 알고리즘을 볼 수 있다. CLRS에서 다루는 방법은 표면적으로는 간단하지만 여기서 다룬 방법보다 직관적이진 않으며, 그래프의 정점을 방문할 때 '깊이 우선 탐색depth-first search' 기법을 바탕으로 한다. 대그에서 단일 출발점 최단 경로를 찾는 알고리즘은 CLRS의 24장에서 볼 수 있다.

퍼트 차트는 1950년대부터 쓰였는데, 좀 더 알고 싶다면 프로젝트 관리에 대한 책을 참고하라.

6장

최단 경로

5장에서는 방향성 비순환 그래프에서 단일 출발점 최단 경로를 찾는 방법을 살펴봤는데, 그래프가 비순환(순환이 없음)이라는 가정에 의존하므로 그래프의 정점을 위상 정렬할 수 있었다.

그러나 우리의 현실을 반영하는 대부분의 그래프는 순환을 포함한다. 도로망을 모델링한 그래프를 예로 들면, 각 정점은 교차로를, 각 방향성 간선은 우리가 교차로 사이를 이동할 수 있는 편도를 나타낸다(양방향 도로는 서로 반대 방향을 향하는 2개의 각기 다른 간선으로 표현할 수 있다). 이러한 그래프는 순환을 포함하며, 그렇지 않으면 한 교차로에서 출발해 다시 그 지점으로 되돌아올 수 없다. 따라서 GPS가 목적지로 가는 최단 혹은 가장 빠른 경로를 찾을 때 이용하는 그래프는 많은 수의 순환을 포함한다.

GPS가 여러분의 현재 위치에서 특정 목적지로 향하는 가장 빠른 경로를 찾을 때, **단일쌍 최단 경로**single-pair shortest path 문제를 푸는 것과 같다. 이 문제를 해결하고자 한 출발점으로부터 다른 모든 정점으로 향하는 최단 경로를 찾는 알고리즘을 이용할 수 있지만, GPS는 오직 특정 목적지에 이르는 최단 경로에만 관심을 갖는다.

GPS는 방향성 가중치 그래프를 다루는데, 여기서 간선의 가중치는 도로의 길이나 운행 시간을 의미한다. 길이가 음수인 도로를 주행하거나 출발하기도 전에 도착하는 일은 불가능하므로 GPS가 사용하는 그래프에서 간선의 가중치는 모두 양수다. 어떤 특이한 이유로든 가중치가 0이 될 수 있다고 가정한다면, 간선의 가중치는 음이 아닌 수라고 할 수 있다. 이처럼 모든 간선 가중치가 음수가 아니라고 가정하면 음수 가중치 순환 문제를 걱정할 필요가 없고, 모든 최단 경로를 명확히 정의할 수 있다.

단일 출발점 최단 경로 문제의 또 다른 예로 영화 배우를 케빈 베이컨 Kebin Bacon에 연결하는 '케빈 베이컨의 여섯 다리' 게임을 들 수 있다. 그래프의 각 정점은 배우를, 그래프의 간선 (u, v)와 (v, u)는 정점 u와 v가 나타내는 두 배우가 같은 영화에 출연했음을 나타낸다. 이제 우리는 주어진 한 배우에 상응하는 정점에서 시작해 케빈 베이컨에 상응하는 정점까지의 최단 경로를 찾아야 한다. 여기서 찾아낸 경로에 포함된 간선의 개수(간선 가중치가 1일 때 최단 경로의 가중치)를 그 배우의 '케빈 베이컨 수'라고 한다. 예를 들어, 르네 어도어는 베시 러브와, 베시 러브는 엘리 왈라츠와, 엘리 왈라츠는 케빈 베이컨과 같은 영화에 출연했다. 즉 르네 어도어의 케빈 베이컨 수는 3이다. 수학계에도 이와 비슷한 개념인 에르되시 수라는 것이 있는데, 위대한 수학자 폴 에르되시 Paul Erdös와 공동 저자 관계로 연결된 수학자들의 그래프에서 최단 경로를 일컫는다.[1]

그렇다면 가중치가 음수인 간선은 어떻게 다루며, 실제 세계와 어떤 관계가 있는가? 외환 거래에서 부당 차익 거래가 가능한지를 결정하는 일을 가중치가 음수인 간선을 포함할 수 있는 그래프에서 가중치가 음수인 순환이 존재하는지를 결정하는 문제로 바꾸어 생각해보자.

---

1 믿기 어렵겠지만 에르되시 수와 베이컨 수의 합을 일컫는 에르되시-베이컨 수라는 것도 존재하며, 폴 에르되시 자신을 포함해 몇몇 사람들은 유한한 에르되시-베이컨 수를 갖는다.

알고리즘 관점에서는, 단일 출발 정점에서 시작하는 모든 최단 경로를 찾는 다익스트라Dijkstra 알고리즘부터 알아본다. 다익스트라 알고리즘에서 다루는 그래프는 5장에서 다룬 그래프와 크게 두 가지 차이가 있다. 모든 간선 가중치는 음이 아닌 수여야 하고, 순환을 포함할 수 있다. GPS 길 찾기의 핵심이 바로 여기에 있다. 다익스트라 알고리즘을 구현할 때의 몇 가지 선택사항에 대해서도 알아본다. 다음으로 가중치가 음수인 간선이 존재하는 그래프에서도 단일 출발점 최단 경로를 찾을 수 있는 대단히 간단한 방법인 벨만-포드Bellman-Ford 알고리즘을 살펴본다. 벨만-포드 알고리즘의 결과를 이용해 그래프가 음수 가중치 순환을 포함하는지를 알아내고, 그렇다면 해당 순환 경로에 존재하는 정점과 간선을 알아낼 수 있다. 다익스트라와 벨만-포드 알고리즘 모두 1950년대 후반에 소개됐고, 그 후로 오랫동안 검증된 알고리즘이다. 다음으로 모든 정점의 쌍에 대한 최단 경로를 찾는 전체 쌍all-pairs 문제의 해답으로 플로이드-워셜Floyd-Warshall 알고리즘을 살펴본다.

대그에서 최단 경로를 찾았던 5장과 마찬가지로, 출발 정점 s와 각 간선 (u, v)의 가중치 $weight(u, v)$가 주어진다고 가정한다. 여기서 각 정점 v에 대해, s에서 v로 향하는 최단 경로의 가중치 $sp(s, v)$와 s로부터의 최단 경로 중 하나에서 v의 바로 앞(직전) 정점을 구하고자 한다. 그리고 이 두 결과를 각각 $shortest\,[v]$와 $pred\,[u]$에 저장한다.

다익스트라 알고리즘

다익스트라 알고리즘[2]을 그래프 위를 달리는 주자runner들을 시뮬레이션 simulation하는 것에 비유할 수 있다.

---

2 알고리즘의 이름은 1959년에 알고리즘을 제안한 에츠허르 다익스트라Edsger Dijkstra 에서 유래했다.

다익스트라 알고리즘의 작동 방식과는 약간 다르지만, 시뮬레이션은
다음과 같이 진행된다. 우선 출발 정점에서 이웃한 모든 정점으로 주자를
내보내자. 주자가 한 정점에 도착하는 즉시, 해당 정점에서 그 정점에 이
웃한 모든 정점으로 주자를 보낸다. 다음 그림의 (a)를 보자.

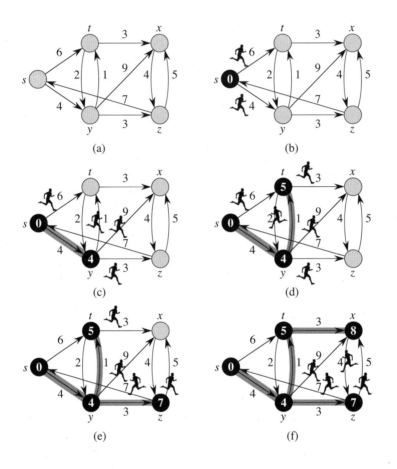

위 그림은 출발 정점이 s이고 간선 옆에 가중치가 표기된 그래프를 보
여준다. 여기서는 간선의 가중치가 주자가 해당 간선을 완주하는 데 걸리
는 시간(분 단위)이라고 생각하자.

그림의 (b)에서 시각 0일 때 시뮬레이션의 시작을 보여준다. 정점 s에서 보듯이, 시각이 0인 순간에 주자들이 정점 s에서 시작해 이웃한 정점 t와 y를 향해 달려간다. 검은색 정점 s는 $shortest[s] = 0$이란 사실을 알고 있음을 나타낸다.

잠시 후, 4분째에 (c)에서 보듯이 주자가 y에 도착하는데, 이 주자가 y에 도착한 첫 번째 주자이고 $shortest[y] = 4$가 되므로 그림에서 y를 검게 칠했다. 어둡게 칠한 간선 (s, y)는 정점 y에 첫 번째로 도착한 주자가 정점 s에서 왔으며 $pred[y] = s$임을 나타낸다. 시각 4에 정점 s에서 정점 t로 향하는 주자는 아직 이동 중이고, 4분째에 y를 떠나는 주자는 정점 t, x, z를 향해 이동한다.

(d)에서 볼 수 있는 사건은 1분 후, 즉 5분째에 일어나는데, 정점 y에서 출발한 주자가 정점 t에 도착한다. 이 시각에 s에서 t로 향하는 주자는 아직 도착하지 않았다. 5분째에 정점 t에 가장 먼저 도착한 주자는 정점 y에서 출발한 주자이므로 $shortest[t]$는 5로, (간선 (y, t)가 어둡게 칠해진 점에서 알 수 있듯이) $pred[t]$는 y로 지정한다. 동시에 새로운 주자가 정점 t를 떠나 정점 x와 y로 향한다.

정점 s에서 출발한 주자가 마침내 6분째에 정점 t에 도착하지만, 정점 y에서 출발한 주자가 1분 전에 이미 도착했으므로 s에서 t로 달린 주자의 노력은 헛수고가 되고 만다.

7분째에는 (e)에서 보듯이 두 주자가 목적지에 도착한다. 정점 t에서 출발한 주자가 정점 y에 도착하지만, s에서 출발한 주자가 4분째에 이미 y에 도착했으므로 t에서 y로 달린 주자는 시뮬레이션에서 지워진다. 같은 시각에 y에서 출발한 주자가 정점 z에 도착하고, $shortest[z]$는 7로, $pred[z]$는 y로 지정한다. 그리고 주자가 다시 z를 떠나 정점 s와 x를 향해 출발한다.

다음 사건은 8분째에 일어나는데, (f)에서 보듯이 정점 t에서 출발한 주자가 정점 x에 도착한다. $shortest[x]$는 8로, $pred[x]$는 t로 지정한다. 그리고 주자가 다시 정점 x를 떠나 정점 z를 향해 출발한다.

이 시점에서 모든 정점에 주자가 한 번은 도착했으므로 시뮬레이션을 중단할 수 있다. 아직 이동 중인 모든 주자는 다른 주자가 목적지에 도착한 후에야 그들의 목적지에 도착하기 때문이다. 모든 정점에 주자가 한 번 도착한 후에, 각 정점의 $shortest$ 값은 정점 s로부터의 최단 경로의 가중치를 가지며, 각 정점의 $pred$ 값은 s로부터의 최단 경로상에서 직전 정점을 나타낸다.

이상적인 시뮬레이션의 진행 과정은 이와 같으며, 주자가 간선을 따라 이동하는 시간, 즉 간선의 가중치를 바탕으로 한다. 다익스트라 알고리즘은 이와는 조금 다르게 동작하는데, 모든 간선을 똑같이 취급하므로, 한 정점을 나가는 간선들을 처리할 때 특정한 순서 없이 인접한 모든 정점을 처리한다. 예를 들어 다익스트라 알고리즘이 148페이지의 그림에서 정점 s를 처리할 때, $shortest[y] = 4$, $shortest[t] = 6$ 그리고 $pred[y]$와 $pred[t]$는 모두 s로 지정한다. 그 이후에 다익스트라 알고리즘에서 간선 (y, t)를 처리할 때, 그 시점까지 유지되던 t로의 최단 경로의 가중치가 감소하므로 $shortest[t]$는 6에서 5로 변경되고 $pred[t]$는 s에서 y로 바뀐다.

즉 다익스트라 알고리즘도 138페이지에서 봤던 RELAX 프로시저를 간선마다 호출하는 방식으로 수행된다. 간선 (u, v)를 경감하는 동작은 정점 u에서 떠난 주자가 정점 v에 도착하는 사건에 해당한다. 다익스트라 알고리즘은 $shortest$와 $pred$ 값이 최종적으로 확정되지 않은 정점의 집합 Q를 유지한다. 반대로 Q에 속하지 않는 정점의 $shortest$와 $pred$ 값은 최종적인 답이다. 처음에는 출발 정점 s에 대해 $shortest[s]$는 0으로, 그 밖의 모든 정점 v에 대해 $shortest[v]$는 ∞로, 모든 정점에 대해 $pred[v]$는 NULL로 초기화한다. 그 후로는 집합 Q에서 *shortest* 값이 가장 작은 정점 u를 찾아, u를 Q에서 제거하고 u에서 나가는 모든 정점을 경감한다. 이를 수행하는 프로시저는 다음과 같다.

프로시저 DIJKSTRA(G, s)

입력

- G: n개의 정점으로 이뤄진 집합 V와 가중치가 음수가 아닌 m개의 방향성 간선으로 이뤄진 집합 E를 포함하는 방향성 가중치 그래프
- s: V에 포함된 출발 정점

결과: V에 존재하는 출발점이 아닌 정점 v에 대해, *shortest*[v]는 s에서 v로 향하는 최단 경로의 가중치인 $sp(s, v)$이고, *pred*[v]는 최단 경로 중 하나에서 v 바로 앞(직전)에 있는 정점이다. 출발 정점 s에 대해, *shortest*[s] = 0이고 *pred*[s] = NULL이다. s에서 v로 향하는 경로가 존재하지 않으면 *shortest*[v] = ∞이고 *pred*[v] = NULL이다(140페이지의 DAG-SHORTEST-PATHS와 동일).

1. s를 제외한 모든 정점 v에 대해 *shortest*[v] = ∞로 지정한다. *shortest*[s] = 0으로 지정한다. 모든 정점 v에 대해 *pred*[v] = NULL로 지정한다.

2. Q가 모든 정점을 포함하도록 초기화한다.

3. Q가 비어 있지 않은 동안, 다음을 반복한다.

   A. 집합 Q에서 *shortest* 값이 가장 작은 정점 u를 찾아 Q에서 제거한다.

   B. u에 인접한 모든 정점 v에 대해

      i. RELAX(u, v)를 호출한다.

다음 그림의 각 단계는 3단계의 루프에서 매번 이터레이션을 시작하기 전에 (각 정점 안에 표시된) *shortest* 값과 (어둡게 칠한 간선 옆에 표시된) *pred* 값, (검은색이 아니라 회색으로 칠해진) 집합 Q를 보여준다.

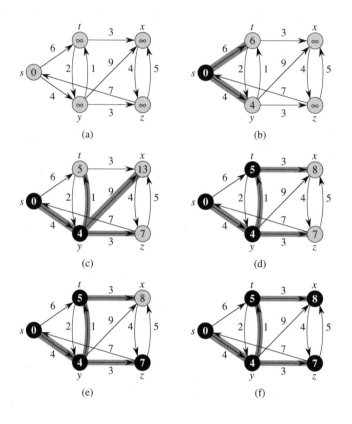

그림의 각 단계에서 새롭게 검은색으로 칠한 정점은 3A단계에서 u로 선택한 정점에 해당한다. 달리는 주자를 이용한 시뮬레이션에서는 정점에 *shortest*와 *pred* 값이 한 번 부여된 후로는 변경될 수 없지만, 다익스트라 알고리즘에서는 한 간선을 경감해 정점의 *shortest*와 *pred* 값을 변경한 후라도 다른 간선을 경감함으로써 그 값이 바뀔 수 있다. 예를 들어, 그림 (c)에서 간선 (y, x)가 경감되면서 *shortest*[x]는 ∞에서 13으로 감소하고 *pred*[*x*]는 *y*가 된다. 3단계에서 루프의 다음 이터레이션(그림 (d))은 간선 (*t*, *x*)를 경감하는데, *shortest*[*x*]는 더 감소해 8이 되고 *pred*[*x*]는 *t*가 된다. 다음 이터레이션(그림 (e))에서는 간선 (*z*, *x*)를 경감하는데, 기존 값 8이 *shortest*[*z*] + *weight*(*z*, *x*)의 결과인 12보다 작으므로 이번에는 값을 변경하지 않는다.

다익스트라 알고리즘은 다음과 같은 루프 불변조건을 유지한다.

3단계에서 루프의 각 이터레이션을 시작할 때, 집합 *Q*에 속하지 않는 정점 *v*에 대해 *shortest*[*v*] = *sp*(*s*, *v*)이다. 즉 집합 *Q*에 속하지 않는 정점 *v*에 대해 *shortest*[*v*]는 *s*에서 *v*로 향하는 최단 경로의 가중치다.

여기서는 이 루프 불변조건의 바탕에 숨은 추론 과정을 간단히 살펴보자(정식 증명은 좀 더 복잡하다). 맨 처음에 모든 정점은 *Q*에 포함되므로 3단계의 루프에서 첫 번째 이터레이션을 실행하기 전에는 루프 불변조건을 적용한 정점이 존재하지 않는다. 우선 이 루프의 이터레이션을 시작할 때, 집합 *Q*에 속하지 않는 정점은 최단 경로의 올바른 가중치를 *shortest* 값에 갖고 있다고 가정하자. 그러면 언젠가 3Bi를 실행할 때 이 정점에서 나가는 모든 간선이 경감된 상태가 된다. *Q*에서 가중치가 가장 작은 정점을 *u*라고 하면, 이 정점의 *shortest* 값은 더 이상 감소할 수 없다. 향후에 경감 연산을 적용할 간선은 모두 *Q*에 속한 정점에서 나가는 간선인데, *Q*에 포함된 모든 정점의 *shortest* 값은 *shortest*[*u*] 이상이기 때문이다. 모든 간선 가중치가 음수가 아니므로 *shortest*[*u*] ≤ *shortest*[*v*] + *weight*(*v*, *u*)이고, 향후에 발생할 어떤 경감 연산도 *shortest*[*u*]를 감소시킬 수 없다. 그러므로 *shortest*[*u*]는 가능한 값 중에서 최소이며, 집합 *Q*에서 *u*를 제거하고 *u*에서 나가는 모든 간선을 경감할 수 있다. 3단계의 루프를 종료할 때는 집합 Q가 비어 있게 되므로 모든 정점은 최단 경로의 올바른 가중치를 *shortest* 값에 갖게 된다.

이제 다익스트라 알고리즘의 수행 시간을 분석할 차례인데, 완전한 분석을 하려면 구현 세부사항 중 일부를 결정해야 한다. 5장에서는 정점의 개수를 n, 간선의 개수를 m이라 하고, $m \le n^2$임을 밝혔다. 1단계는 $\Theta(n)$ 시간이다. 그리고 집합 Q에 처음에는 n개의 정점이 포함됐다가 이터레이션마다 정점을 하나씩 제거할 뿐, 정점을 Q에 다시 추가하진 않으므로 3단계의 루프도 정확히 n번 반복된다. 3A단계의 루프에서는 알고리즘이 진행됨에 따라 모든 정점과 간선을 한 번씩 처리한다(5장의 TOPOLOGICAL-SORT와 DAG-SHORTEST-PATHS 프로시저도 같은 방식으로 처리한다).

이제 남은 분석 대상은 무엇인가? (2단계에서) n개의 정점 모두를 Q에 넣는 데 걸리는 시간과 (3A단계에서) Q에 속한 정점 중에서 *shortest* 값이 가장 작은 정점을 찾아 Q에서 제거하는 데 걸리는 시간을 알아야 한다. 그리고 RELAX 호출로 인해 정점의 *shortest*와 *pred* 값이 바뀔 때 Q를 어떻게 조정해야 하는지도 알아야 한다. 앞서 말한 세 연산에 다음과 같이 이름을 붙이자.

- INSERT(Q, v)는 정점 v를 집합 Q에 삽입한다(다익스트라 알고리즘은 INSERT 를 n번 호출한다).
- EXTRACT-MIN(Q)는 Q에서 *shortest* 값이 가장 작은 정점을 제거하고, 그 정점을 호출한 쪽에 반환한다(다익스트라 알고리즘은 EXTRACT-MIN을 n번 호출한다).
- DECREASE-KEY(Q, v)는 RELAX 호출로 인해 *shortest*$[v]$가 감소한 사실을 Q에 반영하는 조정 작업을 수행한다(다익스트라 알고리즘은 DECREASE-KEY를 최대 n번 호출한다).

이 세 연산이 조합되어 **우선순위 큐**priority queue를 정의한다.

위의 설명은 우선순위 큐의 연산이 무엇을 하는지만 보여줄 뿐, 어떻게 하는지는 알려주지 않는다. 소프트웨어 설계에 있어, 이처럼 연산이 수행하는 작업 자체와 그 수행 방법을 분리하는 것을 **추상화**abstraction라고 한다. 그리고 수행 방법이 아니라 수행하는 작업 자체로 정의된 연산의 집합을 **추상 데이터 타입**abstract data type이나 **ADT**라고 한다. 즉 우선순위 큐도 ADT이다.

우선순위 큐 연산의 구현(수행 방법)은 여러 자료구조 중 하나를 이용할 수 있다. **자료구조**data structure는 컴퓨터에서 데이터를 저장하고 접근하는 특정한 방법을 말하며, 배열도 그 예가 될 수 있다. 여기서는 우선순위 큐의 연산을 구현할 수 있는 세 가지 자료구조를 살펴보자. 소프트웨어 설계자 입장에서는 ADT의 연산을 구현하는 어떤 자료구조든 끼워 넣을plug-in 수 있지만, 알고리즘 관점에서는 그리 간단한 일이 아니다. 어떤 자료구조를 선택하는지에 따라 연산을 구현한 방법의 수행 시간이 다르기 때문이다. 실제로도 우선순위 큐 ADT를 구현하는 세 자료구조에 대해 다익스트라 알고리즘의 수행 시간이 달라짐을 알아보자.

우선순위 큐의 연산을 명시적으로 수행하도록 재작성한 DIJKSTRA 프로시저는 다음과 같다. 우선순위 큐를 구현하는 세 자료구조를 알아보고, 자료구조가 다익스트라 알고리즘의 수행 시간에 어떤 영향을 주는지 알아보자.

프로시저 DIJKSTRA(G, s)

입력과 결과: 앞과 같음

1. s를 제외한 모든 정점 v에 대해 $shortest\,[v] = \infty$로 지정한다.

shortest [*s*] = 0으로 지정한다. 모든 정점 *v*에 대해 *pred* [*v*] = NULL로 지정한다.

2. 우선순위 큐 *Q*를 비어 있는 상태로 초기화한다.

3. 각 정점 *v*에 대해

   A. INSERT(*Q*, *v*)를 호출한다.

4. *Q*가 비어 있지 않은 동안, 다음을 반복한다.

   A. EXTRACT-MIN(*Q*)를 호출하고, 반환된 정점을 *u*에 저장한다.

   B. *u*에 인접한 모든 정점 *v*에 대해

      i. RELAX(*u*, *v*)를 호출한다.

      ii. RELAX(*u*, *v*) 호출로 인해 *shortest* [*v*]의 값이 감소하면, DECREASE-KEY(*Q*, *v*)를 호출한다.

배열을 이용한 간단한 구현

우선순위 큐 연산을 구현하는 가장 간단한 방법은 *n*개 위치를 포함하는 배열에 정점을 저장하는 방법이다. 우선순위 큐가 현재 *k*개의 정점을 포함한다면 배열의 앞쪽부터 *k*번째 위치까지 특정한 순서 없이 저장한다. 배열을 이용하려면 현재 포함된 정점의 개수를 따로 유지해야 한다. INSERT 연산은 간단한데, 새로운 정점을 비어 있는 다음 위치에 저장하고 개수를 증가시킨다. DECREASE-KEY는 더 간단하다. 아무 일도 하지 않는다! 이 두 연산은 모두 상수 시간을 차지한다. 하지만 *shortest* 값이 가장 작은 정점을 찾으려면 현재 배열에 포함된 모든 정점을 확인해야 하므로, EXTRACT-MIN 연산은 $O(n)$시간을 차지한다. 일단 원하는 정점을 찾고 나면 제거하기는 쉬운데, 배열에서 맨 뒤의 정점을 삭제할 정점이 있던 자리로 옮기고 정점의 개수를 감소시킨다. 이러한 EXTRACT-MIN을 *n*번 호출하는 데 $O(n^2)$시간이 걸린다. RELAX 호출에 $O(m)$시간이 걸리지만 $m \leq n^2$인 점을 감안하면, 배열을 이용해 우선순위 큐를 구현하면 다익스트라 알고리즘은 $O(n^2)$시간을 소모하며, 그중 대부분을 EXTRACT-MIN이 차지한다.

바이너리 힙을 이용한 구현

바이너리 힙은 데이터를 배열에 저장된 이진 트리로 조직화한다. **이진 트리**binary tree는 일종의 그래프로, 그 정점을 **노드**node라고 하며, 간선에는 방향성이 없고undirected, 각 노드는 그 아래에 **자식**children 노드를 0이나 1, 2개 갖는다. 다음 그림의 왼쪽에서 이진 트리를 볼 수 있는데, 노드에 번호가 붙어 있다. 노드 6부터 10까지와 같이 자식 노드가 없는 노드를 **리프**leaf라고 한다.[3]

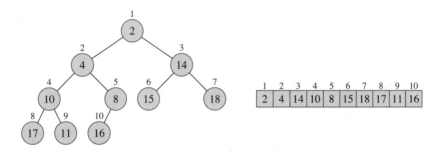

바이너리 힙binary heap은 세 가지 추가적인 성질을 갖는 이진 트리다. 첫 번째로 트리의 모든 레벨은 완전히 차 있는 상태다. 가장 아래 레벨은 예외일 수 있으며, 왼쪽부터 채워진다. 두 번째로 그림의 노드 안에서 볼 수 있듯이, 각 노드는 키를 포함한다. 세 번째로 키는 **힙 속성**heap property을 만족한다. 즉 각 노드의 키는 그 자식의 키보다 작거나 같다.

---

3 실제 나무는 뿌리가 아래에 있고 가지가 위로 자라지만, 컴퓨터 과학자들은 뿌리를 위에 두고 가지가 아래쪽을 향하게 그리는 방법이 트리를 그리기에 더 쉽다고 생각한다.

그림의 오른쪽에서 보듯이 바이너리 힙을 배열에 저장할 수 있다. 힙 속성 때문에 가장 작은 키를 갖는 노드는 항상 1번 위치에 놓인다. i번 위치에 놓인 노드의 자식은 $2i$와 $2i + 1$번 위치에 존재하고, i번 노드 위에 있는 **부모**parent는 $\lfloor i/2 \rfloor$ 위치에 존재한다. 바이너리 힙을 배열에 저장하면 위아래로 탐색하기가 쉽다.

바이너리 힙에는 또 한 가지 중요한 성질이 있다. 바이너리 힙에 포함된 노드의 개수가 n일 때, 그 **높이**height, 즉 루트에서 가장 먼 리프로 내려가는 간선의 개수는 $\lfloor \lg n \rfloor$이다. 따라서 루프에서 리프까지 내려가거나, 리프에서 루트로 올라가는 경로를 $O(\lg n)$시간에 탐색할 수 있다.

바이너리 힙의 높이가 $\lfloor \lg n \rfloor$이기 때문에, 우선순위 큐의 세 연산을 각각 $O(\lg n)$시간에 수행할 수 있다. INSERT 연산은 우선 새로운 리프 노드를 비어 있는 첫 번째 위치에 추가한다. 그리고 해당 노드의 키가 부모 노드의 키보다 작으면, 해당 노드의 내용과 부모 노드의 내용[4]을 맞바꾼 후 루트 쪽으로 한 레벨 올라간다. 한마디로, 힙 속성을 만족할 때까지 노드의 내용을 루트 쪽으로 '밀어 올린다bubble up'. 루트로 향하는 경로는 최대 $\lfloor \lg n \rfloor$개의 간선을 포함하고, 최대 $\lfloor \lg n \rfloor - 1$번의 맞바꾸기가 수행되므로, INSERT는 $O(\lg n)$시간을 차지한다. DECREASE-KEY도 같은 아이디어를 바탕으로 수행한다. 우선 키를 감소시킨 후에 힙 속성을 만족할 때까지 노드의 내용을 루트 쪽으로 밀어 올린다. 이 작업도 $O(\lg n)$시간을 차지한다. EXTRACT-MIN을 수행할 때는, 호출한 쪽에 돌려줄 루트의 내용을 저장해 둔다. 다음으로 가장 마지막 리프(위치 번호가 가장 큰 노드)의 내용을 루트 위치로 옮긴다. 그리고 루트의 내용을 '밀어 내린다bubble down'. 즉 힙 속성을 만족할 때까지 해당 노드의 내용을 키가 더 작은 자식과 맞바꾼다. 마지막

---

4 노드의 내용은 키와 그 키에 연관된 다른 모든 정보를 포함한다. 다익스트라 알고리즘에서는 노드에 연관된 정점을 포함한다.

으로, 처음에 저장했던 루트의 내용을 반환한다. 여기서도 루트에서 리프로 향하는 경로는 최대 $\lfloor \lg n \rfloor$개의 간선을 포함하고, 최대 $\lfloor \lg n \rfloor - 1$번의 맞바꾸기가 수행되므로, EXTRACT-MIN은 $O(\lg n)$시간을 차지한다.

다익스트라 알고리즘의 우선순위 큐를 바이너리 힙으로 구현하면 정점을 삽입하는 데 $O(n \lg n)$시간을, EXTRACT-MIN 연산도 $O(n \lg n)$시간을, DECREASE-KEY 연산은 $O(m \lg n)$시간을 차지한다(실제로는 n개의 정점을 삽입하는 시간은 $\Theta(n)$이다. 처음에 출발 정점 s의 *shortest* 값은 0이고, 다른 모든 정점의 *shortest* 값은 ∞이기 때문이다). 그래프가 희소한^{sparse}(간선의 개수 m이 n^2보다 훨씬 작은) 경우에는 우선순위 큐를 바이너리 힙으로 구현하는 방법이 단순한 배열을 이용한 방법보다 효율적이다. 도로망을 모델링하는 그래프는 일반적으로 희소한데, 한 교차로에서 나가는 도로의 평균 개수가 4이므로, m은 약 $4n$이 되기 때문이다. 다른 한편으로, 그래프가 밀집된^{dense}(m이 n^2에 가까운) 경우 그래프에 포함된 간선의 수가 많으므로, 다익스트라 알고리즘의 DECREASE-KEY 호출에 소요되는 시간인 $O(m \lg n)$도 커지게 되어 (바이너리 힙을 이용한 구현이) 간단한 배열을 이용한 우선순위 큐 구현보다 느려진다.

바이너리 힙과 관련해 기억해둘 사항이 한 가지 더 있는데, 다음과 같이 $O(n \lg n)$시간에 정렬을 수행할 때도 바이너리 힙을 이용할 수 있다는 점이다.

프로시저 HEAPSORT(A, n)

입력

- A: 배열
- n: 정렬할 배열 A에 포함된 요소의 개수

출력: A의 요소를 정렬된 순서로 포함하는 배열 B

1. A의 요소로부터 바이너리 힙 Q를 구성한다.
2. 새로운 배열 $B[1 . . n]$을 할당한다.
3. $i = 1$부터 n까지
   A. EXTRACT-MIN(Q)를 호출하고, 그 반환 값을 $B[i]$에 저장한다.
4. 배열 B를 반환한다.

1단계에서는 배열을 바이너리 힙으로 변환하는데, 두 가지 방법이 가능하다. 첫 번째는 비어 있는 바이너리 힙에 배열의 요소를 하나씩 삽입하는 방법으로, $O(n \lg n)$시간이 필요하다. 다른 방법으로는 (트리의) 아래쪽부터 위쪽으로 훑어가면서 배열로부터 직접적으로 바이너리 힙을 만들 수 있는데, $O(n)$시간이면 가능하다. 힙을 이용해 추가적인 배열 B가 필요 없는 제자리 정렬을 수행할 수도 있다.

피보나치 힙을 이용한 구현

'피보나치 힙Fibonacci heap', 즉 'F 힙F-heap'이라는 복잡한 자료구조를 바탕으로 우선순위 큐를 구현할 수도 있다. F 힙을 이용하면, n번의 INSERT 와 EXTRACT-MIN 호출에 $O(n \lg n)$시간이 필요하고, m번의 DECREASE-KEY 호출에 $\Theta(m)$시간이 소모된다. 결국 다익스트라 알고리즘은 $O(n \lg n + m)$시간을 차지한다. 하지만 실제로는 몇 가지 이유에서 F 힙을 자주 사용하지 않는다. 첫 번째 이유는 총 수행 시간이 위에서 설명한 바와 같다고 해도, 개별적인 연산이 평균적인 경우보다 훨씬 오래 걸릴 수 있다는 점이다. 두 번째로는 F 힙이 다소 복잡한 이유로, 점근적 표기법의 뒤에 숨어 있는 상수 인자가 바이너리 힙보다 크기 때문이다.

벨만-포드 알고리즘

가중치가 음수인 간선이 존재하면, 다익스트라 알고리즘이 틀린 결과를 반환할 수도 있다. 벨만-포드 알고리즘[5]은 음수인 간선 가중치를 처리할 수 있을 뿐만 아니라, 그 출력을 이용해 음수 가중치 순환을 찾아낼 수도 있다.

벨만-포드 알고리즘은 눈에 띄게 간단하다. *shortest*와 *pred* 값을 초기화한 후, m개의 간선 모두를 $n - 1$번 경감한다. 프로시저는 다음과 같고, 그 아래의 그림에서는 조그만 그래프에서 알고리즘이 작동하는 방식을 보여준다. 출발 정점은 s이고, *shortest* 값은 정점 안에서 볼 수 있으며, 어둡게 칠해진 간선은 *pred* 값을 나타낸다. 즉 간선 (u, v)가 어둡게 칠해졌다면, $pred[v] = u$이다. 이번 예제에서는 모든 간선을 항상 고정된 순서 (t, x), (t, y), (t, z), (x, t), (y, x), (y, z), (z, x), (z, s), (s, t), (s, y)에 따라 경감한다고 가정하자. 그림에서 (a)는 첫 반복 이전의 상태를, (b)부터 (e)까지는 각 반복 이후의 상태를 보여준다. 그림 (e)의 *shortest*와 *pred* 값은 최종적인 값이다.

프로시저 BELLMAN-FORD(G, s)

입력

- G: n개의 정점으로 이뤄진 집합 V와 임의의 가중치를 갖는 m개의 방향성 간선으로 이뤄진 집합 E를 포함하는 방향성 그래프

---

5 서로 별개인 두 알고리즘, 즉 1958년에 리처드 벨만Richard Bellman이 제안한 알고리즘과 1962년에 레스터 포드Lester Ford가 제안한 알고리즘을 바탕으로 한다.

- s: V에 포함된 출발 정점

결과: DIJKSTRA(151페이지)와 동일

1. s를 제외한 모든 정점 v에 대해 shortest $[v] = \infty$로 지정한다. shortest $[s] = 0$으로 지정한다. 모든 정점 v에 대해 pred $[v] =$ NULL로 지정한다.

2. $i = 1$부터 $n - 1$까지
   A. E에 포함된 각 간선 (u, v)에 대해
      i. RELAX(u, v)를 호출한다.

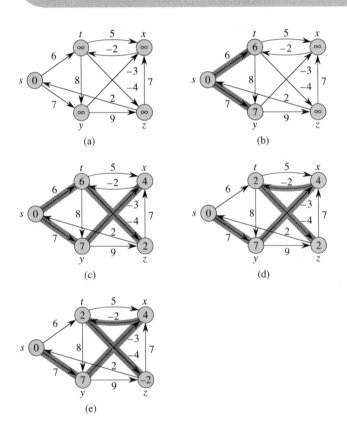

(a)

(b)

(c)

(d)

(e)

이렇게 간단한 알고리즘이 어떻게 정답을 출력할 수 있을까? 출발점 s 에서 임의의 정점 v로 향하는 최단 경로를 생각해보자. 139페이지에서 말했듯이, s에서 v로 향하는 최단 경로상의 정점을 순서대로 경감하면 $shortest[v]$와 $pred[v]$는 올바른 값을 갖게 된다. 이제 음수 가중치 순환을 허용하지 않는다면, 순환을 포함하지 않는 s에서 v로의 최단 경로가 반드시 존재한다. 왜 그런가? s에서 v로 향하는 최단 경로가 순환을 포함한다고 가정하자. 순환의 가중치는 반드시 음수가 아니어야 하므로, 최단 경로에서 이 순환을 잘라낸 s에서 v로의 경로 가중치는 순환을 포함하는 최단 경로의 가중치보다 크지 않다. 더 나아가 모든 비순환 경로는 최대 $n-1$개의 간선을 포함한다. 비순환 경로가 n개의 간선을 포함하면 한 정점을 반드시 두 번 방문하게 되며, 이는 경로에 순환이 있음을 의미한다. 따라서 s에서 v로 향하는 최단 경로가 존재한다면, 최대 $n-1$개 간선을 포함한다. 2A단계에서 가장 처음 모든 간선을 경감할 때 이러한 최단 경로상의 첫 번째 간선을 반드시 경감한다. 2A단계에서 두 번째로 모든 간선을 경감할 때 이러한 최단 경로상의 두 번째 간선을 반드시 경감한다. 같은 식으로, $(n-1)$번째를 수행한 후에는, 최단 경로상의 모든 정점을 순서대로 경감했으므로 $shortest[v]$와 $pred[v]$는 올바른 값을 갖게 된다. 멋지지 않은가!

이제 그래프가 음수 가중치 순환을 포함하며, 이 그래프를 입력으로 BELLMAN-FORD 프로시저를 이미 수행했다고 가정하자. 음수 가중치 순환을 한 바퀴 돌 때마다, 경로의 가중치가 점점 작아진다. 즉 순환상에 존재하는 간선 (u, v)에 대해, 간선을 이미 $n-1$번 경감했음에도 해당 간선을 다시 경감했을 때 $shortest[v]$가 작아지는 간선 (u, v)가 적어도 하나 존재한다.

따라서 음수 가중치 순환이 존재한다면, 이 사실을 이용해 BELLMAN-

FORD를 수행한 후에 해당 순환을 찾아낼 수 있다. 우선 간선을 훑어가면서, *shortest* [*u*] + *weight* (*u*, *v*) < *shortest* [*v*]인 간선 (*u*, *v*)를 발견하면 정점 *v*가 음수 가중치 순환상에 있거나 *v*로부터 해당 순환에 닿을 수 있음을 뜻한다. 이제 *v*에서 시작해 *pred* 값을 따라가면서 방문한 정점을 기록하고, 이미 방문한 정점 *x*에 다시 방문하게 되면 음수 가중치 순환상의 정점을 알 수 있다. 다음으로, *x*에서 시작해 *x*로 다시 돌아올 때까지 *pred* 값을 따라가면 *x*와 그 사이의 모든 정점들이 음수 가중치 순환을 구성한다. 아래의 FIND-NEGATIVE-WEIGHT-CYCLE 프로시저는 그래프에 음수 가중치 순환이 존재하는지를 결정하고, 존재한다면 어떻게 찾아내는지를 보여준다.

프로시저 FIND-NEGATIVE-WEIGHT-CYCLE(*G*)

입력

- *G*: *n*개의 정점으로 이뤄진 집합 *V*와 임의의 가중치를 갖는 *m*개의 방향성 간선으로 이뤄진 집합 *E*를 포함하는 방향성 그래프. 이 그래프에 BELLMAN-FORD 프로시저를 이미 수행한 상태다.

출력: 음수 가중치 순환을 이루는 정점을 순서대로 포함하는 목록. 그래프에 음수 가중치 순환이 존재하지 않으면 비어 있는 목록을 반환한다.

1. 모든 간선을 훑어가며, *shortest*[*u*] + *weight*(*u*, *v*) < *shortest*[*v*]를 만족하는 간선 (*u*, *v*)를 찾는다.

2. 그러한 간선이 없으면 비어 있는 목록을 반환한다.

3. 그렇지 않으면(*shortest* [*u*] + *weight* (*u*, *v*) < *shortest* [*v*]를 만족하는 간선 (*u*, *v*)가 존재하면), 다음을 수행한다.

A. 각 정점당 하나의 요소를 갖는 새로운 배열 *visited*를 만들고, *visited*의 모든 요소를 FALSE로 지정한다.

B. *x*를 *v*로 지정한다.

C. *visited*[*x*]가 FALSE인 동안, 다음을 반복한다.

   i. *visited*[*x*]를 TRUE로 지정한다.

   ii. *x*를 *pred*[*x*]로 지정한다.

D. 이제 *x*가 음수 가중치 순환상에 존재함을 알고 있다. *v*를 *pred*[*x*]로 지정한다.

E. 정점을 포함하는 목록 *cycle*을 만들고, *cycle*에 *x*를 추가한다.

F. *v*가 *x*가 아닐 동안, 다음을 반복한다.

   i. *cycle*의 맨 앞에 정점 *v*를 삽입한다.

   ii. *v*를 *pred*[*v*]로 지정한다.

G. *cycle*을 반환한다.

벨만-포드 알고리즘의 수행 시간은 간단히 분석할 수 있다. 2단계의 루프는 $n-1$번 반복되고, 그때마다 2A단계의 루프는 간선당 한 번씩, *m*번 반복되므로, 총 수행 시간은 $\Theta(nm)$이다. 음수 가중치 순환이 존재하는지를 알려면 경감 연산으로 *shortest* 값이 변경될 때까지, 혹은 모든 간선을 경감해야 하므로 $O(nm)$시간이 필요하다. 음수 가중치 순환이 존재한다면 최대 *n*개의 간선을 포함하므로, 이를 추적하는 시간은 $O(n)$이다.

6장을 시작할 때 음수 가중치 순환과 외환 거래에서 부당 차익을 얻는 일이 어떤 관계가 있는지를 보여준다고 약속했다. 환율은 매 순간 급격히 변한다. 어떤 시점의 환율이 다음과 같다고 하자.

1 미국 달러^{dollar}는 0.7292 유로^{euro}

1 유로는 105.374 일본 엔^{yen}

1 일본 엔은 0.3931 러시아 루블^{ruble}

1 러시아 루블은 0.0341 미국 달러

여러분은 1달러로 0.7292유로를 사고, (소수점 네 자리로 보면 $0.7292 \cdot 105.374 =$ 76.8387이므로) 0.7292유로로 76.8387엔을 사고, (소수점 네 자리로 보면 76.8387 $\cdot 0.3931 = 30.2053$이므로) 76.8387엔으로 30.2053루블을 사고, (소수점 네 자리로 보면 $30.2053 \cdot 0.0341 = 1.0300$이므로) 30.2053루블로 1.03달러를 살 수 있다. 환율이 바뀌기 전에 이 모든 거래를 수행할 수 있다면, 투자한 1달러에 3% 수익을 얻을 수 있다. 백만 달러를 투자하면, 가만히 앉아서 3만 달러를 벌 수 있다!

이러한 예를 바로 **부당 차익 기회**^{arbitrage opportunity}라고 한다. 음수 가중치 순환을 찾음으로써 부당 차익 기회를 찾는 방법은 이렇다. n개의 통화 c_1, c_2, c_3, ..., c_n을 고려하는데, 모든 두 통화 간의 환율을 알고 있다고 가정하자. 그리고 통화 c_i의 1단위로 통화 c_j를 r_{ij}만큼 살 수 있다고 하자. 즉 통화 c_i와 c_j 간의 환율은 r_{ij}이다. 여기서 i와 j는 모두 1부터 n 사이의 구간에 있다(모든 통화 c_i에 대해 r_{ii}는 1이다).

부당 차익 기회는 다음과 같이 모든 환율을 곱했을 때 1보다 큰 값을 얻게 되는 k개의 통화로 이뤄진 시퀀스 $\langle c_{j_1}, c_{j_2}, c_{j_3}, ..., c_{j_k} \rangle$에 해당한다.

$$r_{j_1, j_2} \cdot r_{j_2, j_3} \cdots r_{j_{k-1}, j_k} \cdot r_{j_k, j_1} > 1$$

이 식의 양변에 로그를 취해보자. 로그의 밑수는 얼마든 상관없으니 컴퓨터 과학자들이 그러하듯 2를 밑수로 쓰자. 곱에 로그를 취한 값은 로그를 취한 후 더한 값과 같으므로, 즉 $\lg(x \cdot y) = \lg x + \lg y$이므로 다음과 같은 식을 얻게 된다.

$$\lg r_{j_1,j_2} + \lg r_{j_2,j_3} + \cdots + \lg r_{j_{k-1},j_k} + \lg r_{j_k,j_1} > 0$$

이 부등식의 양변에 −1을 곱하자.

$$(-\lg r_{j_1,j_2}) + (-\lg r_{j_2,j_3}) + \cdots + (-\lg r_{j_{k-1},j_k}) + (-\lg r_{j_k,j_1}) < 0$$

즉 이는 환율에 로그를 취하고 −1을 곱한 값을 가중치로 사용하는 그래프에서 순환에 해당함을 알 수 있다.

부당 차익 기회가 존재한다면, 이를 찾기 위해 각 통화 c_i에 해당하는 정점 v_i와, 각각 $-\lg r_{ij}$와 $-\lg r_{ji}$를 가중치로 갖는 방향성 간선 (v_i, v_j)와 (v_j, v_i)를 포함하는 방향성 그래프를 만든다. 그리고 새로운 정점 s를 만든 후 v_1부터 v_n까지 모든 정점에 대해 가중치가 0인 간선 (s, v_i)를 추가한다. 이제 s를 출발 정점으로 벨만-포드 알고리즘을 수행하고, 그 결과를 이용해 음수 가중치 순환이 존재하는지를 알아낸다. 그러한 순환이 존재한다면, 해당 순환상에 존재하는 정점이 부당 차익 기회에 포함된 통화에 대응된다. 간선의 총 개수 m이 $n + n(n-1) = n^2$이므로, 이 경우의 벨만-포드 알고리즘은 $O(n^3)$시간을 차지한다. 이에 더해서 음수 가중치 순환의 존재 여부를 알아내는 데 $O(n^2)$시간, 존재한다면 해당 순환을 따라가는 데 $O(n)$시간이 걸린다. $O(n^3)$시간이 너무 느리다고 생각하겠지만, 루프의 수행 시간에 숨어 있는 상수 인자가 작기 때문에 실제로는 그렇게 나쁘지 않다. 부당 차익 기회를 찾아내는 프로그램을 작성하고, 나의 2.4GHz 맥북 프로에서 전 세계의 통화 182개로 수행했다. (난수로 초기화한) 환율을 메모리로 불러들인 후, 프로그램의 수행 시간은 대략 0.02초였다.

플로이드-워셜 알고리즘

이제 모든 정점에서 모든 정점으로 향하는 최단 경로를 알고 싶다고 하자. 이러한 문제를 일컬어 **모든 쌍 최단 경로**all-pairs shortest-paths 문제라고 한다.

여러 저자가 사용하는 모든 쌍 최단 경로의 고전적 예는 여러 도시 사이의 거리를 보여주는 도로 일람표다. 각 행이 한 도시를, 열이 다른 도시를 나타낸다면, 행과 열이 교차하는 곳에 두 도시 사이의 거리를 표기한다.

하지만 문제가 있다. 이 문제는 모든 쌍 문제가 아니다. 정말 모든 쌍 문제를 만들려면, 각 행과 열이 도시는 물론이고 모든 교차로를 포함해야 한다. 이렇게 되면 미국만 하더라도 수백만 개의 행과 열이 필요하다. 하지만 도로 일람표는 각 도시를 출발점으로 하는 단일 출발점 최단 경로를 찾은 후에, 그 결과의 일부(교차로가 아닌 도시로 향하는 최단 경로)만을 표에 기입하면 된다.

그렇다면 모든 쌍 최단 경로의 적합한 응용 사례는 무엇일까? 네트워크의 **직경**diameter, 즉 모든 최단 경로 중에서 가장 긴 경로를 찾는 문제를 예로 들 수 있다. 예를 들어 통신망을 나타내는 방향성 그래프가 있고, 간선의 가중치는 메시지가 해당 통신 매체를 지나는 데 걸리는 시간이라고 하자. 여기서 통신망의 직경은 메시지가 전송되는 데 필요한 최장 시간을 말한다.

물론 각 정점에 대해 단일 출발점 최단 경로를 순서대로 찾음으로써 모든 쌍 최단 경로를 구할 수도 있다. 모든 간선의 가중치가 음이 아닌 수라면 n개의 정점 각각에 대해 다익스트라 알고리즘을 수행할 수 있고, 바이너리 힙을 사용했을 때의 각 프로시저 호출은 $O(m \lg n)$, 피보나치 힙을 사용하면 $O(n \lg n + m)$이다. 그리고 각각의 총 수행 시간은 바이너리 힙이 $O(nm \lg n)$, 피보나치 힙을 사용하면 $O(n^2 \lg n + nm)$이다. 그래프가 희소하다면 이런 방법도 잘 동작한다. 하지만 그래프의 밀도가 높아서 m이 n^2에 가깝다면 $O(nm \lg n)$은 $O(n^3 \lg n)$이 되고 만다. 밀집된 그래프에서 피보나치 힙을 사용해도 $O(n^2 \lg n + nm)$은 $O(n^3)$이 되고, 피보나치 힙에 숨겨진 상수 인자의 영향이 막대할 수 있다. 물론 그래프가 음수 가중치를 포함해서 다익스트라 알고리즘을 사용할 수 있는 경우에, 밀집된 그래프의 각 정점에 벨만-포드 알고리즘을 적용하면 그 수행 시간 $\Theta(n^2 m)$은 $\Theta(n^4)$이 된다.

그 대신 플로이드-워셜 알고리즘[6]을 사용하면, 그래프가 희소하든 밀집됐든 중간 정도이든 상관없이 모든 쌍 최단 경로 문제를 $\Theta(n^3)$시간에 해결할 수 있다. 그리고 음수 가중치 순환만 아니라면 음수 가중치도 허용하며 Θ 표기법에 숨은 상수 인자도 작다. 더 나아가 플로이드-워셜 알고리즘은 '동적 계획법dynamic programming'이라는 똑똑한 알고리즘적 기법을 잘 보여준다.

플로이드-워셜 알고리즘은 최단 경로의 자명한 성질을 바탕으로 한다. 여러분이 뉴욕에서 시애틀까지 최단 경로로 이동한다고 하자. 이 최단 경로는 시애틀에 도착하기 전에 시카고와 스포캔을 거친다. 그렇다면 뉴욕에서 시애틀로 가는 최단 경로의 일부분으로서 시카고에서 스포캔으로 향하는 경로 자체도 최단 경로여야 한다. 왜 그런가? 시카고에서 스포캔으로 가는 더 짧은 길이 있다면, 뉴욕에서 시애틀로 갈 때도 그 길을 택하지 않겠는가! 말했듯이 자명한 일이다. 이런 성질을 방향성 그래프에 적용해 보자.

정점 u에서 정점 v로 향하는 최단 경로를 p라고 하자. p는 정점 u에서 시작해 정점 x, 정점 y를 거쳐 정점 v에 이른다. 그렇다면 x와 y 사이에 있는 p의 일부분은 x에서 y로 가는 최단 경로여야 한다. 즉 최단 경로에 포함되는 모든 부분경로는 그 자체로서 최단 경로다.

플로이드-워셜 알고리즘은 경로 가중치와 직전 정점을 일차원 배열이

---

6 알고리즘의 이름은 로버트 플로이드Robert Floyd와 스티븐 워셜Stephen Warshall에서 유래했다.

아닌 삼차원 배열로 관리한다. 일차원 배열은 37페이지의 표로 생각할 수 있다. 이차원 배열은 129페이지의 행렬로 볼 수 있으며, 행렬의 요소를 참조하려면 2개의 인덱스(행과 열)가 필요하다. 이차원 배열은 일차원 배열을 요소로 갖는 일차원 배열로 생각할 수도 있다. 마찬가지로 삼차원 배열은 이차원 배열을 요소로 갖는 일차원 배열로 생각할 수 있으며, 그 요소를 참조하는 데 인덱스 3개가 필요하다. 이러한 다차원 배열의 요소를 인덱싱할 때는 쉼표를 이용해 차원을 구분한다.

플로이드-워셜 알고리즘에서는 정점의 번호를 1부터 n까지로 가정하는데, 플로이드-워셜 알고리즘에서 다음과 같은 정의를 사용한다는 점에서 정점 번호가 중요하다.

> $shortest[u, v, x]$는 정점 u에서 정점 v로 가는 경로 중에서, u와 v를 제외한 경로상의 모든 중간 정점의 번호가 1 이상 x 이하인 최단 경로의 가중치를 뜻한다.[7]

(u, v, x를 정점을 나타내는 1부터 n까지의 정수라고 생각하자.) 이러한 정의가 1부터 x까지의 모든 정점을 중간 정점으로 포함해야 한다는 말은 아니다. (중간 정점의 개수에 상관없이) 모든 중간 정점의 번호가 x 이하여야 한다는 뜻이다. 모든 정점의 최대 번호는 n이므로, $shortest[u, v, n]$은 $sp(u, v)$, 즉 u에서 v로 향하는 최단 경로의 가중치와 같아야 한다.

이제 두 정점 u와 v를 가정하고, 1부터 n 구간에서 정수 x를 선택하자. 그리고 u에서 v로 향하는 경로 중에서 모든 중간 정점의 번호가 x 이하인 모든 경로를 생각해보자. 그 모든 경로 중에서 가중치가 가장 작은 경로를 p라고 하면, p는 x를 포함하거나 포함하지 않는다. 그리고 u와 v를 제외

---

7 달리 설명하자면 1부터 x까지의 정점들만을 이용해 u에서 v로 도달하는 경로 중에서 최단 경로의 가중치를 말한다. – 옮긴이

하면 번호가 x보다 큰 정점은 포함하지 않는다. 결국, 다음과 같은 두 가지 경우만이 존재한다.

- 첫 번째 경우: x가 경로 p의 중간 정점이 아닌 경우. 그렇다면 경로 p의 모든 중간 정점의 번호는 $x - 1$ 이하다. 이는 무엇을 뜻하는가? 모든 중간 정점의 번호가 x 이하인 u에서 v로 향하는 경로의 가중치는 모든 중간 정점의 번호가 $x - 1$ 이하인 u에서 v로 향하는 경로의 가중치와 같다는 사실이다. 다시 말해, $shortest[u, v, x]$가 $shortest[u, v, x - 1]$과 같다.

- 두 번째 경우: x가 경로 p의 중간 정점인 경우. 최단 경로의 모든 부분 경로는 그 자체로서 최단 경로이므로, 경로 p의 일부로서 u에서 x로 가는 경로는 u에서 x로의 최단 경로다. 마찬가지로 경로 p의 일부로서 x에서 v로 가는 경로는 x에서 v로의 최단 경로다. 이 두 부분경로에서 x는 중간 정점이 아닌 종단 정점이므로, 두 부분경로에 포함된 모든 중간 정점의 번호는 $x - 1$ 이하다. 따라서 모든 중간 정점의 번호가 x 이하인 u에서 v로의 최단 경로 가중치는 다음 두 최단 경로 가중치의 합과 같다. 첫 번째는 모든 중간 정점의 번호가 $x - 1$ 이하인 u에서 x로의 최단 경로이고, 두 번째는 모든 중간 정점의 번호가 $x - 1$ 이하인 x에서 v로의 최단 경로다. 다시 말해, $shortest[u, v, x]$는 $shortest[u, x, x - 1] + shortest[x, v, x - 1]$과 같다.

u에서 v로의 최단 경로가 x를 중간 정점으로 포함하거나 포함하지 않는 두 경우 중 하나이므로, $shortest[u, v, x]$는 $shortest[u, x, x - 1] + shortest[x, v, x - 1]$과 $shortest[u, v, x - 1]$ 중에 작은 값이다.

플로이드-워셜 알고리즘에서 가장 적합한 그래프 표현 방법은 129페이지의 인접 행렬 표현을 약간 변형하는 것이다. 여기서는 행렬의 요소를

0이나 1로 하지 않고, 임의의 간선 (u, v)에 해당하는 요소에 그 간선의 가중치를 저장한다. 그 간선이 존재하지 않으면 ∞를 저장한다. $shortest[u, v, 0]$은 모든 중간 정점의 번호가 0 이하인 u에서 v로의 최단 경로의 가중치인데, 이는 중간 정점이 없는 경로를 뜻한다. 즉 하나의 간선으로만 구성된 경로를 말하며, $shortest[u, v, 0]$은 바로 인접 행렬과 동일하다.

$shortest[u, v, 0]$(간선 가중치)이 주어진 상태에서, 플로이드-워셜 알고리즘은 우선 정점 u와 v의 모든 쌍에 대해 x가 1일 때 $shortest[u, v, x]$의 값을 계산한다. 다음으로 정점 u와 v의 모든 쌍에 대해 x가 2일 때 $shortest[u, v, x]$의 값을 계산한다. 그리고 이 과정을 x가 3부터 n이 될 때까지 반복한다.

그렇다면 직전 정점은 어떻게 구해나가는가? $shortest[u, v, x]$와 비슷하게, $pred[u, v, x]$는 모든 중간 정점의 번호가 x 이하인 u에서 v로 향하는 경로에서 v의 직전 정점으로 정의한다. $pred[u, v, x]$의 값을 갱신하는 방법도 $shortest[u, v, x]$를 계산하는 방법과 비슷하다. $shortest[u, v, x]$가 $shortest[u, v, x-1]$과 같으면 모든 중간 정점의 번호가 x 이하인 u에서 v로의 최단 경로는 모든 중간 정점의 번호가 $x-1$ 이하인 경로와 동일하다. 이때 두 경로에서 정점 v의 직전 정점은 같아야 하므로, $pred[u, v, x]$에 $pred[u, v, x-1]$의 값을 저장한다. 이와 달리 $shortest[u, v, x]$가 $shortest[u, v, x-1]$보다 작다면 어떨까? 즉 모든 중간 정점의 번호가 $x-1$ 이하인 u에서 v로의 최단 경로보다 가중치가 작고 모든 중간 정점의 번호가 x 이하인 u에서 v로의 경로를 찾은 경우에는 어떨까? 새로 찾아낸 최단 경로는 반드시 x를 중간 정점으로 포함하므로, u로부터 출발하는 경로에서 v의 직전 정점은 x로부터 출발하는 경로에서 v의 직전 정점과 같다. 이런 경우에 $pred[u, v, x]$에 $pred[x, v, x-1]$의 값을 저장한다.

지금까지 플로이드-워셜 알고리즘의 모든 내용을 설명했으니, 다음 프로시저를 살펴보자.

프로시저 FLOYD-WARSHALL(G)

입력

- G: n개의 행과 n개의 열(정점마다 행과 열 하나씩)로 구성된 가중치 인접 행렬 W로 표현된 그래프. u행 v열에 해당하는 요소는 w_{uv}로 표기하며, 간선 (u, v)가 G에 존재하는 경우 그 간선의 가중치를 나타내고, 간선이 존재하지 않으면 ∞이다.

출력: 모든 정점 u와 v의 쌍에 대해 $shortest[u, v, n]$은 u에서 v로 향하는 최단 경로의 가중치를, $pred[u, v, n]$은 u에서 v로의 최단 경로에서 v의 직전 정점을 나타낸다.

1. $shortest$와 $pred$를 새로운 $n \times n \times (n + 1)$ 배열로 만든다.
2. 1부터 n까지 각 u와 v에 대해

    A. $shortest[u, v, 0]$을 w_{uv}로 지정한다.

    B. 간선 (u, v)가 G에 존재하면, $pred[u, v, 0]$을 u로 지정한다. 그렇지 않으면 $pred[u, v, 0]$을 NULL로 지정한다.

3. $x = 1$부터 n까지

    A. $u = 1$부터 n까지

    　i. $v = 1$부터 n까지

    　　a. $shortest[u, v, x - 1] > shortest[u, x, x - 1] + shortest[x, v, x - 1]$이면, $shortest[u, v, x]$를 $shortest[u, x, x - 1] + shortest[x, v, x - 1]$로 지정하고 $pred[u, v, x]$를 $pred[x, v, x - 1]$로 지정한다.

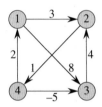

위의 그래프에 대해 간선 가중치를 포함한 인접 행렬 W는 다음과 같다.

$$\begin{pmatrix} 0 & 3 & 8 & \infty \\ \infty & 0 & \infty & 1 \\ \infty & 4 & 0 & \infty \\ 2 & \infty & -5 & 0 \end{pmatrix}$$

이 행렬은 *shortest* [*u*, *v*, 0]의 값[8](간선의 개수가 최대 1개인 경로의 가중치)을 보여주기도 한다. 예를 들어 중간 정점이 필요 없이 정점 2에서 정점 4로 바로 이동할 수 있으므로 *shortest* [2, 4, 0]은 1, 즉 간선 (2, 4)의 가중치는 1이다. 마찬가지로 *shortest* [4, 3, 0]은 −5이다. 한편, *pred* [*u*, *v*, 0]의 값을 보여주는 행렬은 다음과 같다.

---

8 삼차원 배열은 이차원 배열로 이뤄진 일차원 배열이므로, *x*의 값이 고정되면 *shortest* [*u*, *v*, *x*]는 이차원 배열로 생각할 수 있다.

174

$$\begin{pmatrix} \text{NULL} & 1 & 1 & \text{NULL} \\ \text{NULL} & \text{NULL} & \text{NULL} & 2 \\ \text{NULL} & 3 & \text{NULL} & \text{NULL} \\ 4 & \text{NULL} & 4 & \text{NULL} \end{pmatrix}$$

예를 들어 간선 (2, 4)에서 가중치는 1이고, 정점 4의 직전 정점은 2이므로 $pred\,[2, 4, 0]$은 2이다. 한편, 간선 (2, 3)은 존재하지 않으므로 $pred\,[2, 3, 0]$은 NULL이다.

(정점 1을 중간 정점으로 포함하는 경로를 찾기 위해) $x = 1$일 때 3단계의 루프를 실행한 후에 얻어지는 $shortest\,[u, v, 1]$과 $pred\,[u, v, 1]$의 값은 다음과 같다.

$$\begin{pmatrix} 0 & 3 & 8 & \infty \\ \infty & 0 & \infty & 1 \\ \infty & 4 & 0 & \infty \\ 2 & 5 & -5 & 0 \end{pmatrix} \quad \text{그리고} \quad \begin{pmatrix} \text{NULL} & 1 & 1 & \text{NULL} \\ \text{NULL} & \text{NULL} & \text{NULL} & 2 \\ \text{NULL} & 3 & \text{NULL} & \text{NULL} \\ 4 & 1 & 4 & \text{NULL} \end{pmatrix}$$

다음으로 $x = 2$일 때 루프를 실행한 후에 얻어지는 $shortest\,[u, v, 2]$와 $pred\,[u, v, 2]$의 값은 아래와 같다.

$$\begin{pmatrix} 0 & 3 & 8 & 4 \\ \infty & 0 & \infty & 1 \\ \infty & 4 & 0 & 5 \\ 2 & 5 & -5 & 0 \end{pmatrix} \quad \text{그리고} \quad \begin{pmatrix} \text{NULL} & 1 & 1 & 2 \\ \text{NULL} & \text{NULL} & \text{NULL} & 2 \\ \text{NULL} & 3 & \text{NULL} & 2 \\ 4 & 1 & 4 & \text{NULL} \end{pmatrix}$$

$x = 3$일 때 루프를 실행한 후에 얻어지는 결과는 다음과 같다.

$$\begin{pmatrix} 0 & 3 & 8 & 4 \\ \infty & 0 & \infty & 1 \\ \infty & 4 & 0 & 5 \\ 2 & -1 & -5 & 0 \end{pmatrix} \quad \text{그리고} \quad \begin{pmatrix} \text{NULL} & 1 & 1 & 2 \\ \text{NULL} & \text{NULL} & \text{NULL} & 2 \\ \text{NULL} & 3 & \text{NULL} & 2 \\ 4 & 3 & 4 & \text{NULL} \end{pmatrix}$$

마지막으로, $x = 4$일 때 루프를 실행한 후에 얻어지는 최종 결과 $shortest\,[u, v, 4]$와 $pred\,[u, v, 4]$의 값은 다음과 같다.

$$\begin{pmatrix} 0 & 3 & -1 & 4 \\ 3 & 0 & -4 & 1 \\ 7 & 4 & 0 & 5 \\ 2 & -1 & -5 & 0 \end{pmatrix} \quad \text{그리고} \quad \begin{pmatrix} \text{NULL} & 1 & 4 & 2 \\ 4 & \text{NULL} & 4 & 2 \\ 4 & 3 & \text{NULL} & 2 \\ 4 & 3 & 4 & \text{NULL} \end{pmatrix}$$

위의 행렬에서 예를 들면 정점 1에서 정점 3으로 향하는 최단 경로의 가중치는 -1임을 알 수 있다. 그리고 $pred[1, 3, 4]$는 4, $pred[1, 4, 4]$는 2, $pred[1, 2, 4]$는 1이므로, 이를 거꾸로 따라가면 최단 경로가 정점 1, 2, 4, 3을 순서대로 거쳐 감을 알 수 있다.

앞서 플로이드-워셜 알고리즘의 수행 시간이 $\Theta(n^3)$이라고 했는데, 이는 쉽게 증명할 수 있다. 3단계로 중첩된 루프에서, 각 루프가 n번 반복된다. 3단계에서 루프의 각 이터레이션 안에서 3A 루프가 n번 반복된다. 마찬가지로 3A단계에서 루프의 각 이터레이션 안에서 3Ai 루프가 n번 반복된다. 가장 바깥쪽 루프인 3단계의 루프가 n번 반복되므로, 가장 안쪽 루프(3Ai단계)는 통틀어 n^3번 반복된다. 그리고 가장 안쪽 루프의 각 이터레이션이 상수 시간을 차지하므로, 플로이드-워셜 알고리즘은 $\Theta(n^3)$시간을 차지한다.

플로이드-워셜 알고리즘은 $\Theta(n^3)$만큼의 메모리 공간을 사용한다. 최종적으로는 $n \times n \times (n+1)$ 배열 2개를 생성하며, 배열의 각 요소는 상수 크기만큼의 메모리를 차지하므로 메모리 공간의 사용량은 $\Theta(n^3)$이다. 그러나 $\Theta(n^2)$만큼의 메모리 공간만 사용할 수도 있다. 어떻게? $shortest$와 $pred$를 $n \times n$ 배열로 만들고, 세 번째 인덱스는 상관하지 않아도 된다. 3Aia와 3Aib단계에서 $shortest[u, v]$와 $pred[u, v]$의 값을 계속 변경해도, 최종적으로는 올바른 값을 얻게 된다!

앞에서 플로이드-워셜 알고리즘이 동적 계획법이라는 기법을 잘 보여준다고 했는데, **동적 계획법**은 다음 조건을 만족할 때만 사용할 수 있다.

1. 주어진 문제의 최적해optimal solution를 찾고자 한다.

2. 주어진 문제를 하나 이상의 작은 문제로 나눌 수 있다.

3. 하위 문제의 해답을 사용해 원래 문제를 해결한다.

4. 원래 문제의 최적해에 포함된 하위 문제의 해를 사용하려면, 그 하위 문제의 해가 해당 하위 문제의 최적해여야 한다.

이러한 조건을 **최적 부분구조**optimal substructure라는 용어로 표현하는데, 간단히 말하면 주어진 문제의 최적해가 하위 문제의 최적해를 포함한다는 말이다. 동적 계획법에서는 하위 문제의 '크기'라는 개념을 이용하는데, 크기의 오름차순으로 하위 문제를 풀어나가곤 한다. 즉 가장 작은 하위 문제를 제일 먼저 해결해 작은 크기의 하위 문제들의 최적해를 얻은 후에, 찾아낸 최적해를 바탕으로 더 큰 하위 문제를 최적해를 구한다.

동적 계획법에 대한 이러한 설명이 다소 추상적으로 들릴 수 있으니, 플로이드-워셜 알고리즘에 어떻게 적용하는지를 알아보자. 우선 하위 문제를 다음과 같이 정의하자.

정점 u에서 정점 v로 가는 경로 중에서 모든 중간 정점의 번호가 1 이상 x 이하인 최단 경로의 가중치, 즉 $shortest[u, v, x]$를 구한다.

여기서 하위 문제의 '크기'는 최단 경로의 중간 정점 번호로서 허용된 가장 큰 수, 즉 x의 값을 말하며, 다음과 같은 성질 덕분에 최적 부분구조를 이용할 수 있다.

정점 u에서 정점 v로의 최단 경로를 p라 하고, 이 경로의 중간 정점 중에서 번호가 가장 높은 정점을 x라고 하자. 그렇다면 p의 일부로서 u에서 x로 향하는 경로는 u에서 x로 가는 최단 경로이며 모든 중간 정점의 번호가 1 이상 $x-1$이다. 그리고 p의 일부로서 x에서 v로 향하는 경로는 x에서 v로 가는 최단 경로이며 모든 중간 정점의 번호가 1 이상 $x - 1$이다.

이는 $shortest[u, v, x]$를 구하는 문제를 풀 때, $shortest[u, v, x - 1]$과 $shortest[u, x, x - 1]$, $shortest[x, v, x - 1]$을 먼저 구한 후에 $shortest[u, v, x - 1]$과 $shortest[u, x, x - 1] + shortest[x, v, x - 1]$ 중에 더 작은 값을 취하면 된다는 말이다. 세 번째 인덱스의 값이 x인 $shortest$ 값을 구하기 전에, 세 번째 인덱스의 값이 $x - 1$인 모든 $shortest$ 값을 먼저 구하기 때문에 $shortest[u, v, x]$를 구하는 데 필요한 모든 정보는 이미 갖춰진 상태다.

이처럼 동적 계획법의 일반적인 적용 방법은 하위 문제의 최적해($shortest[u, v, x - 1]$, $shortest[u, x, x - 1]$, $shortest[u, v, x - 1]$)를 표 형태로 저장해 두고, 이 값을 참고해 원래 문제의 최적해($shortest[u, v, x]$)를 구하는 것이다. 작은 하위 문제에서 시작해 더 큰 하위 문제를 해결하는 이러한 접근 방식을 '상향식bottom up'이라고 한다. 이와 달리 큰 하위 문제부터 시작해 더 작은 문제를 다루면서 각 하위 문제의 결과를 표 형태로 저장하는 방법은 '하향식top down'이라고 한다.

동적 계획법은 광범위한 최적화 문제에 적용할 수 있는데, 그래프에 관련된 문제는 그중 일부분일 뿐이다. 7장에서 두 문자열의 최장 공통 부분 시퀀스를 찾을 때 동적 계획법을 다시 살펴보자.

더 읽을거리

CLRS[CLRS09]의 24장에서는 다익스트라 알고리즘과 벨만-포드 알고리즘을 다룬다. CLRS의 25장에서는 모든 쌍 최단 경로 알고리즘을 다루는데 플로이드-워셜을 비롯해 행렬 곱셈을 바탕으로 $\Theta(n^3 \lg n)$시간에 모든 쌍 최단 경로를 찾는 알고리즘, 희소 그래프에서 $O(n^2 \lg n + nm)$시간에 모든 쌍 최단 경로를 찾을 수 있도록 도널드 존슨Donald Johnson이 고안해낸 영리한 알고리즘을 설명한다.

간선의 가중치가 알려진 음이 아닌 작은 정수 C 이하라면, 더 정교하게 구현한 우선순위 큐를 다익스트라 알고리즘에 적용함으로써 피보나치 힙보다 나은 점근적 수행 시간을 얻을 수 있다. 아후자Ahuja, 멜호른Mehlhorn, 올린Orlin, 타잔Tarjan[AMOT90]은 '재분배성 힙redistributive heap'을 다익스트라 알고리즘에 적용함으로써 $O(m + n\sqrt{\lg C})$의 수행 시간을 얻을 수 있었다.

7장

문자열 처리 알고리즘

문자열string은 주어진 문자 집합character set으로부터 선택된 문자의 시퀀스다. 예를 들어 이 책은 문자와 숫자, 문장 기호, 수학 기호로 이뤄진 크고 유한한 문자 집합에 포함된 문자들로 쓰였다. 생물학자들은 DNA의 염기 서열을 A, C, G, T의 네 문자로 이뤄진 문자열로 인코딩encoding하는데, 이 네 문자는 각각 기본 염기인 아데닌adenine과 시토신cytosine, 구아닌guanine, 티민thymine을 뜻한다.

이러한 문자열을 주제로 많은 문제가 있지만, 7장에서는 문자열을 입력으로 하는 다음과 같은 세 가지 문제를 해결하는 알고리즘에 초점을 맞추자.

1. 두 문자열에서 최장 공통 부분시퀀스 찾기
2. 한 문자열을 다른 문자열로 변환하는 연산의 집합과 각 연산의 비용이 주어졌을 때, 주어진 문자열을 최소 비용으로 다른 문자열로 변환하는 방법 찾기
3. 텍스트 문자열에서 주어진 패턴 문자열이 등장하는 곳을 모두 찾기

1번과 2번 문제는 전산 생물학에 응용되는 문제인데, 두 DNA 서열에서 찾아낸 최장 공통 부분시퀀스의 길이가 길수록 두 서열은 비슷하다. 그리

고 서열을 정렬align하는 방법 중의 하나로 한 서열을 다른 서열로 변환할 수 있는데, 변환의 비용이 낮을수록 두 서열은 유사하다. 텍스트에서 패턴이 나타나는 곳을 찾는 마지막 문제는 **문자열 매칭**string matching이라고도 하는데, '찾기' 메뉴가 있는 모든 종류의 프로그램에서 활용된다. 전산 생물학에서도 한 서열 안에 포함된 다른 DNA 서열을 찾을 때 활용된다.

최장 공통 부분시퀀스

'시퀀스'와 '부분시퀀스'의 의미를 알아보자. **시퀀스**sequence는 항목으로 이뤄진 목록인데, 항목의 순서도 의미를 갖는다. 주어진 각 항목은 시퀀스에 여러 번 등장할 수 있다. 7장에서 다룰 시퀀스의 종류는 문자로 이뤄진 문자열이므로, '시퀀스' 대신에 '문자열'이라는 용어를 사용한다. 마찬가지로, 시퀀스를 구성하는 항목은 문자라고 가정한다. 예를 들어 문자열 GACA는 동일한 문자(A)를 여러 번 포함하며, 문자의 분포가 동일하지만 그 순서가 다른 문자열 CAAG와는 각기 다른 문자열이다. 문자열 X의 **부분시퀀스**subsequence Z는 X에서 일부 항목을 제거한 시퀀스다. 예를 들어 문자열 X가 GAC라면, X는 다음과 같은 부분시퀀스 8개를 갖는다. (아무 문자도 제거하지 않은) GAC와 (C를 제거한) GA, (A를 제거한) GC, (G를 제거한) AC, (A와 C를 제거한) G, (G와 C를 제거한) A, (G와 A를 제거한) C, 마지막으로 (모든 문자를 제거한) 빈 문자열. 다음으로, 주어진 문자열 X와 Y가 있을 때, X와 Y 모두의 부분시퀀스인 시퀀스 Z를 X와 Y의 **공통 부분시퀀스**common subsequence라고 한다. 예를 들어 문자열 X가 CATCGA이고 문자열 Y가 GTACCGTCA라면, CCA는 세 문자로 이뤄진 X와 Y의 공통 부분시퀀스다. 하지만 또 다른 공통 부분시퀀스 CTCA가 네 문자로 이뤄지므로, CCA는 **최장 공통 부분시퀀스**LCS, longest common subsequence는 아니다. 더 나아가 CTCA가 최장 공통 부분시퀀스이긴 하지만, 네 문자로 이뤄진 다른 공통 부분시퀀스 TCGA가 존재하므로, CTCA가 유일한 LCS는 아니다. 마지막으로, 부분시퀀스와 부분문자열은 서로 다른 개념임을 알아두자. **부분문자열**substring은 한 문자열에서 연속된 위치의 문자들을 선택한 부분시퀀스다. 예를 들어 문자열 CATCGA에 대해, 부분시퀀스 ATCG는 부분문자열이지만 부분시퀀스 CTCA는 부분문자열이 아니다.

우리의 목적은 주어진 두 문자열 X와 Y에 대해, X와 Y의 최장 공통 부분시퀀스 Z를 찾는 것이다. 이 문제를 풀기 위해 6장에서 언급한 동적 계획법을 이용한다.

동적 계획법을 이용하지 않고도 최장 공통 부분시퀀스를 찾을 수는 있지만, 그렇게 하진 말자. X의 각 부분시퀀스가 Y의 부분시퀀스인지를 확인할 수는 있다. 즉 X의 부분시퀀스 중에서 가장 긴 것부터 가장 짧은 것까지 차례대로 Y의 부분시퀀스인지를 확인하고, X와 Y 모두의 부분시퀀스를 찾으면 작업을 마친다(빈 문자열은 모든 문자열의 부분시퀀스이므로, 적어도 하나를 찾게 된다). X의 길이가 m이라면 2^m개의 부분시퀀스가 존재한다. 따라서 각 부분시퀀스를 Y에 대해 확인하는 시간을 무시해도, 최악의 경우에 LCS를 찾는 데 적어도 X의 길이에 대한 지수exponential 시간이 소요된다.

동적 계획법을 적용하려면 최적 부분구조가 필요함을 6장에서 언급했다. 즉 문제에 대한 최적해가 하위 문제에 대한 최적해를 포함해야 한다. 동적 계획법을 이용해 두 문자열의 LCS를 찾으려면, 하위 문제가 어떻게 구성되는지를 먼저 규명해야 한다. 이 과정에서 **접두어**prefix가 중요한 역할을 한다. 문자열 X가 $x_1 x_2 x_3 \cdots x_m$이라면, X의 i번째 접두어는 $x_1 x_2 x_3 \cdots x_i$이며 X_i로 표기한다. 여기서 i는 0에서 m까지의 구간에 존재하며, X_0는 빈 문자열이다. 예를 들어 X가 CATCGA라면, X_4는 CATC이다.

이제 두 문자열의 LCS는 두 문자열의 접두어의 LCS를 포함함을 증명하자. 두 문자열 $X = x_1 x_2 x_3 \cdots x_m$과 $Y = y_1 y_2 y_3 \cdots y_n$이 주어졌고, 그 둘의 LCS $Z = z_1 z_2 z_3 \cdots z_k$의 길이가 k라고 하자. k는 0 이상이고 m과 n 중 작

은 값 이하인 어떤 수든 될 수 있다.[1] Z에 대해 무엇을 추론할 수 있는가? X와 Y의 마지막 문자 x_m과 y_n을 생각해보자. 이 둘은 서로 같거나 다른 두 경우 중의 하나다.

- 둘이 같다면, Z의 마지막 문자 z_k도 동일한 문자여야 한다. 이제 Z의 나머지 부분인 $z_{k-1} = z_1 z_2 z_3 \cdots z_{k-1}$에 대해 무엇을 알 수 있는가? z_{k-1}은 X와 Y의 나머지 부분, 즉 $x_{m-1} = x_1 x_2 x_3 \cdots x_{m-1}$과 $Y_{n-1} = y_1 y_2 y_3 \cdots y_{n-1}$의 LCS여야 한다. $X = $ CATCGA이고 $Y = $ GTACCGTCA라면, LCS $Z = $ CTCA 이다. 이때 X와 Y의 마지막 문자가 Z의 마지막 문자 A와 같으므로, $Z_3 = $ CTC는 $X_5 = $ CATCG와 $Y_8 = $ GTACCGTC의 LCS임을 알 수 있다.
- 둘이 다르다면, z_k는 X의 마지막 문자 x_m과 Y의 마지막 문자 y_n 중의 하나와 동일하거나, X와 Y의 마지막 문자와 모두 달라야 한다. z_k가 x_m과 다르다면, Z는 X_{m-1}과 Y의 LCS여야 하므로 X의 마지막 문자는 무시해도 좋다. 마찬가지로 z_k가 y_n과 다르다면, Z는 X와 Y_{n-1}의 LCS여야 하므로 Y의 마지막 문자는 무시해도 좋다. 위의 예를 계속 살펴보면, $X = $ CATCG이고 $Y = $ GTACCGTC인 경우 LCS $Z = $ CTC이다. 여기서 z_3는 y_8(C)과 같지만 x_5(G)와는 다르므로, Z는 $X_4 = $ CATC와 Y의 LCS이다.

따라서 이 문제는 최적 부분구조를 갖는다. 즉 두 문자열의 LCS는 두 문자열의 접두어의 LCS를 포함한다.

어떻게 해야 할까? X와 Y의 마지막 문자가 같은지에 따라 하나 또는 2개의 하위 문제를 해결해야 한다. 두 문자가 같으면 하위 문제 하나를 해결한다. 즉 X_{m-1}과 Y_{n-1}의 LCS를 찾은 후에 마지막 문자를 끝에 추가하면 X와 Y의 LCS를 얻는다. 반대로 X와 Y의 마지막 문자가 다르다면, 하위 문제 2개를 해결한다. 즉 X_{m-1}과 Y의 LCS를 찾고 X와 Y_{n-1}의 LCS를

---

1 명확하게 표현하면 k는 구간 $[0 .. \min(m, n)]$에 존재한다. - 옮긴이

찾은 후에 두 LCS 중 더 긴 쪽을 X와 Y의 LCS로 사용한다. 이때 두 최장 공통 부분시퀀스의 길이가 같다면 둘 중 어느 쪽을 사용해도 좋다.

이제 X와 Y의 LCS를 찾는 문제를 두 단계로 나눠서 접근해보자. 우선 X와 Y의 LCS 길이를 구하는데, X와 Y의 모든 접두어 간의 최장 공통 부분시퀀스의 길이를 바탕으로 구한다. LCS가 무엇인지 모르는 채로 LCS의 길이를 구한다는 점이 의아할 수 있다. 먼저 LCS의 길이를 구한 후에, 그 길이를 구한 과정을 거꾸로 따라가며 X와 Y의 LCS를 찾는 일종의 '역설계' 방식을 이용하겠다.

그 과정을 자세히 살펴보자. 접두어 X_i와 Y_j의 LCS 길이를 $l[i, j]$라 하면, X와 Y의 LCS 길이는 $l[m, n]$으로 구할 수 있다. 두 접두어의 길이가 0일 때 LCS도 빈 문자열이라는 사실을 알고 있으므로, 인덱스 i와 j는 0부터 시작한다. 즉 모든 i와 j에 대해 $l[0, j]$와 $l[i, 0]$은 0이다. i와 j가 양수일 때, $l[i, j]$의 값은 i 혹은 j보다 작은 인덱스 값을 참고하여 구할 수 있다.[2]

• i와 j가 양수이고 x_i와 y_j가 같으면, $l[i, j]$는 $l[i - 1, j - 1] + 1$과 같다.
• i와 j가 양수이고 x_i와 y_j가 다르면, $l[i, j]$는 $l[i, j - 1]$과 $l[i - 1, j]$ 중에서 큰 값과 같다.

$l[i, j]$의 값을 표 형태로 저장하고, 그 값은 인덱스 i와 j의 오름차순으로 계산한다. 예로 든 문자열의 $l[i, j]$를 표로 나타내면 다음과 같다(어둡게 칠한 부분이 어떤 의미인지는 나중에 알아보자).

---

2 $l[i - 1, j - 1]$과 $l[i, j - 1]$, $l[i - 1, j]$를 참고하여 $l[i, j]$를 구할 수 있다. - 옮긴이

i	x_i	$l[i,j]$									
	j	0	1	2	3	4	5	6	7	8	9
	y_j		G	T	A	C	C	G	T	C	A
0		0	0	0	0	0	0	0	0	0	0
1	C	0	0	0	0	1	1	1	1	1	1
2	A	0	0	0	1	1	1	1	1	1	2
3	T	0	0	1	1	1	1	1	2	2	2
4	C	0	0	1	1	2	2	2	2	3	3
5	G	0	1	1	1	2	2	3	3	3	3
6	A	0	1	1	2	2	2	3	3	3	4

예를 들어 $l[5, 8]$이 3인데, 185페이지에서 봤듯이 $X_5 = $ CATCG와 $Y_8 = $ GTACCGTC의 LCS 길이가 3임을 의미한다.

인덱스의 오름차순으로 표를 계산하려면, 두 양수 i와 j에 대해 $l[i,j]$를 계산하기 전에 ($l[i,j]$의 바로 왼쪽에 있는) $l[i, j-1]$과 ($l[i,j]$의 바로 위쪽에 있는) $l[i-1, j]$, ($l[i,j]$의 왼쪽 위에 있는) $l[i-1, j-1]$을 먼저 계산해야 한다.[3] 이런 방식으로 표의 항목을 계산하기는 쉽다. 각 행마다 왼쪽에서 오른쪽으로 계산하거나, 각 열마다 위에서 아래로 계산하면 된다.

다음 프로시저는 이 표를 이차원 배열 $l[0..m, 0..n]$으로 취급한다. 우선 가장 왼쪽 열과 가장 위쪽 행을 0으로 채운 후에, 나머지를 한 행씩 채운다.

프로시저 COMPUTE-LCS-TABLE(X, Y)

입력

- X와 Y: 각각 길이가 m과 n인 문자열

출력: 배열 $l[0..m, 0..n]$. $l[m, n]$의 값은 X와 Y의 최장 공통 부

---

3 같은 이유로 $l[i, j-1]$과 $l[i-1, j]$를 계산하기 전에 $l[i-1, j-1]$을 계산해야 한다.

분시퀀스의 길이다.

1. 배열 $l[0..m, 0..n]$을 새로 할당한다.

2. $i = 0$부터 m까지

    A. $l[i, 0]$을 0으로 지정한다.

3. $j = 0$부터 n까지

    A. $l[0, j]$를 0으로 지정한다.

4. $i = 1$부터 m까지

    A. $j = 1$부터 n까지

        i. x_i와 y_j가 같으면, $l[i, j]$를 $l[i-1, j-1] + 1$로 지정한다.

        ii. 그렇지 않으면(x_i와 y_j가 같으면), $l[i, j]$를 $l[i, j-1]$과 $l[i-1, j]$ 중에서 큰 값으로 지정한다. $l[i, j-1]$과 $l[i-1, j]$가 같으면 둘 중 어떤 값을 선택해도 된다.

5. 배열 l을 반환한다.

표의 각 항목을 채우는 데 상수 시간이 걸리고, 항목의 개수는 $(m+1) \cdot (n+1)$이므로 COMPUTE-LCS-TABLE의 수행 시간은 $\Theta(mn)$이다.

기쁜 소식은 $l[i, j]$ 표를 계산한 후에, 그 오른쪽 하단 항목인 $l[m, n]$이 X와 Y의 LCS 길이를 알려준다는 점이다. 나쁜 소식은 표의 항목이 LCS에 포함된 실제 문자가 아니라는 점이다. 하지만 이 표와 문자열 X, Y를 이용해, 추가적인 시간 $O(m+n)$ 안에 LCS를 알아낼 수 있다. $l[i, j]$와 그에 영향을 미치는 값 x_i와 y_j, $l[i-1, j-1]$, $l[i, j-1]$, $l[i-1, j]$를 바탕으로 $l[i, j]$의 값을 얻게 된 과정을 거꾸로 따라가 보자.

나는 LCS를 뒤에서 앞으로 조립해나가는 이 프로시저를 재귀적으로 작성하길 선호한다. 프로시저는 재귀적으로 호출되다가 X와 Y에서 같은 문자를 찾으면 생성 중인 LCS의 맨 뒤에 그 문자를 추가한다. 첫 호출은 ASSEMBLE-LCS(X, Y, l, m, n)이다.

프로시저 ASSEMBLE-LCS(X, Y, l, i, j)

입력

- X와 Y: 두 문자열
- l: COMPUTE-LCS-TABLE 프로시저가 반환한 배열
- i와 j: 각각 X와 Y의 인덱스. l의 인덱스로도 사용한다.

출력: X_i와 Y_j의 LCS

1. $l[i, j]$가 0이면, 빈 문자열을 반환한다.
2. 그렇지 않고(i와 j 모두 양수이면 $l[i, j]$도 양수), x_i와 y_j가 같으면 ASSEMBLE-LCS(X, Y, l, $i-1$, $j-1$)을 재귀 호출하여 얻은 문자열에 x_i(또는 y_j)를 추가해 만든 문자열을 반환한다.
3. 그렇지 않고(x_i와 y_j가 다르면), $l[i, j-1]$이 $l[i-1, j]$보다 크면 ASSEMBLE-LCS(X, Y, l, i, $j-1$)을 재귀 호출하여 얻은 문자열을 반환한다.
4. 그렇지 않으면(x_i와 y_j가 다르고, $l[i, j-1]$이 $l[i-1, j]$보다 작거나 같으면), ASSEMBLE-LCS(X, Y, l, $i-1$, j)를 재귀 호출하여 얻은 문자열을 반환한다.

186페이지의 표에서 어둡게 칠해진 $l[i, j]$ 항목은 초기 호출 ASSEMBLE-LCS(X, Y, l, 6, 9)로부터 재귀적으로 방문한 항목을 말하며, 어둡게 칠해진 문자 x_i는 생성 중인 LCS에 추가되는 문자를 나타낸다. ASSEMBLE-LCS의 작동을 이해하기 위해 $i = 6$, $j = 9$부터 시작해보자. x_6과 y_9가 모두 문자 A이므로, X_6과 Y_9의 LCS의 마지막 문자는 A가 되고, 2

단계에서 $i = 5$, $j = 8$로 재귀 호출을 수행한다. 이번엔 x_5와 y_8이 다르고 $l[5, 7]$과 $l[4, 8]$이 같으므로 4단계에서 $i = 4$, $j = 8$로 재귀 호출을 한다. 그리고 같은 과정을 계속 수행한다. 결국 어둡게 칠해진 문자 x_i를 위에서 아래로 읽으면 LCS인 CTCA를 얻게 된다. $l[i, j - 1]$과 $l[i - 1, j]$가 같을 때 위로 이동(4단계)하지 않고 왼쪽으로 이동(3단계)하면, LCS로 TCGA를 얻게 된다.

그렇다면 ASSEMBLE-LCS 프로시저의 수행 시간은 왜 $O(m + n)$인가? 재귀 호출을 할 때마다 i나 j, 혹은 둘 모두가 감소한다. 따라서 $m + n$번의 재귀 호출 후에는 두 인덱스 중 하나는 0이 되어 1단계에서 재귀가 종료된다.

한 문자열을 다른 문자열로 변환하기

주어진 문자열 X를 Y로 변환하는 방법을 알아보자. X를 한 문자씩 조작해 Y로 바꿔야 한다. X는 m개, Y는 n개 문자로 이뤄진다고 가정한다. 앞에서와 마찬가지로 문자열의 i번째 문자는 문자열 이름의 소문자에 i를 아래첨자로 하여 표현한다. 즉 X의 i번째 문자는 x_i, Y의 j번째 문자는 y_j이다.

X를 Y로 바꾸는 과정에서 문자열 Z를 생성하는데, 작업을 마친 후에는 Z가 Y와 동일한 문자열이 된다. X의 인덱스 i와 Z의 인덱스 j를 사용하며, 이 인덱스들과 Z의 내용을 변경하는 일련의 특정한 변환 연산을 수행할 수 있다. i와 j는 모두 1에서 시작하고, 작업 중에 X의 모든 문자를 확인해야 한다. 즉 i가 $m + 1$이 되면 작업을 종료한다.

여기서 다룰 연산은 다음과 같다.

- **복사**COPY: z_j를 x_i로 지정함으로써 X에서 Z로 x_i를 복사하고, i와 j를 증가시킨다.

- **교체**replace: x_i와는 다른 문자 a를 z_j에 저장함으로써 X에 포함된 x_i를 교체하고, i와 j를 증가시킨다.

- **삭제**delete: i를 증가시키고 j는 그대로 유지함으로써 X로부터 x_i를 삭제한다.

- **삽입**insert: z_j를 a로 지정함으로써 문자 a를 Z에 삽입하고, j를 증가시키고 i는 그대로 유지한다.

이웃한 두 문자를 교환하거나 x_i부터 x_m까지의 문자를 한꺼번에 삭제하는 등의 연산도 생각해볼 수 있지만, 여기서는 복사와 교체, 삭제, 삽입 연산만 고려한다.

문자열 ATGATCGGCAT를 문자열 CAATGTGAATC로 변환하는 예를 살펴보자. 다음 표에서 어둡게 색칠된 문자는 각 연산을 적용한 후의 x_i와 z_j를 나타낸다.

연산	X	Z
초기 문자열	ATGATCGGCAT	
A를 삭제	ATGATCGGCAT	
T를 C로 교체	ATGATCGGCAT	C
G를 A로 교체	ATGATCGGCAT	CA
A를 복사	ATGATCGGCAT	CAA
T를 복사	ATGATCGGCAT	CAAT
C를 G로 교체	ATGATCGGCAT	CAATG
G를 T로 교체	ATGATCGGCAT	CAATGT
G를 복사	ATGATCGGCAT	CAATGTG
C를 A로 교체	ATGATCGGCAT	CAATGTGA
A를 복사	ATGATCGGCAT	CAATGTGAA
T를 복사	ATGATCGGCAT	CAATGTGAAT
C를 삽입	ATGATCGGCAT	CAATGTGAATC

그 밖의 연산 시퀀스도 가능하다. 예를 들어, X의 각 문자를 삭제한 후에 Y의 각 문자를 Z에 삽입할 수도 있다.

각 연산에는 그에 따른 비용이 있고, 비용은 조작하는 문자와는 상관없이 연산의 종류로만 결정된다. 우리의 목적은 총 비용을 최소화하면서 X를 Y로 변환하는 연산의 시퀀스를 찾는 데 있다. 이제 복사 연산의 비용을 c_C, 교체의 비용을 c_R, 삭제의 비용을 c_D, 삽입의 비용을 c_I라고 하자. 위의 예에서 다룬 연산 시퀀스의 총 비용은 $5c_C + 5c_R + c_D + c_I$임을 알 수 있다. 그리고 c_C와 c_R 각각은 $c_D + c_I$보다 작아야 한다. 그렇지 않으면 c_C를 지불해 문자를 복사하거나 c_R을 지불해 문자를 교체하는 대신, $c_D + c_I$를 지불해 (복사 대신에) 한 문자를 삭제하고 동일한 문자를 삽입하거나 (교체 대신에) 한 문자를 삭제하고 다른 문자를 삽입하는 편이 항상 이득이기 때문이다.

그런데 한 문자열을 다른 문자열로 변환하는 이유는 무엇인가? 전산 생물학에서 그 응용 사례를 찾을 수 있다. 전산 생물학자들은 두 DNA 서열의 유사도를 알기 위해 두 DNA 서열을 정렬하곤 한다. 두 시퀀스 X와 Y를 정렬하는 한 방법은, 적절한 곳(양쪽 끝도 포함)에 공백을 삽입해 최대한 많은 수의 동일한 문자를 같은 위치에 오게 맞추는 것이다. 이렇게 생성된 두 시퀀스를 X'과 Y'이라고 하자. 이 두 시퀀스는 길이가 같지만 같은 위치에 공백을 포함하지 않는다. 즉 x'_i과 y'_i 모두 공백일 수는 없다. 이렇게 정렬을 한 후에, 각 위치에 다음과 같이 점수를 부여한다.

- x'_i과 y'_i 모두 공백이 아니고 서로 같으면 −1점
- x'_i과 y'_i 모두 공백이 아니고 서로 다르면 +1점
- x'_i과 y'_i 중에 하나가 공백이면 +2점

이처럼 특정 정렬의 점수는 모든 위치에서의 점수의 합이며, 점수가 작을수록 두 문자열이 더 유사하게 정렬됐음을 의미한다. 앞에서 예로 든 문자열은 다음과 같이 정렬할 수 있으며, ⨆는 공백을 뜻한다.

X' : ATGATCG⨆GCAT⨆
Y' : ⨆CAAT⨆GTGAATC
　　　　++---*-+-*

각 위치 아래의 -는 -1점을, +는 +1점을, *는 +2점을 의미한다. 즉 위와 같은 정렬의 총 점수는 $(6 \cdot -1) + (3 \cdot 1) + (4 \cdot 2) = 5$이다.

공백을 삽입하고 두 시퀀스를 정렬하는 방법은 매우 많지만, 점수가 가장 낮은 최적의 매치^{match}를 찾으려면 $c_C = -1$, $c_R = +1$, $c_D = c_I = +2$를 비용으로 하는 문자열 변환을 이용한다. 동일한 문자의 쌍이 많을수록 더 좋은 정렬인 점에 비춰보면, 복사 연산의 비용이 음수이므로 동일한 문자 쌍이 많을수록 이득을 얻게 된다. 여기서 Y'의 공백은 삭제된 문자에 대응된다. 즉 위의 예에서 Y'의 첫 번째 공백은 X의 첫 문자(A)를 삭제하는 연산에 대응된다. 한편 X'의 공백은 삽입된 문자에 대응된다. 즉 위의 예에서 X'의 첫 번째 공백은 문자 T를 삽입하는 연산에 대응된다.

그렇다면 어떻게 문자열 X를 문자열 Y로 변환하는가? 동적 계획법을 이용하는데, i가 0부터 m까지, j가 0부터 n까지 증가할 때, '접두어 문자열 X_i를 접두어 문자열 Y_j로 변환'하는 문제를 하위 문제로 정의하자. 이러한 하위 문제를 '$X_i \rightarrow Y_j$ 문제'라고 하면, 처음에는 $X_m \rightarrow Y_n$ 문제로 시작하게 된다. 그리고 $X_i \rightarrow Y_j$ 문제의 최적해의 비용을 $cost[i, j]$로 표기하자. 예를 들어 $X =$ ACAAGC이고 $Y =$ CCGT라면 $X_6 \rightarrow Y_4$ 문제를 풀어야 하고, DNA 서열을 정렬하는 연산의 비용은 $c_C = -1$, $c_R = +1$, $c_D = c_I = +2$이다. 이제 i가 0부터 6까지, j가 0부터 4까지 증가할 때 하위 문제 $X_i \rightarrow Y_j$를 풀어야 한다. 예를 들어 $X_3 \rightarrow Y_2$ 문제는 접두어 문자열 $X_3 =$ ACA를 접두어 문자열 $Y_2 =$ CC로 변환하는 문제다.

X_0와 Y_0는 빈 문자열이므로, i나 j가 0일 때 $cost[i, j]$를 결정하기는 쉽다. 빈 문자열을 Y_j로 변환하려면 삽입 연산을 j번 적용해야 하므로 $cost[0, j]$는 $j \cdot c_I$와 같다. 마찬가지로 X_i를 빈 문자열로 변환하려면 삭제 연산을 i번 적용해야 하므로 $cost[i, 0]$은 $i \cdot c_D$와 같다. i와 j가 모두 0이면 빈 문자열을 빈 문자열로 변환하는 경우이므로 $cost[0, 0]$은 당연히 0이다.

i와 j가 모두 양수이면, 한 문자열을 다른 문자열로 변환할 때 최적 부분구조가 어떻게 적용되는지를 알아야 한다. 이제부터 X_i를 Y_j로 변환할 때 마지막으로 사용한 연산이 무엇인지 알고 있다고 가정하자. 물론 그 연산은 복사, 교체, 삭제, 삽입 중의 하나다.

- 마지막 연산이 복사였다면 x_i와 y_j는 같은 문자여야 한다. 이 경우 남게 되는 하위 문제는 X_{i-1}을 Y_{j-1}로 변환하는 문제이고, $X_i \rightarrow Y_j$ 문제의 최적해는 $X_{i-1} \rightarrow Y_{j-1}$ 문제의 최적해를 포함해야 한다. 왜 그런가? 우리가 $X_{i-1} \rightarrow Y_{j-1}$ 문제를 해결할 때 사용한 해가 최소 비용을 갖지 않는다면, 다른 최소 비용 해를 이용해 $X_i \rightarrow Y_j$ 문제의 더 나은 해를 얻을 수 있기 때문이다. 따라서 마지막 연산이 복사였다면 $cost[i, j]$는 $cost[i-1, j-1] + c_C$와 같음을 알 수 있다.

  우리가 사용하는 예에서 $X_5 \rightarrow Y_3$ 문제를 살펴보자. x_5와 y_3가 모두 문자 G이므로, 마지막 연산은 'G를 복사하기'다. $c_C = -1$이므로 $cost[5, 3] = cost[4, 2] - 1$이어야 하며, $cost[4, 2]$가 4이면 $cost[5, 3]$은 3이 된다. $X_4 \rightarrow Y_2$ 문제에 대해 비용이 4보다 작은 해를 찾을 수 있다면, 그 해를 이용해 $X_5 \rightarrow Y_3$ 문제에 대해 비용이 3보다 작은 해를 찾을 수 있기 때문이다.

- 마지막 연산이 교체였다면, 동일한 문자로는 교체할 수 없다는 합당한 가정하에, x_i와 y_j는 달라야만 한다. 복사 연산에서 사용했던 것과 동일한 최적 부분구조를 바탕으로, 마지막 연산이 교체였다면 $cost[i, j]$는 $cost[i-1, j-1] + c_R$과 같음을 증명할 수 있다.

  우리가 사용하는 예에서 $X_5 \rightarrow Y_4$ 문제를 살펴보자. 이번에는 x_5와 y_4가 각각 G와 T로 서로 다르므로 마지막 연산은 'G를 T로 교체하기'다. $c_R = +1$이므로 $cost[5, 4] = cost[4, 3] + 1$이다. 즉 $cost[4, 3]$이 3이면 $cost[5, 4]$는 4가 된다.

- 마지막 연산이 삭제였다면, 가능한 x_i나 y_j의 값에는 제약이 없다. 삭제 연산을 문자 x_i를 건너뛰고 접두어 Y_j는 그대로 두는 연산으로 생각한 다면, 우리가 풀어야 할 하위 문제는 $X_{i-1} \rightarrow Y_j$ 문제다. 즉 마지막 연산이 삭제였다면 $cost[i, j] = cost[i-1, j] + c_D$와 같다.

  우리가 사용하는 예에서 $X_6 \rightarrow Y_3$ 문제를 살펴보자. 마지막 연산이 삭제(x_6, 즉 C를 삭제)였다면, $c_D = +2$이므로 $cost[6, 3]$은 $cost[5, 3] + 2$와 같다. 즉 $cost[5, 3]$이 3이면 $cost[6, 3]$은 5이다.

- 끝으로, 마지막 연산이 삽입이었다면, X_i는 그대로 두고 y_j를 추가하므로 우리가 풀어야 할 하위 문제는 $X_i \rightarrow Y_{j-1}$ 문제다. 즉 마지막 연산이 삽입이었다면, $cost[i, j] = cost[i, j-1] + c_I$와 같다.

  우리가 사용하는 예에서 $X_2 \rightarrow Y_3$ 문제를 살펴보자. 마지막 연산이 삽입(y_3, 즉 G를 삽입)이었다면, $c_I = +2$이므로 $cost[2, 3]$은 $cost[2, 2] + 2$와 같다. 즉 $cost[2, 2]$가 0이면 $cost[2, 3]$은 2이다.

물론 네 연산 중에 마지막으로 사용한 것이 무엇인지를 미리 알 수 없다. 우리는 가장 작은 $cost[i, j]$ 값을 만들어내는 연산을 사용하고자 한다. 주어진 i와 j의 조합에 네 가지 중 세 가지 연산을 적용할 수 있다. i와 j가 양수라면 삭제와 삽입은 언제든 적용할 수 있다. 그리고 x_i와 y_j가 동일한지의 여부에 따라 복사와 교체 중의 한 가지를 적용할 수 있다. 다른 $cost$ 값들로부터 $cost[i, j]$를 계산하려면, 복사와 교체 중 하나를 선택하고 가능한 세 가지 연산 중 무엇이 $cost[i, j]$의 값을 최소로 만드는지를 결정해야 한다. 즉 $cost[i, j]$는 아래 네 가지 경우 중 최솟값을 취한다.

- $cost[i-1, j-1] + c_C$, x_i와 y_j가 같은 문자인 경우에만 고려
- $cost[i-1, j-1] + c_R$, x_i와 y_j가 다른 문자인 경우에만 고려
- $cost[i-1, j] + c_D$
- $cost[i, j-1] + c_I$

LCS를 계산할 때 사용한 l 표를 채울 때처럼 cost 표도 한 행씩 채워나 간다. l 표와 마찬가지로 각 항목 $cost[i, j]$에서 i와 j는 양수이고, 바로 왼 쪽과 위, 왼쪽 위의 항목을 먼저 계산해야 하기 때문이다.

cost 표에 더해서 op 표도 채워야 하는데, $op[i, j]$는 X_i를 Y_j로 변환할 때 마지막으로 사용한 연산을 가리킨다. $cost[i, j]$를 채우면서 $op[i, j]$도 함께 채울 수 있다. 아래에서 살펴볼 COMPUTE-TRANSFORM-TABLES 프 로시저에서 cost와 op 표를 한 행씩 채우는데, cost와 op 표를 이차원 배열 로 사용한다.

프로시저 COMPUTE-TRANSFORM-TABLES$(X, Y, c_C, c_R, c_D, c_I)$

입력

- X와 Y: 길이가 각각 m과 n인 문자열
- c_C, c_R, c_D, c_I: 복사, 교체, 삭제, 삽입 연산의 비용

출력: 두 배열 $cost[0 .. m, 0 .. n]$과 $op[0 .. m, 0 .. n]$. $cost[i, j]$ 의 값은 접두어 X_i를 접두어 Y_j로 변환하는 최소 비용이다. 따라서 $cost[m, n]$은 X를 Y로 변환하는 최소 비용이다. $op[i, j]$는 X_i를 Y_j 로 변환할 때 마지막으로 수행한 연산을 가리킨다.

1. 새로운 배열 $cost[0 .. m, 0 .. n]$과 $op[0 .. m, 0 .. n]$을 할당한다.
2. $cost[0, 0]$은 0으로 지정한다.
3. $i = 1$부터 m까지
   A. $cost[i, 0]$을 $i \cdot c_D$로, $op[i, 0]$을 $delete \ x_i$로 지정한다.
4. $j = 1$부터 n까지
   A. $cost[0, j]$를 $j \cdot c_I$로, $op[0, j]$를 $insert \ y_j$로 지정한다.
5. $i = 1$부터 m까지

A. $j = 1$부터 n까지

(복사와 교체 중 어떤 것을 적용할지 결정하고, 셋 중 $cost[i, j]$를 최소화하는
연산에 따라 $cost[i, j]$와 $op[i, j]$를 변경한다.)

  i. $cost[i, j]$와 $op[i, j]$를 다음과 같이 지정한다.

    a. x_i와 y_j가 같으면 $cost[i, j]$를 $cost[i - 1, j - 1] + c_C$로
지정하고, $op[i, j]$를 copy x_i로 지정한다.

    b. 그렇지 않으면(x_i와 y_j가 다르면), $cost[i, j]$를 $cost[i - 1, j - 1] + c_R$로 지정하고, $op[i, j]$를 replace x_i by y_j로
지정한다.

  ii. $cost[i - 1, j] + c_D < cost[i, j]$이면, $cost[i, j]$를 $cost[i - 1, j] + c_D$로 지정하고 $op[i, j]$를 delete x_i로 지정한다.

  iii. $cost[i, j - 1] + c_I < cost[i, j]$이면, $cost[i, j]$를 $cost[i, j - 1] + c_I$로 지정하고 $op[i, j]$를 insert y_j로 지정한다.

6. 배열 $cost$와 op를 반환한다.

198페이지에서 COMPUTE-TRANSFORM-TABLES 프로시저가 $c_C = -1$, $c_R = +1$, $c_D = c_I = +2$일 때, $X =$ ACAAGC를 $Y =$ CCGT로 변환하는 과정에서 만들어낸 $cost$와 op 표를 볼 수 있다. i행 j열에서는 $cost[i, j]$의 값과 $op[i, j]$가 가리키는 연산 이름의 축약어를 볼 수 있다. 예를 들어 $X_5 =$ ACAAG를 $Y_2 =$ CC로 변환할 때 마지막으로 사용한 연산은 G를 C로 교체하는 연산이고, ACAAG를 CC로 변환하는 최적의 연산 시퀀스 비용은 6이다.

COMPUTE-LCS-TABLE과 마찬가지로 COMPUTE-TRANSFORM-TABLES 프로시저도 표의 각 항목을 상수 시간에 채울 수 있다. 각 표는 $(m + 1) \cdot (n + 1)$개의 항목을 포함하므로 COMPUTE-TRANSFORM-TABLES

는 $\Theta(mn)$시간에 수행된다.

X를 Y로 변환하는 연산 시퀀스를 얻으려면 마지막 항목 $op[m, n]$부터 시작해 op 표를 탐색해야 한다. ASSEMBLE-LCS 프로시저와 마찬가지로, 재귀 호출을 하면서 op 표에서 만나는 연산을 연산 시퀀스의 마지막에 추가한다. 이러한 ASSEMBLE-TRANSFORMATION 프로시저는 아래에서 볼 수 있다. 첫 호출은 ASSEMBLE-TRANSFORMATION(op, m, n)이다. $X = $ ACAAGC 를 $Y = $ CCGT로 변환하는 연산 시퀀스는 198페이지의 $cost$ 표와 op 표 아래에서 볼 수 있다.

프로시저 ASSEMBLE-TRANSFORMATION(op, i, j)

입력

- op : COMPUTE-TRANSFORM-TABLES가 반환한 연산 표
- i와 j: op 표의 인덱스

출력: COMPUTE-TRANSFORM-TABLES의 입력으로 주어졌던 문자열 X와 Y에 대해, 문자열 X를 문자열 Y로 변환하는 연산의 시퀀스

1. i와 j가 모두 0이면, 빈 시퀀스를 반환한다.
2. 그렇지 않으면(i와 j 중의 하나라도 양수이면), 다음을 수행한다.
   A. $op[i, j]$가 $copy$나 $replace$ 연산이면, ASSEMBLE-TRANSFORMATION$(op, i-1, j-1)$을 재귀 호출해 얻은 시퀀스의 마지막에 $op[i, j]$를 추가한 시퀀스를 반환한다.
   B. 그렇지 않고($op[i, j]$가 $copy$도 아니고 $replace$도 아님) $op[i, j]$가 $delete$ 연산이면, ASSEMBLE-TRANSFORMATION$(op, i-1, j)$를 재귀 호출해 얻은 시퀀스의 마지막에 $op[i, j]$를 추가한 시퀀스를 반환한다.

C. 그렇지 않으면(op[i, j]가 copy, replace, delete가 아니라면),
ASSEMBLE-TRANSFORMATION(op, i, j − 1)을 재귀 호출해 얻
은 시퀀스의 마지막에 op[i, j]를 추가한 시퀀스를 반환한다.

j	0	1	2	3	4
y_j		C	C	G	T
i x_i					
0	0	2 *ins* C	4 *ins* C	6 *ins* G	8 *ins* T
1 A	2 *del* A	1 *rep* A by C	3 *rep* A by C	5 *rep* A by G	7 *rep* A by T
2 C	4 *del* C	1 *copy* C	0 *copy* C	2 *ins* G	4 *ins* T
3 A	6 *del* A	3 *del* A	2 *rep* A by C	1 *rep* A by G	3 *rep* A by T
4 A	8 *del* A	5 *del* A	4 *rep* A by C	3 *rep* A by G	2 *rep* A by T
5 G	10 *del* G	7 *del* G	6 *rep* G by C	3 *copy* G	4 *rep* G by T
6 C	12 *del* C	9 *copy* C	6 *copy* C	5 *del* C	4 *rep* C by T

연산	X	Z
초기 문자열	ACAAGC	
A 삭제	ACAAGC	
C 복사	ACAAGC	C
A 삭제	ACAAGC	C
A를 C로 교체	ACAAGC	CC
G를 복사	ACAAGC	CCG
C를 T로 교체	ACAAGC	CCGT

ASSEMBLE-LCS가 그렇듯이, ASSEMBLE-TRANSFORMATION의 각 재귀 호출에서도 i나 j, 혹은 둘 모두가 감소한다. 따라서 최대 $m+n$번의 재귀 호출 후에는 재귀가 종료된다. 각 재귀의 앞뒤로 소요되는 시간이 상수 시간이므로 ASSEMBLE-TRANSFORMATION 프로시저의 수행 시간은 $O(m+n)$이다.

ASSEMBLE-TRANSFORMATION 프로시저에서 자세히 살펴볼 곳이 한 부분 있다. i와 j가 모두 0일 때에만 재귀가 종료된다는 점이다. i나 j 중 하나만 0이고 나머지 하나는 0이 아니라고 가정하자. 2A, 2B, 2C단계에서 i나 j, 혹은 둘 모두를 감소시켜서 재귀 호출을 하는데, i나 j가 -1이 되는 재귀 호출이 발생할 수 있을까? 다행히도 대답은 '아니요'다. ASSEMBLE-TRANSFORMATION이 호출될 때 $j=0$이고 i는 양수였다고 가정하자. op 표가 만들어진 방식 덕분에 $op[i, 0]$은 삭제 연산이므로 2B단계가 수행되고, 2B단계에서는 ASSEMBLE-TRANSFORMATION(op, $i-1$, j)를 재귀 호출하므로 재귀 호출 시의 j 값은 0으로 유지된다. 마찬가지로, $i=0$이고 j는 양수라면 $op[0, j]$는 삽입 연산이므로 2C단계가 수행되고, 2C단계에서는 ASSEMBLE-TRANSFORMATION(op, i, $j-1$)을 재귀 호출하므로 재귀 호출 시의 i 값은 0으로 유지된다.

문자열 매칭

문자열 매칭 문제는 주어진 두 문자열, 즉 **텍스트 문자열** T와 **패턴 문자열** P에 대해, T에서 P가 등장하는 모든 곳을 찾는 문제다. 두 문자열을 간단히 '텍스트'와 '패턴'이라고 하자. 텍스트와 패턴은 각각 n개와 m개의 문자로 구성되며, (텍스트보다 긴 패턴을 찾을 수는 없으므로) $m \leq n$이다. 그리고 P의 각 문자를 $p_1 p_2 p_3 \cdots p_m$으로, T의 각 문자를 $t_1 t_2 t_3 \cdots t_n$으로 표기한다.

텍스트 T에서 패턴 P를 찾는 문제의 답은 P를 한 칸씩 이동^{shift}시키면서 T에서 P가 등장하는 횟수다. 다시 말해, $ts+1$에서 시작하는 T의 부분 문자열이 패턴 P와 같을 때, 즉 $ts+1=p_1$, $ts+2=p_2$, $\cdots$, $ts+m=p_m$일 때 '텍스트 T를 s번 시프트^{shift}하면 P가 등장'한다고 말한다. 가능한 최소의 시프트는 0이고, 패턴이 텍스트의 끝을 벗어날 수는 없으므로 가능한 최대의 시프트는 $n-m$이다. 우리가 알고자 하는 것은 바로 T에서 P가 등장하는 모든 시프트다. 예를 들어 텍스트 T가 GTAACAGTAAACG이고 패턴 P가 AAC인 경우, T를 2번 또는 9번 시프트하면 P가 등장한다.

텍스트 T를 주어진 횟수 s만큼 시프트했을 때 P가 등장하는지를 알고 싶다면, T의 문자를 P의 문자 m개 모두에 대해 비교해야 한다. P의 문자 하나를 T의 문자 하나와 비교하는 데 상수 시간이 걸린다고 하면, 최악의 경우에 m개의 문자 모두를 비교하는 시간은 $\Theta(m)$이다. 물론 P와 T에 포함된 문자 사이의 불일치를 발견하면 나머지 문자는 비교할 필요가 없다. 이러한 최악의 경우는 T에서 P가 등장하는 모든 시프트에서 발생한다.

0부터 $n-m$까지 가능한 모든 시프트 횟수에 대해 패턴과 텍스트를 비교할 수 있다. 다음 페이지의 그림은 가능한 모든 시프트 횟수에 대해 패턴 AAC와 텍스트 GTAACAGTAAACG를 비교하는 과정을 보여주며, 어둡게 색칠된 부분은 매치된 문자다.

그러나 이처럼 단순한 방식은 비효율적이다. 각 시프트를 확인하는 시간이 $O(m)$이므로, $n-m+1$개의 시프트를 확인하는 수행 시간은 $O((n-m)m)$이다. 결국, 텍스트의 모든 거의 문자를 m번씩 확인하게 된다.

시프트 횟수	텍스트와 패턴
0	GTAACAGTAAACG AAC
1	GTAACAGTAAACG AAC
2	GTAACAGTAAACG AAC
3	GTAACAGTAAACG AAC
4	GTAACAGTAAACG AAC
5	GTAACAGTAAACG AAC

시프트 횟수	텍스트와 패턴
6	GTAACAGTAAACG AAC
7	GTAACAGTAAACG AAC
8	GTAACAGTAAACG AAC
9	GTAACAGTAAACG AAC
10	GTAACAGTAAACG AAC

가능한 모든 시프트 횟수에 대해 패턴과 텍스트를 비교하는 방식에서 소중한 정보를 그냥 버리고 있다는 점에 착안하면 더 효율적인 방식을 고안할 수 있다. 위의 예에서 시프트 횟수 $s = 2$일 때, 부분문자열 $t_3 t_4 t_5 = $ AAC의 모든 문자를 비교한다. 하지만 다음 시프트 $s = 3$에서 t_4와 t_5를 다시 비교한다. 이처럼 이미 확인한 문자를 다시 확인하지 않는다면 더 효율적이지 않을까? 이제 텍스트의 문자를 반복적으로 확인하는 과정에서 낭비되는 시간을 없앨 수 있는 영리한 문자열 매칭 방법을 살펴보자. 이 방식을 이용하면 텍스트의 각 문자를 m번 확인하는 대신 딱 한 번만 확인하면 된다.

앞으로 살펴볼 더 효율적인 방식은 **유한 오토마타**finite automaton를 바탕으로 한다. 이름이 거창하게 들리겠지만 개념은 꽤 간단하다. 유한 오토마타의 활용 예는 수도 없이 많지만, 여기서는 유한 오토마타를 이용한 문자열 매칭에 집중하자. 짧게 줄여서 FA라고도 하는 유한 오토마타는 **상태**state 집합과 입력 문자의 시퀀스에 따라 상태 사이를 오갈 수 있는 길의 집합으로 이뤄진다. FA는 특정한 상태에서 시작하여 입력에서 한 문자씩 받아들일 때마다, 현재 상태와 들어온 문자를 바탕으로 새로운 상태로 이동한다.

문자열 매칭 문제에서, 입력 시퀀스는 텍스트 T의 문자들이며, FA는 패턴 P의 문자 개수보다 하나 많은 $m + 1$개의 상태를 포함한다. 그리고 각 상태에 0부터 m까지의 번호를 부여한다(유한 오토마타라는 이름에서 '유한'은 상태의 개수가 유한하다는 뜻이다). FA는 상태 0에서 시작한다. FA가 상태 k에 있다면, 최근 입력받은 k개의 문자가 패턴 앞쪽의 k개 문자에 매칭된다는 말이다. 따라서 FA가 상태 m에 도달하면 텍스트에서 패턴의 모든 문자를 발견했다는 뜻이다.

4개의 문자 A, C, G, T만을 사용한 예를 살펴보자. $m = 7$개의 문자로 이뤄진 패턴이 ACACAGA라고 하자. 이 패턴에 해당하는 FA는 다음과 같이 상태 0부터 7까지를 포함한다.

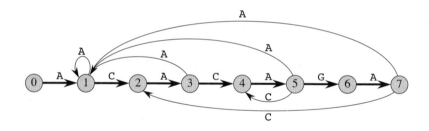

원은 상태를 나타내고, 문자로 이름이 붙어 있는 화살표는 각 입력 문자에 따라 FA 상태가 어떻게 전이transition되는지를 보여준다. 상태 5로부터 나가는 A, C, G라고 이름 붙은 세 화살표를 예로 들자. 상태 1로 향하고 이름이 A인 화살표는 FA가 상태 5에 있을 때 텍스트 문자 A를 받으면 상태 1로 이동함을 뜻한다. 마찬가지로, 상태 4로 향하고 이름이 C인 화살표는 FA가 상태 5에 있을 때 텍스트 문자 C를 받으면 상태 4로 이동함을 뜻한다. 그림에서 더 두꺼운 화살표로 표시한 가로 '뼈대'에 부여된 이름을 왼쪽에서 오른쪽으로 차례대로 읽으면 찾고자 하는 패턴인 ACACAGA임에 주목하자. 텍스트에서 패턴을 발견하는 과정을 보면, 패턴의 문자 하나를 받아들일 때마다 FA가 오른쪽 상태로 한 칸씩 움직이다가 마지막 상태에 다다르면 비로소 텍스트에서 패턴이 발견됐음을 알 수 있다. 한편, 일부 화살표가 생략된 점을 볼 수 있다. 예를 들어, T라고 이름 붙인 화살표는 모두 빠져 있다. 이처럼 화살표가 생략된 경우, 해당하는 전이가 일어나면 상태 0으로 움직인다.

FA는 내부적으로 모든 상태와 가능한 모든 입력 문자를 인덱스로 사용하는 표 *next-state*를 포함한다. *next-state*[s, a]의 값은 FA가 현재 상태 s에 있고, 텍스트에서 받아들인 문자가 a일 때 다음으로 이동할 상태의 번호다. 패턴 ACACAGA에 대한 전체 *next-state* 표는 다음과 같다.

상태	문자			
	A	C	G	T
0	1	0	0	0
1	1	2	0	0
2	3	0	0	0
3	1	4	0	0
4	5	0	0	0
5	1	4	6	0
6	7	0	0	0
7	1	2	0	0

FA는 패턴의 문자가 하나씩 매칭될 때마다 오른쪽 상태로 한 칸씩 이동하며, 패턴에 매칭되지 않는 문자가 나올 때마다 왼쪽으로 움직이거나 같은 상태에서 머무른다(*next-state*[1, A]는 1임). *next-state* 표를 만드는 방법은 나중에 살펴보기로 하고, 우선 입력 텍스트 GTAACAGTAAACG와 패턴 AAC에 대해 FA가 어떻게 동작하는지 살펴보자. FA는 다음과 같다.

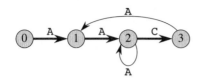

이 그림을 바탕으로 *next-state* 표를 만들면 다음과 같다.

상태	문자			
	A	C	G	T
0	1	0	0	0
1	2	0	0	0
2	2	3	0	0
3	1	0	0	0

받아들이는 텍스트 문자에 따라 FA가 이동하는 상태는 다음과 같다.

상태	0	0	0	1	2	3	1	0	0	1	2	2	3	0
문자		G	T	A	A	C	A	G	T	A	A	A	C	G

FA가 상태 3에 닿을 때마다 패턴 **AAC**를 발견한 것이므로, 이를 강조하고자 FA가 상태 3이 되는 두 곳을 어둡게 표시했다.

문자열 매칭을 위한 FA-STRING-MATCHER 프로시저는 다음과 같다. *next-state* 표는 이미 만들었다고 가정한다.

프로시저 FA-STRING-MATCHER(*T*, *next-state*, *m*, *n*)

입력

- *T*, *n*: 텍스트 문자열과 그 길이
- *next-state*: 매칭할 패턴에 따라 만들어진 상태 전이 표
- *m*: 패턴의 길이. *next-state*의 행 인덱스는 0부터 *m*까지이고, 열의 인덱스는 텍스트에 등장하는 모든 문자다.

출력: 텍스트에서 패턴을 발견할 때마다 해당 시프트 횟수 출력

1. *state*를 0으로 지정한다.

2. $i = 1$부터 n까지

   A. *state*를 *next-state*[*state*, t_i]의 값으로 지정한다.

   B. *state*가 m과 같으면, "패턴이 발견된 시프트:" $i - m$을 출력한다.

위의 예를 입력으로 하여 FA-STRING-MATCHER를 실행하면, 문자 t_5와 t_{12}를 받아들인 후에 FA가 상태 3에 도달한다. 따라서 프로시저는 "패턴이 발견된 시프트: 2"($2 = 5 - 3$)와 "패턴이 발견된 시프트: 9"($9 = 12 - 3$)를 출력한다.

2단계 루프의 각 이터레이션이 상수 시간을 차지하고, 루프의 이터레이션은 정확히 n번 수행되므로, FA-STRING-MATCHER의 수행 시간이 $\Theta(n)$임을 쉽게 알 수 있다.

지금까지는 쉬운 부분이었다. 어려운 부분은 주어진 패턴을 바탕으로 유한 오토마타를 나타내는 *next-state* 표를 구성하는 과정이다. 우선 다음과 같은 아이디어를 고려해보자.

유한 오토마타가 상태 k에 있을 때, FA가 최근에 받아들인 k개의 문자는 패턴의 앞쪽 k개 문자다.

아이디어를 구체적으로 설명하기 위해 202페이지의 패턴 ACACAGA에 대한 FA를 살펴보고, *next-state*[5, C]가 4인 이유를 생각해보자. FA가 상태 5에 있다면, 텍스트에서 가장 최근에 받아들인 문자 5개는 FA의 가로 뼈대에서 볼 수 있듯이 ACACA이다. 다음으로 받아들인 문자가 C라면, 이 문자가 패턴에 맞지 않으므로 FA가 상태 6으로 나아갈 수 없다. 그렇다고 FA가 상태 0으로 완전히 되돌아갈 필요는 없다. 왜 그런가? 이 시점에서 가장 최근에 받아들인 문자 4개 ACAC가 패턴 ACACAGA의 앞쪽 문자 4개와 같기 때문이다. 이런 이유로, 즉 패턴의 앞쪽 문자 4개를 가장 최근에 받아들였기 때문에, FA가 상태 5에 있을 때 C를 받아들이면 상태 4로 이동한다.

이제 *next-state* 표를 만드는 규칙을 배울 준비가 거의 다 됐지만, 우선 몇 가지 정의를 내려야 한다. 앞서 언급했듯이, 0에서 m까지의 구간에 있는 i에 대해, 패턴 P의 접두어 P_i는 P의 앞쪽 문자 i개로 이뤄진 부분문자열이다(i가 0이면 접두어는 빈 문자열이다). 비슷하게, 패턴의 **접미어**suffix는 P의 뒤쪽 문자들로 구성된 부분문자열이다. 예를 들어, AGA는 패턴 ACACAGA의 접미어다. 그리고 문자열 X와 문자 a의 **연결**concatenation은 X의 뒤에 a를 이어붙인 새로운 문자열을 말하며, Xa로 표기한다. 예를 들어, 문자열 CA와 문자 T의 연결은 문자열 CAT이다.

마침내 *next-state*$[k, a]$를 만들 준비를 마쳤다. 여기서 k는 0에서 m까지의 구간에 있는 상태 번호이고, a는 텍스트에서 등장할 수 있는 임의의 문자다. 현재 상태가 k라는 말은 텍스트에서 최근에 접두어 P_k를 발견했음을 의미한다. 즉 최근에 텍스트로부터 받아들인 k개의 문자가 패턴의 앞쪽 문자 k개와 같다는 뜻이다. 다음으로 받아들인 문자가 a라면, 텍스트에서 (P_k에 a를 연결한) $P_k a$를 발견한 것이다. 이 시점에서 발견한 P의 접두어 길이는 얼마인가? 다시 말해, $P_k a$의 뒤쪽에 등장하는 P의 접두어 길이는 얼마인가? 이 길이가 바로 다음 상태의 번호다.

간결하게 설명하면 다음과 같다.

접두어 P_k(P의 앞쪽 문자 k개)에 문자 a를 연결해 만들어진 문자열을 $P_k a$라고 하자. P의 접두어이자 $P_k a$의 접미어인 가장 긴 문자열을 찾으면, 찾아진 가장 긴 접두어의 길이가 바로 *next-state*$[k, a]$의 값이다.

이제 패턴 $P = $ ACACAGA일 때, $next\text{-}state[5, C]$의 값을 4로 정하는 과정을 살펴보자. 예에서 k는 5이므로, 접두어 $P_5 = $ ACACA에 문자 C를 연결하면 ACACAC를 얻는다. 다음으로, ACACAGA의 접두어이자 ACACAC의 접미어인 가장 긴 문자열을 찾아야 한다. ACACAC의 길이가 6이고 접미어는 스스로가 포함된 문자열보다 길 수는 없으므로, P_6에서 시작해서 점점 더 짧은 접두어를 확인하면 된다. 여기서 P_6는 ACACAG이고 ACACAC의 접미어가 아니다. 다음으로 P_5를 보면, ACACA도 ACACAC의 접미어가 아니다. 다시 P_4를 보면, ACAC는 ACACAC의 접미어다. 따라서 확인 과정을 멈추고 $next\text{-}state[5, C]$를 4로 정한다.

P의 접두어이자 $P_k a$의 접미어인 문자열을 항상 찾을 수 있는지가 궁금한가? 찾을 수 있다. 빈 문자열은 모든 문자열의 접두사이자 접미사이기 때문이다. P의 접두어이자 $P_k a$의 접미어인 가장 긴 문자열이 빈 문자열이라면 $next\text{-}state[k, a]$는 0으로 지정한다. 패턴 $P = $ ACACAGA를 다시 예로 들어, $next\text{-}state[3, G]$를 정하는 과정을 살펴보자. P_3와 G를 연결하면 ACAG이다. 그리고 (접미어 ACAG의 길이가 4이므로) P_4부터 시작해 점점 더 짧은 P의 접두어를 확인해보자. 접두어 ACAC, ACA, AC, A 중 어느 것도 ACAG의 접미어가 아니다. 따라서 조건을 만족하는 가장 긴 접두어는 빈 문자열이고, 빈 문자열의 길이는 0이므로 $next\text{-}state[3, G]$는 0이다.

$next\text{-}state$ 표를 모두 채우는 데 시간이 얼마나 걸릴까? FA의 상태마다 행이 존재하므로 0부터 m까지 $m+1$개의 행이 존재한다. 열의 개수는 텍스트에서 등장할 수 있는 문자의 수에 따라 다른데, 이 수를 q라고 하자. 그러면 $next\text{-}state$ 표의 항목은 $q(m+1)$개다. $next\text{-}state[k, a]$의 항목을 채우는 과정은 다음과 같다.

3단계의 루프가 몇 번 수행될지는 미리 알 수 없지만, 최대 $m+1$번 반복됨은 알 수 있다. 3단계에서 P_i와 $P_k a$의 문자 중 몇 개를 확인해야 할지도 미리 알 수 없지만, 최대 i번 확인을 수행하고, 이 i의 최댓값은 m임은 알고 있다. 루프를 최대 $m+1$번 반복하고 각 이터레이션은 최대 m개 문자를 확인하므로, $next\text{-}state[k, a]$를 채우려면 $O(m^2)$시간이 필요하다. $next\text{-}state$ 표가 $q(m+1)$개의 항목을 포함하므로 표를 채우는 총 수행 시간은 $O(m^3 q)$이다.

실제로는 $next\text{-}state$ 표를 채우는 시간이 심각하게 오래 걸리진 않는다. 2.4GHz 맥북 프로에서 C++로 문자열 매칭 알고리즘을 구현하고 최적화 레벨 -O3로 컴파일했고, 128개 문자로 구성된 아스키ASCII 문자 집합을 바탕으로 'a man, a plan, a canal, panama'를 패턴으로 사용했다. 프로그램이 31개 행과 (널 문자를 제외한) 127개 열로 이뤄진 $next\text{-}state$ 표를 만드는 데 걸린 시간은 약 1.35밀리초였다. 물론 패턴이 짧으면 프로그램도 빠르게 수행되는데, 패턴이 panama일 때 표를 만드는 시간은 약 0.07밀리초였다.

그렇지만 문자열 매칭을 빈번하게 수행하는 응용 프로그램이라면, $next\text{-}state$ 표를 만드는 데 $O(m^3 q)$시간이 걸린다는 점이 문제가 될 수 있다. 자세히 설명하진 않겠지만 시간을 $\Theta(mq)$로 줄일 수 있다. 유한 오토마타를 사용하지만 $next\text{-}state$ 표를 채울 필요가 없는 (커누스와 모리스, 프랫이 개발한) 'KMP' 알고리즘을 사용하면 더 빨리 매칭을 수행할 수 있다. KMP는 *next-state* 대신 m개의 상태 번호를 포함하는 *move-to* 배열을 이용해 FA가 *next-state*를 흉내 낼 수 있게 하며, *move-to* 표를 채우는 데 $\Theta(m)$시간이 필요하다. 알고리즘을 여기서 설명하기엔 너무 복잡하지만, 맥북 프로에서 KMP를 수행한 결과, 'a man, a plan, a canal, panama' 패턴의 *move-to* 배열을 만드는 데 약 1마이크로초가 걸렸다. 더 짧은 패턴인 panama로 하면 600나노초(0.0000006초)가 걸렸다. 꽤 괜찮다! FA-STRING-MATCHER 프로시저와 마찬가지로, *move-to* 배열을 만든 후에 KMP 알고리즘으로 패턴과 텍스트를 매치하는 시간은 $\Theta(n)$이다.

더 읽을거리

CLRS[CLRS09]의 15장에서 최장 공통 부분시퀀스 찾기를 포함한 동적 계획법을 자세히 다룬다. 이 책에서 다룬 한 문자열을 다른 문자열로 변환하는 알고리즘은 CLRS의 15장에서 다루는 문제의 부분적 해법을 보여준다(CLRS에서 설명하는 문제는 6장에서 다루지 않은 두 가지 연산인 이웃한 문자 맞바꾸기와 X의 접미사 삭제하기를 포함한다. 완벽한 해답을 이 책에서 다루지 않았다고 공저자들이 섭섭해하지는 않으리라 믿는다).

문자열 매칭 알고리즘은 CLRS의 32장에서 다룬다. 32장에서는 유한 오토마타를 이용한 알고리즘과 KMP 알고리즘을 설명한다. 『Introduction to Algorithms』(제1판)[CLR90]에서는 패턴이 길고 문자 집합에 포함된 문자의 개수가 많을 때 특히 효율적인 보이어-무어Boyer-Moore 알고리즘을 포함한다.

8장

암호학의 기초

여러분이 인터넷에서 무언가를 구매할 때마다 구매자의 웹사이트나 결제 대행 서비스의 웹사이트 서버로 신용카드번호를 넘겨준다. 이렇게 신용카드번호를 서버로 넘겨주려면, 우선 인터넷으로 전송해야 한다. 그러나 인터넷은 공용 네트워크이고, 누구든 인터넷에 떠도는 정보를 가로챌 수 있다. 따라서 어떤 보호책도 없이 신용카드번호를 인터넷으로 보내면, 누군가가 여러분의 계정으로 상품이나 서비스를 구매할 수 있다.

그 누군가가 어딘가에 앉아서 여러분이 신용카드번호와 비슷한 무언가를 전송하기만을 기다릴 것 같진 않다. 그보다는 불특정 다수를 대상으로 하는 범죄 행위의 희생양이 불행히도 여러분이 될 수도 있다. 인터넷으로 신용카드번호를 전송할 때마다 정보를 감출 수 있다면 훨씬 안전하지 않을까? 실제로도 그렇게 한다. 일반적인 'http'가 아니라 'https'로 시작하는 URL을 갖는 보안 웹사이트를 사용한다면, 브라우저가 **암호화**encryption라는 과정을 통해 정보를 숨긴다(https 프로토콜은 '인증authentication' 기능도 제공하는데, 인증은 여러분이 접속한 사이트가 사기 사이트가 아니라 진짜 접속하려던 사이트라는 사실을 확인해준다). 8장에서는 암호화는 물론, 그 반대 과정인 **복호화**decryption도 설명한다. 즉 암호화된 정보를 원래 형태로 되돌리는 과정을 살펴본다. 이러한 암호화와 복호화 과정이 암호학cryptography의 기초를 이룬다.

물론 내 신용카드번호는 보호해야 할 소중한 정보이지만, 인류사에 영향을 줄 정도로 엄청난 비밀은 아니다. 하지만 누군가가 정부에서 외교관에게 보내는 기밀 정보를 엿보거나, 군사 기밀을 가로챈다면 국가 안보가 위태로워진다. 따라서 암호화/복호화를 수행하는 것이 문제가 아니라 극도로 깨기 어려운 방법을 고안해야 한다.

8장에서는 암호화/복호화의 바탕이 되는 아이디어를 살펴본다. 현대적인 암호학은 여기서 다룰 내용보다 훨씬 더 진보된 것이므로, 8장에서 다루는 내용을 바탕으로 보안 시스템을 만들 생각은 하지 말자. 이론적으로나 실용적으로 안전한 시스템을 만들려면 현대적인 암호학을 훨씬 깊이 이해해야 한다. 예를 들어, 국가표준기술원에서 만든 표준을 비롯해 잘 정립된 표준을 따라야 한다. (8장 뒷부분에서 살펴볼 RSA 암호체계의 발명자 중의 한 명인) 론 리베스트Ron Rivest가 나에게 말했듯이 "일반적으로 암호학은 미술 공모전과 비슷한데, 실용적으로 써먹으려면 반대파의 최신 사조를 이해해야 한다." 하지만 8장에서는 정보를 어떻게 암호화/복호화하는지를 보여줄 수 있는 정도로만 일부 알고리즘을 살짝 맛보기로 하자.

암호학에서는 원래 정보를 **평문**plaintext이라고 하며, 평문을 암호화한 것은 **복문**ciphertext이라고 한다. 즉 암호화는 평문을 복문으로 변환하는 과정이고, 복호화는 복문을 평문으로 되돌리는 과정이다. 그리고 변환을 수행하는 데 필요한 정보를 암호 키key라고 한다.

단순한 대체 암구어

단순한 대체 암구어simple substitution cipher는 단지 한 문자를 다른 문자로 대체함으로써 텍스트를 암호화하고, 대체를 거꾸로 수행함으로써 암호화된 텍스트를 복호화한다. 율리우스 시저Julius Caesar는 장군들과 서신을 교환할 때 **시프트 암구어**shift cipher를 이용했는데, 편지를 보낼 때 각 문자를 해당 문자의 알파벳 순서에서 세 칸 뒤에 위치한 문자로 대체한다. 그리고 알파벳 뒤쪽의 문자는 알파벳 앞쪽 문자로 교체한다. 예를 들어 26개의 문자로 구성된 알파벳에서 A는 D로, Y는 B로 대체한다(Y 다음에 Z, A, B가 오므로). 시저의 시프트 암구어를 사용하는 어떤 장군이 'Send me a hundred more soldiers'라는 평문을 암호화하면 복문은 'Vhqg ph d kxqguhg pruh vroglhuv'이다. 이 복문을 받은 시저는 각 문자를 해당 문자의 알파벳 순서에서 세 칸 앞에 위치한 문자로 대체한다. 그리고 알파벳 앞쪽의 문자는 알파벳 뒤쪽 문자로 교체한다. 그 결과로 'Send me a hundred more soldiers'라는 평문을 복원할 수 있다(물론 시저 시대에는 라틴어를 사용했으니 라틴 알파벳을 사용했을 것이다).

여러분이 가로챈 메시지가 시프트 암구어라는 사실을 알고 있다면, 시프트 횟수(키)를 몰라도 매우 쉽게 복호화할 수 있다. 복호화된 복문이 평문으로써 의미가 있을 때까지 가능한 시프트 횟수를 모두 수행하기만 하면 된다. 26개 문자로 이뤄진 알파벳에서는 25번만 시프트하면 된다.

이처럼 알파벳 순서상의 고정된 위치가 아니라 각 문자를 다른 유일한 문자로 변환하면 좀 더 안전한 암호화가 가능하다. 즉 문자의 순열permutation을 만들고, 그 순열을 키로 사용한다. 여전히 단순한 대체 암구어이지만 시프트 암구어보다는 낫다. 문자 집합이 n개 문자로 구성된다면, 복문을 가로챈 사람은 여러분이 사용할 수 있는 $n!(n$의 계승)개의 순열을 고려해야 한다. 계승 함수는 n에 대해 매우 빠르게, 지수 함수보다도 빠르게 증가한다.

그렇다면 각 문자를 다른 유일한 문자로 대체하는 방법을 왜 실제로 사용하지 않을까? 신문에서 볼 수 있는 암호 퍼즐을 풀어본 적이 있다면, 문자의 빈도와 조합을 이용해 경우의 수를 줄일 수 있다는 사실을 알 것이다. 'Send me a hundred more soldiers'라는 평문이 복문 'Krcz sr h byczxrz sfxr kfjzgrxk'로 복호화됐다고 가정하자. 복문에서 문자 r이 제일 빈번하게 나오므로, 이 문자가 영어에서 가장 많이 사용하는 문자인 e라고 추측할 수 있다(애석하게도 이 추측이 옳다). 그렇다면 복문의 두 글자 단어인 sr에서 s는 b, h, m, w 중의 하나라고 생각할 수 있다. e로 끝나는 두 글자 영어 단어는 be, he, me, we뿐이기 때문이다. 그리고 소문자로 된 한 글자 영어 단어는 a뿐이므로, 복문의 h는 평문의 a에 대응한다고 짐작할 수 있다.

물론 신용카드번호를 암호화한다면 문자 빈도수나 조합은 신경 쓸 필요가 없다. 하지만 숫자 10개에 대해 각 숫자를 다른 유일한 숫자로 바꾸는 가짓수는 10!, 즉 3,628,800가지에 불과하다. 이는 컴퓨터에겐 그다지 큰 수가 아니다. 특히 (16개의 십진수로 이뤄진) 카드번호의 가능한 가짓수가 10^{16}임을 고려하면 말이다. 따라서 공격자가 10!가지를 모두 입력하여 물품을 구매하는 과정을 자동화한다면 누군가의 카드번호가 도난당할 수 있다.

간단한 대체 암구어의 또 다른 단점을 눈치챘을 수 있는데, 메시지를 보내는 쪽과 받는 쪽이 모두 키에 동의해야 한다는 점이다. 게다가 여러분이 여러 수신자에게 메시지를 보낼 때, 각 수신자가 다른 수신자의 메시지를 볼 수 없게 하려면 수신자마다 다른 키를 만들어야 한다.

대칭 키 암호화

송신 측과 수신 측이 같은 키를 사용한다면 **대칭 키 암호화**symmetric-key cryptography를 사용하고 있는 것으로, 둘은 어떤 방식으로든 미리 키를 정해야 한다.

원타임 패드

대칭 키 암호화를 사용하는 것은 좋지만, 단순한 대체 암구어가 충분히 안전하지 않다면 원타임 패드^{one-time pad}를 고려할 수 있다. 원타임 패드는 **비트**^{bit}를 다룬다. 알다시피, 비트는 'binary digit(이진 숫자)'의 줄임말이며, 한 비트는 0과 1의 두 가지 값만 가질 수 있다. 디지털 컴퓨터는 정보를 비트 시퀀스로 저장한다. 어떤 비트 시퀀스는 숫자를, 어떤 비트 시퀀스는 (표준 아스키^{ASCII}나 유니코드^{Unicode} 문자 집합을 바탕으로 한) 문자를, 심지어 어떤 비트 시퀀스는 컴퓨터가 실행하는 명령어를 표현한다.

원타임 패드는 비트에 **배타적 논리합**^{XOR, exclusive-or}을 적용하는데, 이 연산을 $\oplus$로 표기한다.

$0 \oplus 0 = 0$

$0 \oplus 1 = 1$

$1 \oplus 0 = 1$

$1 \oplus 1 = 0$

XOR 연산을 가장 쉽게 이해할 수 있는 방법은 이와 같다. x를 한 비트라고 하면, $x \oplus 0$의 결과는 x이고, $x \oplus 1$의 결과는 x의 반대다.[1] 그리고 두 비트 x와 y에 대해 $(x \oplus y) \oplus y$의 결과는 x이다. 즉 x를 같은 값에 두 번 XOR하면 결과로 x를 되돌려받는다.

내가 여러분에게 한 비트 길이의 메시지를 보낸다고 가정하자. 나는 0이나 1을 복문으로 보낼 수 있고, 보내려는 비트를 그대로 보낼지 아니면 반대 비트를 보낼지를 여러분과 약속해야 한다. XOR 연산이라는 관점에서 보면 원래 비트를 1과 XOR할지 0과 XOR할지를 정해야 한다. 이렇게 정해진 키를 여러분이 받은 복문과 XOR하면 평문을 복원할 수 있다.

---

1 x가 0이면 1을, x가 1이면 0을 결과로 얻는다. - 옮긴이

이제 두 비트 길이의 메시지를 보낸다고 하면, 두 비트 모두 그대로 두거나 두 비트 모두를 반전^{flip}시키거나, 첫 비트만 반전시키고 두 번째 비트는 그대로 두거나, 두 번째 비트만 반전시키고 첫 비트는 그대로 둘 수 있다. 두 비트에 대한 XOR 연산이라는 관점에서 보면, 평문을 복문으로 변환할 때 평문의 비트에 두 비트로 이뤄진 시퀀스 00, 01, 10, 11 중 어떤 것을 XOR할지를 정해야 한다. 이번에도 마찬가지로, 내가 평문에 XOR했던 두 비트 길이의 동일한 키를 두 비트 길이의 복문과 XOR하면 평문을 복원할 수 있다.

평문의 비트 수가 b라면(총 b비트로 이뤄진 아스키나 유니코드 문자열이라면), b 비트 길이의 난수 시퀀스를 생성한 후, 생성한 b비트의 키를 여러분에게 알려주고, 평문을 한 비트씩 키와 XOR하여 복문을 만들어낼 수 있다. 그리고 여러분이 받은 b비트의 복문을 한 비트씩 키와 XOR하여 b비트의 평문을 복원할 수 있다. 이러한 시스템을 **원타임 패드**$^{one-time pad}$[2]라고 하며, 여기서의 키를 **패드**^{pad}라고 한다.

키를 이루는 비트를 무작위로 선택한다면(이에 대해서는 잠시 뒤에 다룬다), 공격자가 키를 추측해 복문을 복호화하기는 거의 불가능하다. 공격자가 평문에 대해 무언가를 알고 있다고 해도(예를 들어 평문이 영어라는 사실을 알아도), 특정 복문과 가능한 모든 평문에 대해, 가능한 모든 평문을 해당 복문

---

2 원타임 패드라는 이름은 컴퓨터를 사용하기 이전에 이 아이디어를 구현했던 방식에서 비롯됐다. 각 수신자 그룹은 종이 여러 장을 철해놓은 패드를 갖고 있는데, 각 종이 한 장마다 키가 적혀 있으며, 한 그룹에 속한 사람들은 같은 키를 공유한다. 키는 원타임으로만 사용하며, 사용한 후에는 종이 한 장을 뜯어낸다. 그러면 다음 키가 적힌 종이가 보이게 된다. 이렇게 종이를 이용한 시스템은 시프트 암구어를 사용하는데, 문자마다 시프트 횟수가 다르다. 즉 키의 각 문자가 시프트 횟수를 나타내는데, a는 0번을 z는 25번의 시프트를 나타낸다. 예를 들어 z는 25번의 시프트를, m은 12번의 시프트를, n은 13번의 시프트를 나타내므로, zmn이라는 키는 평문 dog를 복문 cat로 변환한다. 그러나 XOR을 이용한 시스템과 달리 같은 키를 참고해 복문을 같은 방향으로 시프트하면 평문을 얻을 수 없다. 이렇게 하면 bmg를 얻게 된다. 대신에 복문의 문자를 반대 방향으로 시프트해야 한다.

으로 변환하는 키가 존재한다.[3] 참고로, 가능한 모든 평문과 해당 복문을 비트별로 XOR하면 키를 얻을 수 있다(가능한 평문이 t이고 복문이 c, 키가 k라면 $t \oplus k = c$뿐만 아니라 $t \oplus c = k$도 성립하기 때문이다. 이때 $\oplus$ 연산은 t, k, c에 대해 비트별로 적용된다. 즉 t의 i번째 비트와 k의 i번째 비트를 XOR하면 c의 i번째 비트와 같다). 따라서 원타임 패드를 이용하면 공격자가 평문에 대한 추가적인 정보를 얻을 수 없다.

원타임 패드는 훌륭한 보안을 제공하지만, 평문과 같은 수의 비트로 이뤄진 키가 필요하며, 키의 비트를 무작위로 선택해야 하는데다가, 이 키를 양측에서 미리 공유해야 한다. 그리고 그 이름에서 알 수 있듯이 원타임 패드는 일회용으로만 사용해야 한다. 두 평문 t_1과 t_2에 대해 동일한 키 k를 사용하면, $(t_1 \oplus k) \oplus (t_2 \oplus k) = t_1 \oplus t_2$이므로, 두 평문이 비트별로 서로 같은지를 알아낼 수 있다.

블록 암호화와 체인

평문이 길면, 원타임 패드에서 사용하는 패드도 지나치게 길어진다. 그 대신에 일부 대칭 키 시스템에서는 두 가지 추가적인 기술을 적용한다. 더 짧은 키를 사용하며, 평문을 여러 블록으로 나누어, 각 블록에 차례대로 키를 적용한다. 즉 평문을 l개의 블록 $t_1, t_2, t_3, \ldots, t_l$로 나누고, 이 평문 블록을 l개의 복문 블록 $c_1, c_2, c_3, \ldots, c_l$로 암호화한다. 이러한 시스템을 일컬어 **블록 암호화**block cipher라고 한다.

실제 블록 암호화에서는 원타임 패드에서 사용한 단순한 XOR은 사용하지 않는다. 자주 사용하는 대칭 키 암호화 시스템 중의 하나인 AES^the Advanced Encryption Standard도 블록 암호화 방식을 이용한다. AES를 자세히 설명하진 않겠지만, 평문 블록을 복잡한 방법으로 나누고 암호화함으로써

---

3 각주 1에서 사용한 문자별 방식으로 비유하자면, zmn이라는 키가 평문 dog를 복문 cat 으로 변환한다. 하지만 elk라는 키와 ypj라는 평문으로도 동일한 복문을 얻을 수 있다.

복문을 생성한다는 사실만 알아두자. AES의 키 크기는 128이나 192, 256 비트이며, 블록 크기는 128비트다.

　하지만 블록 암호화에도 문제가 있는데, 평문에 동일한 두 블록이 존재하면 복문에서도 두 동일한 블록이 생성된다는 점이다. 이 문제를 해결하는 방법 중의 하나가 바로 **암호 블록 체인**cipher block chaining이다. 여러분이 나에게 암호화된 메시지를 보낸다고 하자. 여러분은 평문 t를 l개의 블록 t_1, $t_2, t_3, \ldots, t_l$로 나누고, l개의 복문 블록 $c_1, c_2, c_3, \ldots, c_l$을 생성한다. 이제 그 방법을 살펴보자. 블록에 어떤 함수 E를 적용해 암호화하고, 복문 블록에 어떤 함수 D를 적용해 복호화한다고 가정하자. 첫 번째 복문 블록 c_1은 예상했던 대로 $c_1 = E(t_1)$으로 얻을 수 있다. 여기서 두 번째 블록을 암호화하기 전에 평문 블록을 c_1과 비트별로 XOR한다. 즉 $c_2 = E(c_1 \oplus t_2)$이다. 세 번째 블록도 먼저 c_2와 XOR하여 $c_3 = E(c_2 \oplus t_3)$를 얻는다. 다음 블록에서도, 일반적으로 $(i-1)$번째 복문과 i번째 평문을 바탕으로 i번째 복문 $c_i = E(c_{i-1} \oplus t_i)$를 얻는다. t_1으로부터 c_1을 계산할 때도 c_0를 모든 비트가 0인 블록으로 가정하면 이 공식을 적용할 수 있다(0 $\oplus$ $x = x$이므로). 복호화할 때는 우선 $t_1 = D(c_1)$을 계산한다. 그러고 나면 c_1과 c_2로부터 t_2도 얻을 수 있다. $D(c_2)$를 계산하면, 결과는 $c_1 \oplus t_2$와 같으므로, 이 결과에 c_1을 XOR하면 된다. 일반적으로 c_i를 복호화해서 t_i를 얻으려면 $t_i = D(c_i) \oplus c_{i-1}$을 적용한다. 암호화와 마찬가지로, t_1을 계산할 때도 c_0를 모든 비트가 0인 블록으로 가정하면 이 공식을 적용할 수 있다.

　하지만 아직도 문제가 있다. 암호 블록 체인을 사용해도 같은 메시지를 두 번 보내면 동일한 복문 블록 시퀀스를 두 번 보내게 된다. 여러분이 같은 메시지를 두 번 보낸다는 사실을 공격자가 알아채면, 공격자는 유용한 정보를 얻어낼 수 있다. 한 가지 해법은 c_0를 모든 비트가 0인 수로 시작하지 않는 것이다. 여러분이 c_0를 난수로 생성하고 첫 번째 평문 블록을 c_0

를 이용해 암호화하면, 나는 c_0를 이용해 첫 번째 복문 블록을 복호화한다. 이렇게 무작위로 선택된 c_0를 **초기화 벡터**initialization vector라고 한다.

공통 정보 동의

대칭 키 암호화가 작동하려면 발신 측과 수신 측 모두 키에 동의agree해야 한다. 더 나아가 암호 블록 체인을 바탕으로 하는 블록 암호화라면 양측이 초기화 벡터에도 동의해야 한다. 짐작하듯이 이러한 값을 미리 동의하기 는 실질적으로 어렵다. 그렇다면 송신 측과 수신 측은 키와 초기화 벡터에 어떻게 동의하는가? 8장 뒷부분(233페이지)에서 하이브리드 암호화 시스템 을 이용해 공통 정보를 전송하는 방법을 알아보자.

공개키 암호화

암호화된 메시지를 수신한 쪽에서 복문을 복호화하려면 송신 측과 수신 측이 모두 암호화에 사용된 키를 알아야 하는 게 당연하다고 생각하는가?

틀렸다.

공개키 암호화public-key cryptography에서 각 참여자는 **공개키**public key와 **비밀키** secret key라는 한 쌍의 키를 갖는다. 이제부터 나와 여러분이라는 두 참여자 를 예로 들어 공개키 암호화를 설명할 텐데, 공개키는 P로 비밀키는 S로 나타낸다. 여러분은 여러분만의 공개키와 비밀키를 가지며, 다른 참여자 도 각자 자신의 공개키와 비밀키를 갖는다.

비밀키는 말 그대로 비밀이지만, 공개키는 모두에게 공개된다. 모두가 다른 사람의 공개키를 알 수 있도록 중앙 집중화된 디렉토리에 저장할 수 도 있다. 정상적인 조건이라면 두 키 중 하나를 이용해 암호화나 복호화할 수 있다. 여기서 '정상적인 조건'은 공개키와 비밀키를 이용해 평문을 복 문으로 암호화하거나 복문을 평문으로 복호화하는 함수가 존재한다는 말이다. 공개키를 이용한 함수를 F_P라 하고, 비밀키를 이용한 함수를 F_S라고 하자.

이때 공개키와 비밀키 사이에는 다음과 같은 특수한 관계가 성립한다.

$$t = F_S(F_P(t))$$

즉 공개키를 이용해 평문을 복문으로 암호화한 후, 비밀키를 이용해 복문을 평문으로 복호화하면 원래 평문을 얻게 된다. 공개키 암호화의 다른 응용 사례에서는 $t = F_P(F_S(t))$를 만족해야 한다. 즉 나의 비밀키로 평문을 암호화하면 누구나 복문을 복호화할 수 있다.

나의 공개키 함수 F_P는 누구든지 쉽게 계산할 수 있어야 하지만, 나의 비밀키 함수 F_S는 나를 제외한 누구도 합리적인 시간 안에 계산할 수 없어야 한다. 내 비밀키를 모른 채로 F_S를 추측하는 데 걸리는 시간은 누구도 허용할 수 없을 정도로 길어야 한다(아직은 막연하겠지만, 공개키 암호화의 실제 구현은 잠시 후에 알아보자). 다른 사람의 공개키와 비밀키도 마찬가지다. 공개키 함수 F_P는 효율적으로 계산할 수 있지만, 비밀키의 소유자만이 비밀키 함수 F_S를 합리적인 시간 안에 계산할 수 있어야 한다.

공개키 암호화를 이용해 메시지를 보내는 방법은 다음과 같다.

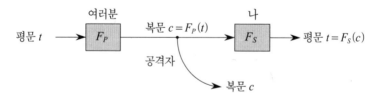

우선 평문 t에서 시작하자. 여러분은 나의 공개키 P를 내게서 직접 구하거나 디렉토리에서 찾을 수 있다. 이렇게 P를 얻은 후에, 여러분은 평문을 암호화해 복문 $c = F_P(t)$를 얻는 과정을 효율적으로 수행한다. 그리고 복문을 내게 보내면, 메시지를 가로챈 공격자는 복문밖에 볼 수 없다. 나는 복문 c를 수신한 후 나의 비밀키를 이용해 복호화하면, 평문 $t = F_S(c)$를 얻는다. 여러분을 비롯한 누구든 암호화를 거쳐 복문을 효율적으로 생성할 수 있지만, 합리적인 시간 안에 복문을 평문으로 복호화해 원래 평문을 얻을 수 있는 사람은 나뿐이다.

실제로는 F_P와 F_S가 함께 잘 작동하는지 확인해야 한다. 가능한 모든 평문에 대해 F_P가 각기 다른 복문을 만들어내야 한다. 반대로 각기 다른 두 평문 t_1과 t_2에 대해, F_P가 같은 결과를 돌려준다고 가정하자. 즉 $F_P(t_1) = F_P(t_2)$이다. 그렇게 되면 내가 복문 $F_P(t_1)$을 수신한 후에 F_S로 복호화하면 t_1과 t_2 중에 무엇을 얻을지 알 수 없다. 반면에 난수화가 가미되는 경우에는 괜찮다(오히려 권장된다). 즉 같은 평문이 F_P를 거칠 때마다 각기 다른 복문으로 암호화된다(곧 살펴볼 RSA 암호화 시스템은 평문이 암호화된 정보의 작은 일부일 때 훨씬 안전하므로, 무작위로 생성한 패딩을 포함시킨 정보를 암호화한다). 물론 복호화 함수 F_S가 이를 상쇄할 수 있도록, 여러 가지의 복문을 한 평문으로 변환할 수 있도록 설계해야 한다.[4]

하지만 문제가 있다. 평문 t에서 가능한 값의 개수에는 제한이 없고(그 길이에 제한이 없고), F_P가 t를 변환해 얻는 복문에서 가능한 값의 개수는 t에서 가능한 값의 개수와 같다. F_P는 누구나 쉽게 계산 가능하고 F_S는 나에게만 쉬워야 한다는 추가적인 제약을 만족하는 함수 F_P와 F_S를 어떻게 만들어야 할까? 이는 어려운 문제지만, 가능한 평문의 개수를 제한하면 해볼 만하다. 즉 블록 암호화를 사용한다.

---

4 야구에서도 비슷한 시스템을 사용한다. 매니저와 코치는 선수에게 작전을 주문할 때 몸짓을 바탕으로 하는 정교한 시스템, 즉 사인sign을 이용한다. 예를 들어 오른쪽 어깨를 만지면 치고 달리기 작전을, 왼쪽 허벅지를 만지면 번트 작전을 의미한다. 매니저와 코치는 일련의 긴 사인을 보내지만, 그중 일부만이 의미 있으며, 나머지는 속임수다. 따라서 사인을 보내는 쪽과 받는 쪽은 어떤 사인이 의미 있는 사인인지에 서로 동의하는 시스템이 필요한데, 사인의 순서나 '지시자indicator' 사인을 이용한다. 매니저나 코치는 특정 작전을 지시할 때 얼마든지 긴 일련의 사인을 보낼 수 있지만, 그중 대부분은 의미 없는 사인이다.

RSA 암호화 시스템

공개키 암호화는 멋진 개념이지만 둘이 함께 제대로 동작하는 함수 F_P와 F_S를 찾아야 하며, F_P는 누구나 쉽게 계산 가능하고 F_S는 계산할 비밀키의 소유자에게만 쉬워야 한다. 이러한 기준을 만족하는 방식을 **공개키 암호화 시스템**public-key cryptosystem이라고 하며, 그중의 하나가 RSA 암호화 시스템 혹은 RSA[5]이다.

RSA는 정수론number theory의 몇 가지 이론을 바탕으로 하며, 그중의 많은 부분이 **모듈러 연산**modular arithmetic에 관련된다. 모듈러 연산에서는 우리가 고른 양의 정수 n에 대해, 수가 n에 닿을 때마다 0으로 되돌아간다. 정수 산술과 비슷하지만, 항상 n으로 나눈 나머지를 취한다. 모듈러 5를 예로 들면, 사용 가능한 값은 0, 1, 2, 3, 4이고, 7 나누기 5의 나머지는 2이므로 $3 + 4 = 2$이다. 이제 나머지를 계산하는 연산자를 mod라고 정의하자. 즉 $7 \bmod 5 = 2$이다. 모듈러 산술은 숫자 12를 0으로 대체한 시계에서 시각을 계산하는 것과 비슷하다. 11시에 잠자리에 들어서 8시간을 잔다면 일어나는 시각은 7시, 즉 $(11 + 8) \bmod 12 = 7$이다.

모듈러 산술의 특히 좋은 점은 계산 결과에 영향을 주지 않고도 수식 중간에 mod 연산을 끼워 넣을 수 있다는 점이다.[6]

---

5 발명자인 로널드 리베스트Ronald Rivest와 아디 샤미르Adi Shamir, 레오나르드 아델만 Leonard Adleman의 이름에서 따왔다.

6 한 예로 $ab \bmod n = ((a \bmod n)(b \bmod n)) \bmod n$임을 증명해보자. $a \bmod n = x$이고 $b \bmod n = y$라고 하면, $a = ni + x$와 $b = nj + y$를 만족하는 정수 i와 j가 존재한다. 따라서 다음과 같다.

$$
\begin{aligned}
ab \bmod n &= (ni + x)(nj + y) \bmod n \\
&= (n^2 ij + xnj + yni + xy) \bmod n \\
&= ((n^2 ij \bmod n) + (xnj \bmod n) + (yni \bmod n) + (xy \bmod n)) \bmod n \\
&= xy \bmod n \\
&= ((a \bmod n)(b \bmod n)) \bmod n
\end{aligned}
$$

$$(a + b) \bmod n \quad = \quad ((a \bmod n) + (b \bmod n)) \bmod n$$
$$ab \bmod n \quad = \quad ((a \bmod n)(b \bmod n)) \bmod n$$
$$a^b \bmod n \quad = \quad (a \bmod n)^b \bmod n$$

더 나아가, 모든 정수 x에 대해 $xn \bmod n = 0$이다.

이에 더하여 RSA가 공개키 암호화 시스템의 조건을 만족하려면, 소수에 관련된 정수론적인 성질 두 가지가 성립해야 한다. 알다시피 **소수**prime number는 1보다 큰 정수로서, 자기 자신과 1만을 정수 인자로 갖는다. 예를 들어 7은 소수인 반면, 6은 $2 \cdot 3$으로 인수분해되므로 소수가 아니다. RSA의 바탕이 되는 첫 번째 성질은 알려지지 않은 큰 소수 2개의 곱으로 이뤄진 수가 있을 때, 누구도 그 수의 인자를 합리적인 시간 안에 찾아낼 수 없다는 점이다. 1장에서 말했듯이 어떤 수의 제곱근까지 모든 홀수가 약수인지를 확인할 수도 있지만, 그 수가 매우 크면(수백, 수천 자리의 수라면) 그 제곱근도 여전히 많은 자릿수를 포함하는 큰 수다. 이론적으로는 누군가가 인자 중의 하나를 찾아낼 수 있다고 해도, 인자를 찾는 데 필요한 자원(시간과 컴퓨팅 파워)을 확보하기란 사실상 불가능하다.[7]

두 번째 성질은 매우 큰 두 소수의 곱인 어떤 수의 인자를 찾아내기는 어렵지만, 어떤 큰 수가 소수인지를 결정하기는 쉽다는 점이다. 자명하지 않은(1이나 자기 자신이 아닌) 인자를 적어도 하나 찾아내지 않고서는 어떤 수가 소수가 아니라고(**합성수**composite라고) 단정하기는 불가능하다고 생각하는가? 다행히도 가능하다. 그 방법 중 하나가 AKS[8] 소수성primality 테스트로, n비트의 수가 소수인지를 어떤 상수 c에 대해 $O(n^c)$시간에 결정하는 첫

---

7 예를 들어 1000개 비트로 이뤄진 숫자의 제곱근은 500개 비트로 구성되며, 이는 2^{500} 정도로 큰 수다. 1초당 수조 × 수조 번의 나눗셈을 할 수 있다고 해도 2^{500}에 이르기 훨씬 전에 태양이 소멸할 것이다.

8 발명자인 매닌드라 아그라왈Manindra Agrawal과 니라즈 카얄Neeraj Kayal, 니틴 색시나 Nitin Saxena의 이름에서 따왔다.

번째 알고리즘이다. AKS 소수성 테스트가 이론적으로는 효율적이지만, 실제로는 큰 수에 적용하기가 어렵다. 그 대신 우리는 밀러-라빈^{Miller-Rabin} 소수성 테스트를 이용하는데, 밀러-라빈 테스트의 단점은 소수라고 판별한 수가 사실은 합성수가 될 수 있는 오류가 존재한다는 점이다(반면에 어떤 수가 합성수라고 판별한 경우에는, 그 수는 분명히 합성수다). 하지만 다행히도 오류율은 2^s번에 한 번이며, s를 우리가 원하는 수로 정할 수 있다. 따라서 2^{50}번에 한 번 정도의 오류율을 정한다면, 거의 완벽한 소수 판별이 가능하다. 1장에서 다뤘듯이 2^{50}은 1경, 즉 1,000,000,000,000,000에 이르는 수다. 2^{50}번의 테스트 중 한 번의 오류가 여전히 맘에 걸린다면, 약간의 노력을 더 들여서 2^{60}번의 테스트 중 한 번만 오류가 생기게 할 수도 있다. 2^{60}은 2^{50}보다 천 배 정도 크다. 이는 밀러-라빈 테스트의 수행 시간이 파라미터 s에 대해 선형적으로 증가하는 덕분에 가능하다. s가 50에서 60으로 10만큼 커지면 수행 시간은 고작 20% 증가하지만, 오류율은 2^{10}, 즉 1024배 낮아진다.

RSA 암호화 시스템을 사용하려면 어떻게 해야 할까? RSA의 작동 방법을 알아본 후에 몇 가지 세부사항을 살펴보자.

1. 매우 크고 각기 다른 두 임의의 소수 p와 q를 선택하자. 얼마나 큰 수여야 하는가? 적어도 각각 1024비트는 돼야 하고, 십진 자릿수로는 309자리 정도 돼야 한다. 어쨌든 더 클수록 좋다.

2. $n = pq$를 계산한다. 이 수는 적어도 2048비트, 십진 자릿수로는 618자리가 된다.

3. $r = (p-1)(q-1)$을 계산한다. r도 n과 비슷한 크기다.

4. r과 **서로소**^{relatively prime}인 작은 홀수 e를 선택한다. e와 r이 서로소이면 유일한 공약수가 1이라는 뜻이다. 서로소인 작은 정수라면 어떤 수든 좋다.

5. 모듈러 r에서 e의 **역수**multiplicative inverse인 d를 계산한다. 즉 $ed \bmod r$이 1이어야 한다.

6. 한 쌍의 수 $P = (e, n)$을 나의 RSA **공개키**로 삼는다.

7. 한 쌍의 수 $S = (d, n)$을 아무에게도 공개하지 않는 나의 RSA **비밀키**로 삼는다.

8. 함수 F_P와 F_S를 다음과 같이 정의한다.

$$F_P(x) = x^e \bmod n$$
$$F_S(x) = x^d \bmod n$$

이 함수는 평문의 블록이나 복문의 블록에 적용할 수 있는데, 각 블록의 비트를 큰 정수로 취급한다.

작은 수를 예로 삼아서 동작 과정을 살펴보자.

1. 두 소수 $p = 17$과 $q = 29$를 선택한다.

2. $n = pq = 493$을 계산한다.

3. $r = (p - 1)(q - 1) = 448$을 계산한다.

4. 448과 서로소인 $e = 5$를 선택한다.

5. $d = 269$를 계산하자. 검산을 해보면 $ed = 5 \cdot 269 = 1345$이므로 $ed \bmod r = 1345 \bmod 448 = (3 \cdot 448 + 1) \bmod 448 = 1$임을 알 수 있다.

6. $P = (5, 493)$을 나의 RSA 공개키로 삼는다.

7. $S = (269, 493)$을 나의 RSA 비밀키로 보관한다.

8. 예를 들어, $F_P(327)$을 다음과 같이 계산한다.

$$\begin{aligned} F_P(327) &= 327^5 \bmod 493 \\ &= 3{,}738{,}856{,}210{,}407 \bmod 493 \\ &= 259 \end{aligned}$$

$F_S(259) = 259^{269} \bmod 493$을 계산하면 327을 다시 얻는다. 하지만 259^{269}의 모든 자릿수를 알고 싶은 것은 아니다. 인터넷에서 정밀도

를 조절할 수 있는 계산기를 찾아서 이 식을 테스트해볼 수는 있다(내가 그랬듯이). 그러나 우리가 모듈러 연산을 하고 있다는 관점에서 보면, 259^{269}의 실제 값을 알 필요는 없다. 모든 중간 결과를 모듈러 493으로 시작할 수 있으므로, 1부터 시작해 중간 결과를 259에 곱하고 모듈러 493의 값을 취하는 과정을 269번 반복하면 된다. 그러면 327을 결과로 얻는다(직접 해볼 수도 있지만 컴퓨터 프로그램으로 작성할 수 있다).

이제 RSA를 구성하고 사용하는 데 필요한 세부사항을 살펴보자.

- 수백 자리의 수를 어떻게 다루는가?
- 어떤 수가 소수인지를 판별하는 데는 문제가 없다고 해도, 큰 소수를 어떻게 합리적인 시간 안에 찾을 수 있는가?
- r과 서로소인 e를 어떻게 찾는가?
- 모듈러 r에서 e의 역수인 d를 어떻게 찾는가?
- d가 큰 수일 때, 어떻게 x^d을 합리적인 시간 안에 계산할 수 있는가?
- 함수 F_P와 F_S가 서로의 역함수임을 어떻게 알 수 있는가?

큰 수의 산술 연산

RSA에서 요구하는 수는 64비트를 저장하는 대부분의 컴퓨터 레지스터에 맞지 않는다. 다행히도 몇 가지 소프트웨어 패키지와 (파이썬을 비롯한) 프로그래밍 언어를 이용하면 크기 제한이 없는 정수를 다룰 수 있다.

더 나아가 RSA의 모든 산술은 모듈러 산술이므로, 계산해야 할 정수의 크기를 제한할 수 있다. 예를 들어 $x^d \bmod n$을 계산할 때, x의 거듭제곱을 계산해야 하지만, 이 모두가 모듈러 n이므로 계산될 모든 중간 결과도 0부터 $n-1$ 사이에 존재한다. 게다가 p와 q의 최대 크기를 정해두면 n의 최대 크기도 제한할 수 있으므로, RSA를 특화된 하드웨어에서 구현할 수 있다.

큰 소수 찾기

큰 홀수를 무작위로 생성하고 밀러-라빈 소수성 테스트를 바탕으로 소수 여부를 확인하는 과정을 반복해 큰 소수를 찾을 수 있다. 하지만 이런 식으로 큰 소수를 찾으면 너무 오래 걸릴 수 있다. 수가 커질수록 소수가 드물어진다면 어떻게 될까? 모래알만큼의 합성수 중에서 바늘 크기의 소수를 찾으려면 엄청난 시간이 걸릴 수도 있다.

하지만 걱정할 필요 없다. 소수 정리Prime Number Theorem에 따르면, m이 무한대에 가까워지면 m 이하의 소수의 개수는 $m / \ln m$에 가까워진다. 여기서 $\ln m$은 m의 자연로그다. 즉 임의의 정수 m을 선택하면, m이 소수일 확률은 $\ln m$분의 1이다. 확률론에 따르면, m에 가까운 수를 평균적으로 $\ln m$개 선택하면 소수를 찾을 수 있다는 말이다. p와 q가 1024비트라면 m은 2^{1024}이고, $\ln m$은 약 710이다. 그리고 밀러-라빈 소수성 테스트를 710번 수행하는 일은 컴퓨터로 빠르게 수행할 수 있다.

실제로는 밀러-라빈 테스트보다 간단한 소수성 테스트를 이용할 수도 있다. **페르마의 소정리**Fermat's Little Theorem에 따르면 m이 소수이면, 1과 $m - 1$ 사이의 모든 수 x에 대해 $x^{m-1} \bmod m$은 1과 같다. 역으로 1과 $m - 1$ 사이의 모든 수 x에 대해 $x^{m-1} \bmod m$이 1이면, m은 소수라는 명제는 반드시 참은 아니다. 그러나 매우 큰 수에서는 거의 모든 경우에 참이다. 사실상 홀수 m에 대해 $2^{m-1} \bmod m$이 1이면 m이 소수라고 주장하기에 충분하다. 230페이지에서는 $2^{m-1} \bmod m$을 $\Theta(\lg m)$번의 곱셈으로 구할 수 있음을 증명한다.

주어진 수에 대한 서로소 찾기

r과 서로소인 작은 홀수 e를 찾아야 한다. 두 수의 최대공약수가 1이면 두 수는 서로소다. 고대 그리스의 수학자 유클리드Euclid가 제안한 알고리즘을 이용해 두 정수의 최대공약수를 구해보자. 정수론의 한 정리에 따르면,

0이 아닌 두 정수 a와 b, 그리고 어떤 정수 i와 j에 대해, a와 b의 최대공약수 g는 $ai + bj$ 형태로 나타낼 수 있다(더 나아가 이런 형태로 표현할 수 있는 가장 작은 수가 바로 g인데, 우리에겐 그리 중요한 사실이 아니다). 그리고 두 계수 i와 j 중의 하나는 음수일 수 있다. 예를 들어 30과 8의 최대공약수는 6이고, $i = -1$이고 $j = 2$일 때 $6 = 30i + 18j$이다.

아래에서 a와 b의 최대공약수 g와 계수 i, j를 구하는 유클리드 알고리즘을 볼 수 있다. 이 계수는 추후에 모듈러 r에서 e의 역수를 구할 때 유용하다. 서로소의 후보 값인 e에 대해 EUCLID(r, e)를 호출하고, 세 반환 값 중의 첫 번째 요소가 1이면, 후보 값 e는 r과 서로소다. 반대로 세 반환 값 중의 첫 번째 요소가 1이 아니면, 후보 값 e와 r은 1보다 큰 공약수를 가지므로 서로소가 아니다.

프로시저 EUCLID(a, b)

입력

- a와 b: 두 정수

출력: 트리플^{triple} (g, i, j). g는 a와 b의 최대공약수이고, $g = ai + bj$를 만족한다.

1. b가 0이면 트리플 $(a, 1, 0)$을 반환한다.
2. 그렇지 않고(b가 0이 아니면), 다음을 수행한다.
   A. EUCLID$(b, a \bmod b)$를 재귀 호출하고 그 반환 값을 트리플 (g, i', j')에 대입한다. 즉 반환된 트리플의 첫 번째 요소는 g에, 두 번째 요소는 i'에, 세 번째 요소는 j'에 대입한다.
   B. i를 j'으로 지정한다.
   C. j를 $i' - \lfloor a/b \rfloor j'$으로 지정한다.
   D. 트리플 (g, i, j)를 반환한다.

이 프로시저의 작동 원리나 수행 시간을 자세히 설명하진 않겠지만,[9] EUCLID(r, e)를 호출했을 때 재귀 호출의 횟수는 $O(\lg e)$이다. 따라서 r과 후보 값 e의 최대공약수가 1인지는 빠르게 확인할 수 있다(e가 작은 수임을 기억하라). 두 수의 최대공약수가 1이 아니라면, r의 서로소를 찾을 때까지 다른 후보 값 e를 시도해본다. 그렇다면 얼마나 많은 후보 값을 시도해봐야 할까? 그리 많지 않다. e를 r보다 작은 홀수이자 (밀러-라빈 테스트나 페르마의 소정리를 이용한 테스트를 통해 쉽게 확인 가능한) 소수로 제한하면, 선택한 수가 r과 서로소일 확률이 높다. 소수 정리에 따라 r보다 작은 소수는 약 $r/\ln r$개이지만, 또 다른 정리에 따르면 r의 인자 중 소수의 개수는 $\lg r$개를 넘을 수 없기 때문이다. 따라서 선택한 소수가 r의 인자일 확률은 낮다.

모듈러 산술에서 역수 구하기

r과 e를 구한 후에는, 모듈러 r에서 e의 역수인 d, 즉 $ed \bmod r = 1$을 만족하는 d를 구해야 한다. EUCLID(r, e)가 트리플 (1, i, j)를 반환한다는 사실을 앞서 살펴봤다. 여기서 1은 e와 r의 최대공약수이고(두 수가 서로소이므로), $1 = ri + ej$이다. 이제 d는 $j \bmod r$이 된다.[10] 모듈러 r에서는 다음과 같이 양변에 모듈러 r을 취할 수 있기 때문이다.

---

9 EUCLID(0, 0)은 트리플 (0, 1, 0)을 반환하므로, 0과 0의 최대공약수는 0이라고 가정한다. 좀 이상하게peculiar 들리겠지만(peculiar 대신 odd라고 쓰려 했지만, 여러분이 '홀수'라고 생각할까 봐 그러지 않았다), r이 양수이므로 EUCLID의 첫 번째 호출에서 받는 매개변수 a도 양수다. 그리고 모든 재귀 호출에서 a는 양수여야 한다. 따라서 EUCLID(0, 0)이 무엇을 반환하든 신경 쓸 필요는 없다.

10 j가 음수일 수 있다는 점을 기억하자. j가 음수이고 r이 양수일 때 $j \bmod r$을 계산하는 방법 중의 하나는 j에서 시작해 음수가 아닌 수를 얻을 때까지 r을 더해가는 것이다. 그렇게 얻은 수가 바로 $j \bmod r$이다. 예를 들어 $-27 \bmod 10$을 계산하려면, -27, -17, -7, 3을 차례로 계산하다가 3을 얻었을 때 비로소 $-27 \bmod 10$은 3이라고 말할 수 있다.

$$
\begin{aligned}
1 \bmod r \;\; &= \;\; (ri + ej) \bmod r \\
&= \;\; ri \bmod r + ej \bmod r \\
&= \;\; 0 + ej \bmod r \\
&= \;\; ej \bmod r \\
&= \;\; (e \bmod r) \cdot (j \bmod r) \bmod r \\
&= \;\; e(j \bmod r) \bmod r
\end{aligned}
$$

(마지막 줄은 $e < r$이기 때문에 성립한다. 즉 $e \bmod r = e$이기 때문이다.) $1 = e(j \bmod r)$ $\bmod r$이므로, EUCLID(r, e)가 반환한 트리플의 j 값에 모듈러 r을 취한 값을 d에 대입할 수 있다. j가 0부터 $r - 1$ 구간에 있지 않은 경우에 대비해 j가 아닌 $j \bmod r$을 사용한다.

정수의 거듭제곱을 빠르게 처리하기

지금까지 구한 e는 작은 수이고, d는 큰 수다. 그리고 이제 함수 F_S를 계산하려면 $x^d \bmod n$을 구해야 한다. 우리는 지금 모듈러 n을 다루고 있고, 이는 곧 우리가 다루는 모든 수가 0부터 $n - 1$ 구간에 있다는 말이다. 그래서 d번의 곱셈을 수행하고 싶지는 않다. 다행히 그럴 필요는 없다. **반복제곱**repeated squaring이라는 기술을 이용하면 $\Theta(\lg d)$번의 곱셈만 수행하면 된다. 페르마의 소정리를 바탕으로 한 소수성 테스트에서도 같은 기술을 이용할 수 있다.

아이디어는 이렇다. d는 음수가 아니다. 그리고 우선 d가 짝수라고 가정하자. 그렇다면 x^d은 $(x^d/2)^2$과 같다. 반면 d가 홀수라면 x^d은 $(x^{(d-1)/2})^2 \cdot x$이다. 이러한 관찰을 바탕으로 x^d을 계산하는 멋진 재귀적인 방법을 생각해낼 수 있다. 기반 케이스로 d가 0이면 x^0은 1이다. 다음 프로시저는 이러한 모든 모듈러 n 산술에 대한 아이디어를 반영해 수행한다.

> **프로시저** MODULAR-EXPONENTIATION(x, d, n)
>
> **입력**
>
> - x, d, n: 세 정수. x와 d는 음이 아닌 수이고 n은 양수다.
>
> **출력:** $x^d \bmod n$의 값을 반환
>
> 1. d가 0이면 1을 반환한다.
> 2. 그렇지 않고(d가 양수이고), d가 짝수라면 MODULAR-EXPONENTIATION$(x, d/2, n)$을 재귀 호출하고, 그 반환 값을 z에 대입한 후 $z^2 \bmod n$을 반환한다.
> 3. 그렇지 않으면(d가 양수인 홀수라면), MODULAR-EXPONENTIATION $(x, (d-1)/2, n)$을 재귀 호출하고, 그 반환 값을 z에 대입한 후 $(z^2 \cdot x) \bmod n$을 반환한다.

각 재귀 호출마다 d는 적어도 반으로 줄어들므로, 최대 $\lfloor \lg d \rfloor + 1$번의 호출 후에는 d가 0이 되어 재귀가 종료한다. 따라서 이 프로시저는 곱셈을 $\Theta(\lg d)$번 수행한다.

F_P와 F_S가 서로의 역임을 증명하기

경고: 이번 절은 정수론과 모듈러 연산에 대한 깊은 지식이 필요하다. 두 함수 F_P와 F_S가 서로의 역임을 증명하지 않고 그냥 받아들일 수 있다면, 앞으로 이어질 다섯 문단을 건너뛰어서 '하이브리드 암호화 시스템' 절부터 다시 읽어나가자.

RSA가 공개키 암호화 시스템이 되려면 두 함수 F_P와 F_S가 서로의 역이어야 한다. 평문의 블록 t를 n보다 작은 정수로 취급해 F_P를 적용하면 $t^e \bmod n$을 얻는다. 그리고 이 결과에 다시 F_S를 적용하면 $(t^e)^d \bmod n$을

얻는데, 이 값은 t^{ed} mod n과 같다. 이제 순서를 거꾸로 하여 F_S를 먼저 적용한 후에 F_P를 적용하면 $(t^d)^e$ mod n을 얻는데, 이 값도 t^{ed} mod n과 같다. 따라서 우리는 모든 평문 블록 t를 n보다 작은 정수로 취급했을 때, t^{ed} mod n이 t와 같음을 증명해야 한다.

우리의 접근 방식은 대략 이렇다. $n = pq$라는 점을 떠올려보자. 먼저 t^{ed} mod $p = t$ mod p이고 t^{ed} mod $q = t$ mod q라는 사실을 증명하자. 그 후에 정수론의 또 다른 정리를 바탕으로 t^{ed} mod $pq = t$ mod pq, 즉 t^{ed} mod $n = t$ mod n이라는 결론을 도출한다. 여기서 t는 n보다 작으므로 이 값은 결국 t와 같다.

이쯤에서 페르마의 소정리가 필요한데, r을 $(p-1)(q-1)$로 지정한 이유를 설명할 수 있다. (여태 왜 그런지 궁금하지 않았는가?) p가 소수이므로, t mod p가 0이 아니라면 $(t$ mod $p)^{p-1}$ mod $p = 1$이다.

앞에서 e와 d를 모듈러 r에서의 역수가 되도록 선택했다. 즉 ed mod $r = 1$이다. 다시 말해, 어떤 정수 h에 대해 $ed = 1 + h(p-1)(q-1)$이다. t mod p가 0이 아니라면, 다음과 같은 식을 유도할 수 있다.

$$
\begin{aligned}
t^{ed} \bmod p &= (t \bmod p)^{ed} \bmod p \\
&= (t \bmod p)^{1+h(p-1)(q-1)} \bmod p \\
&= \left((t \bmod p) \cdot ((t \bmod p)^{p-1} \bmod p)^{h(q-1)}\right) \bmod p \\
&= (t \bmod p) \cdot (1^{h(q-1)} \bmod p) \\
&= t \bmod p
\end{aligned}
$$

물론 t mod p가 0이면, t^{ed} mod p도 0이다.

비슷한 이유로 t mod q가 0이 아니면 t^{ed} mod q는 t mod q와 같고, t mod q가 0이면 t^{ed} mod q도 0이다.

증명을 마무리하려면 정수론에서 한 가지를 더 차용해야 한다. p와 q가 서로소이므로(동시에 둘은 각각 소수이므로), x mod $p = y$ mod p이고 x mod

$q = y \bmod q$이면, ('중국인 나머지 정리Chinese Remainder Theorem'로부터) $x \bmod pq = y \bmod pq$이다. x에 t^{ed}를 대입하고 y에 t를 대입하자. 그리고 $n = pq$이고 t는 n보다 작으므로 $t^{ed} \bmod n = t \bmod n = t$이다. 이로써 우리가 원하던 증명이 완료됐다. 멋지지 않은가!

하이브리드 암호화 시스템

큰 수의 산술 연산이 가능하다고 해도, 실제로는 속도 측면에서 비용이 발생한다. 수백, 수천 개의 블록으로 이뤄진 긴 메시지를 암·복호화할 때는 눈에 띨 만한 시간 지연을 유발한다. 따라서 RSA는 공개키와 대칭키를 혼합한 하이브리드 시스템에서 주로 사용된다.

하이브리드 시스템에서 암호화된 메시지를 보내는 방법을 알아보자. 우선 어떤 공개키 시스템과 대칭키 시스템을 사용할지를 정해야 하는데, 여기서는 RSA와 AES를 사용한다. 여러분은 AES의 키 k를 선택한 후 RSA 공개키로 암호화해 $F_P(k)$를 계산한다. 그리고 AES를 이용해 평문 블록 시퀀스를 키 k로 암호화하고, 복문 블록 시퀀스를 생성한다. 그리고 $F_P(k)$와 복문 블록 시퀀스를 나에게 보낸다. 나는 $F_P(k)$를 복호화하고자 $F_S(F_P(k))$를 계산하고, AES의 키 k를 얻어낸다. 이렇게 얻은 k를 이용해 복문 블록을 AES로 복호화함으로써 평문 블록을 복원할 수 있다. 암호 블록 체인을 이용할 경우에는 초기화 벡터가 필요하므로, RSA나 AES를 이용해 초기화 벡터도 암호화한다.

난수 생성

앞에서 살펴봤듯이 일부 암호화 시스템은 난수 생성을 필요로 한다. 정확히 말하면 무작위적인 양의 정수가 필요하다. 이러한 정수는 비트 시퀀스로 표현하므로, 우리가 정말 필요한 것은 무작위적인 비트를 생성하는 것이고, 이렇게 모인 비트를 정수로 취급할 수 있다.

무작위 비트random bits는 무작위 프로세스random process를 통해서만 만들 수 있다. 컴퓨터에서 동작하는 프로그램이 어떻게 무작위 프로세스가 될 수 있는가? 많은 경우에 그것은 불가능하다. 컴퓨터 프로그램은 잘 정의된 결정론적deterministic 명령어로 이뤄지고, 이러한 명령어는 같은 데이터로 시작하면 항상 같은 결과를 내기 때문이다. 일부 현대적인 프로세서에서는 암호학적 소프트웨어를 지원할 용도로 회로 내의 열 잡음thermal noise 등을 바탕으로 한 무작위 프로세스를 이용해 무작위 비트를 만드는 명령어도 제공한다. 이런 프로세스를 설계하는 사람은 세 가지 도전에 직면한다. 우선 애플리케이션의 난수 수요에 적합할 정도의 속도로 비트를 만들어내야 한다. 두 번째로, 생성한 비트들이 무작위성randomness을 검증하는 통계적 검증을 통과해야 한다. 세 번째로, 무작위 비트들을 생성하고 검증함에 있어 합리적인 전력 사용량을 보장해야 한다.

암호학적 프로그램은 일반적으로 **의사난수 생성기**pseudorandom number generator로부터 비트 시퀀스를 얻어낸다. 이를 줄여서 PRNG라고 하는데, PRNG는 **시드**seed라고 부르는 초깃값으로부터 값의 시퀀스를 생성하는 결정론적 프로그램이다. 그리고 이 프로그램은 현재 값으로부터 다음 값을 만드는 방법을 규정하는 결정론적 규칙을 포함한다. 따라서 매번 같은 시드로 PRNG를 시작하면, 매번 동일한 수의 시퀀스를 얻게 된다. 이렇게 재현이 가능한 특징은 디버깅에는 좋지만, 암호학적으로는 나쁜 특성이다. 암호화 시스템에서 사용하는 난수 생성기의 최근 표준에서는 특정한 PRNG 구현을 요구한다.

PRNG를 이용해서 겉으로 보기에 무작위한 비트 시퀀스를 얻으려면 매번 다른 시드로 시작해야 하고, 그러려면 시드가 무작위여야 한다. 특히 시드는 (0이나 1 중 어느 한쪽을 선호하지 않는) 균형 잡힌unbiased 비트 시퀀스를 바탕으로 해야 하고, 독립적이어야 하며(앞에서 생성된 비트를 알든 모르든, 누구라도 다음 비트를 맞출 확률은 50%여야 함), 암호화 시스템을 깨려고 시도하는 공격자가 누구든 예측할 수 없어야 한다. 여러분의 프로세서가 무작위 비트 시퀀스를 만드는 명령어를 제공한다면, PRNG의 시드를 생성하기에 안성맞춤이다.

더 읽을거리

암호학은 컴퓨터 시스템의 보안에 있어서 한 구성요소일 뿐이다. 스미스Smith와 마르케시니Marchesini가 쓴 책[SM08]에서 암호학과 암호 시스템을 공격하는 방법을 비롯해 컴퓨터 보안을 폭넓게 다루고 있다.

암호학을 더 자세히 공부하고 싶다면 카츠Katz와 린델Lindell의 책[KL08]과 메네제스Menezes와 반 우르숏van Oorschot, 반스톤Vanstone의 책[MvOV96]을 참고하라. CLRS[CLRS09]의 31장에서는 암호학에 필요한 정수론의 배경을 빠르게 훑어보고, RSA와 밀러-라빈 소수성 테스트를 설명한다. 디파이Diffie와 헬먼Hellman[DH76]은 1976년에 공개키 암호화라는 개념을 제안했고, 그로부터 2년 후에 리베스트Rivest와 샤미르Shamir, 아델만Adelman의 논문[RSA78]에서 RSA를 처음으로 소개했다.

공식적으로 사용되는 PRNG를 자세히 알고 싶다면 연방 정보 처리 표준 출판물Federal Information Processing Standards Publication 140-2[FIP11]의 부록 CAnnex C를 참고하라. 열 잡음 기반의 난수 생성기에 대한 하드웨어 구현 방법이 궁금하다면 테일러Taylor와 콕스Cox의 문서[TC11]를 읽어보자.

9장

데이터 압축

8장에서는 정보를 전송할 때 공격으로부터 보호할 수 있는 방법을 배웠다. 하지만 정보를 변환하는 일의 목적이 정보 보호만은 아니다. 가끔은 정보를 향상하는 것이 목적일 수 있다. 예를 들어, 어도비 포토샵Adobe Photoshop 같은 소프트웨어 도구를 이용해 이미지의 적목red-eye 현상을 제거하거나 피부 색조를 바꿀 수 있다. 때로는 정보를 중복시킴으로써 일부 비트 시퀀스가 올바르지 않을 때, 그 사실을 감지하고 정정할 수도 있다.

9장에서는 또 다른 정보 변환 방식을 소개한다. 바로 압축compression이다. 정보를 압축하고, 압축을 해제decompression하는 몇 가지 방법을 살펴보기 전에, 우선 세 가지 질문에 답해야 한다.

1. 정보를 왜 압축하는가?

정보를 압축하는 이유는 크게 두 가지다. 바로 시간과 공간을 아끼기 위해서다.

시간: 정보를 네트워크에서 전송할 때, 비트 수가 적을수록 전송은 빠르다. 따라서 송신 측에서는 때에 따라 정보를 보내기 전에 압축을 하고, 압축된 데이터를 보낸다. 그리고 수신 측에서는 받은 데이터를

압축 해제한다.

공간: 저장 장치의 용량 때문에 정보를 저장할 수 없다면, 정보를 압축함으로써 더 많은 정보를 저장할 수 있다. 예를 들어 MP3와 JPEG 형식은 대부분의 사람들이 원본과 압축된 정보의 차이를 거의 느끼지 못하는 방식으로 음향과 영상을 압축한다.

2. 압축된 정보의 품질quality이란?

압축 방식은 크게 무손실과 손실로 나뉜다. **무손실 압축**lossless compression 으로 압축한 데이터를 압축 해제하면, 원본과 같은 정보를 얻는다. 반면 **손실 압축**lossy compression에서는 압축 해제한 정보가 원본과 다르지만, 이상적으로는 사소한 차이가 있을 뿐이다. MP3와 JPEG는 손실 압축인 반면, zip 프로그램의 압축 방식은 무손실이다.

일반적으로 텍스트를 압축할 때는 무손실 압축을 원한다. 한 비트의 차이도 문제가 될 수 있기 때문이다. 다음 두 문장은 아스키ASCII 코드 상에서 딱 한 비트만 다르다.[1]

```
Don't forget the pop.
Don't forget the pot.
```

누군가가 위와 같은 문장을 요청했다면, 첫 문장은 (적어도 미국 중서부에서는) 소프트 드링크를 달라는 말이고, 두 번째 문장은 마리화나를 달라는 얘기다. 한 비트 차이 때문에 실로 엄청난 일이 벌어질 수 있다!

3. 정보를 압축하는 일이 어떻게 가능한가?

손실 압축이라면 대답하기가 쉽다. 정확도의 감소를 어느 정도 감내하기 때문이다. 그렇다면 무손실 압축은? 디지털 정보는 중복되거나 쓸모없는 비트를 포함하기 때문이다. 예를 들어 아스키에서 각 문자는 한 바이트(8비트)를 차지하는데, (악센트accented 문자를 제외한) 주로 사용

---

1 아스키 코드에서 p는 01110000이고 t는 01110100이다.

하는 문자들은 모두 **최상위**most significant(가장 왼쪽leftmost) 비트가 0이다. 즉 아스키의 문자 코드는 0부터 255 구간을 사용하지만, 주로 사용하는 문자는 모두 0부터 127 구간에 존재한다. 따라서 대부분의 경우에 아스키 텍스트의 여덟 비트 중 한 비트는 쓸모없는 비트이고, 대부분의 아스키 텍스트를 12.5% 압축하는 일은 간단하다.

중복성을 이용한 무손실 압축의 극단적인 예로 팩스 머신이 흑백 이미지를 전송하는 경우를 생각해보자. 팩스 머신은 이미지를 일련의 **펠**pel로서 전송한다.[2] 펠은 이미지를 구성하는 하얗거나 검은 점을 말한다. 상당수의 팩스 머신은 펠을 위에서 아래로, 한 줄씩 전송한다. 이미지의 대부분이 텍스트로 이뤄진다면 이미지의 대부분은 흰색일 테고, 따라서 각 행은 연속된 하얀색 펠을 많이 포함한다. 그리고 어떤 행이 검은색 수평선을 일부 포함한다면, 그 행은 연속된 검은 펠을 많이 포함한다. 팩스 머신은 이처럼 연속된 부분run에 포함된 펠을 각기 색상으로 표현하기보다, 각 연속 부분마다 길이와 색을 지정함으로써 정보를 압축한다. 한 팩스 표준을 예로 들면 140개의 흰색 펠이 연속된 부분을 10010001000이라는 11비트로 압축한다.

데이터 압축은 많은 연구가 이뤄진 분야이므로, 여기서는 그중에서 극히 일부만을 다룬다. 주로 무손실 압축에 초점을 맞출 텐데, '더 읽을거리' 절에서 손실 압축에 대한 훌륭한 참고문헌을 볼 수 있다.

앞에서와는 달리 9장은 수행 시간에 중점을 두지 않는다. 필요할 때는 수행 시간을 언급하겠지만, 압축과 해제에 걸리는 시간보다는 압축된 정보의 크기에 훨씬 더 큰 관심을 두도록 하자.

---

2 펠은 화면상의 픽셀pixel과 비슷하다. 펠과 픽셀 모두 'picture element(그림 요소)'의 합성어다.

허프만 코드

DNA를 표현하는 문자열을 다시 떠올려보자. 7장에서 말했듯이 생물학자들은 DNA를 A, C, G, T 네 문자로 이뤄진 문자열로 표현한다. n개의 문자로 표현되는 DNA 서열이 있고, 그 문자 중의 45%는 A, 5%는 C, 5%는 G, 45%는 T라고 하자. 그리고 각 문자는 염기 서열 안에서 특별한 순서 없이 존재한다. 아스키 문자 집합을 이용해 이 염기 서열을 표현하려면, 한 문자가 8비트이므로, 전체 서열을 표현하는데 $8n$비트가 필요하다. 물론, 이를 좀 더 개선할 수 있다. DNA 서열은 오직 네 글자로만 표현하므로, 각 문자를 표현하는 데 두 비트면 충분하고(00, 01, 10, 11), 필요한 공간을 $2n$비트로 줄일 수 있다.

하지만 문자 간의 상대적 출현 빈도를 이용하면 훨씬 더 큰 개선이 가능하다. 문자를 다음과 같은 비트 시퀀스로 인코딩하자. A = 0, C = 100, G = 101, T = 11. 즉 빈도가 높은 문자일수록 짧은 비트 시퀀스를 할당한다. 이를 바탕으로 20문자로 이뤄진 서열 TAATTAGAAATTCTATTATA를 33비트의 시퀀스 110011110101000111110011011110110으로 인코딩할 수 있다(이러한 인코딩을 선택한 이유와 그 성질에 대해서는 잠시 후에 살펴보자). 네 문자의 빈도가 주어진 상황에서 n개 문자로 이뤄진 서열을 인코딩하는 데 필요한 비트의 수는 겨우 $0.45 \cdot n \cdot 1 + 0.05 \cdot n \cdot 3 + 0.05 \cdot n \cdot 3 + 0.45 \cdot n \cdot 2 = 1.65n$이다(위에서 예로 든 서열에서 $33 = 1.65 \cdot 20$임을 눈여겨보자). 문자 간의 빈도라는 이점을 이용함으로써 $2n$비트보다 공간을 절약할 수 있었다!

위에서 사용한 인코딩 방식에서 빈도가 높은 문자에 더 짧은 비트 시퀀스를 할당한다는 점 말고도 흥미로운 특징이 있다. 바로 어떤 코드도 다른 코드의 접두어가 아니라는 점이다. 즉 A의 코드는 0이고, 다른 어떤 코드도 0으로 시작하지 않는다. T의 코드는 11이고, 다른 어떤 코드도 11로 시작하지 않는다. 그 밖의 코드도 마찬가지다. 이러한 코드를 **무(無)접두어 코**

ㄷ^{prefix-free code}라고 한다.³

무접두어 코드의 진짜 장점은 압축을 해제할 때 빛을 발한다. 어떤 코드도 다른 코드의 접두어가 아니므로, 압축을 해제할 때 압축된 비트가 등장하는 순서대로 아무런 모호함 없이 원래 문자에 대응시킬 수 있다. 예를 들어 압축된 시퀀스가 11001111010100011111001101111011010일 때, 한 비트 길이의 코드 1에 대응하는 문자는 없고, T에 대응하는 코드만이 11로 시작하므로 원본 텍스트의 첫 문자는 T임을 알 수 있다. 이제 코드에서 11을 빼면 001111010100011111001101111011010이 남는데, 0으로 시작하는 코드는 A뿐이므로 나머지 원본의 첫 문자는 A여야 한다. 다시 0을 뺀 후의 비트 011110은 원본 문자열 ATTA에 해당한다. 이제 남은 비트는 1010001111001101111011010인데, G의 코드만이 101로 시작하므로 다음 원본 문자는 G이다. 그리고 이러한 과정을 계속 반복한다.

압축된 정보의 평균적 크기를 기준으로 압축 방식의 효율을 측정하면, 무접두어 코드인 허프만 코드^{Huffman code}⁴가 최고의 효율을 보여준다. 그러나 전통적인 허프만 코드의 단점 중 하나는 모든 문자의 빈도를 미리 알아야 한다는 점이다. 따라서 압축 과정에서 원본 텍스트를 두 번 훑어야^{two passes} 한다. 처음에는 텍스트를 훑으며 문자의 빈도를 계산해야 하고, 두 번째는 각 문자를 코드로 변환해야 한다. 추가적인 계산을 담보로 첫 번째 훑어보기를 생략하는 방법을 잠시 후에 알아보자.

일단 문자 빈도를 알아낸 후에, 허프만의 방식은 이진 트리를 구성한다 (이진 트리가 기억나지 않는다면 157페이지를 살펴보자). 이 트리는 코드를 만드는 과정을 보여주며, 압축을 해제할 때도 요긴하다. 위에서 예로 든 DNA의 인코딩을 트리로 나타내면 다음과 같다.

---

3 CLRS에서는 접두어 코드^{prefix code}라고 칭했으나, 여기서는 좀 더 적합한 용어인 '무(無)접두어'를 사용한다.

4 발명자인 데이비드 허프만^{David Huffman}의 이름을 땄다.

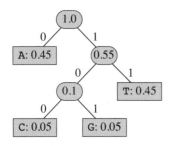

사각형으로 그린 트리의 리프는 각 문자를 나타내고, 문자 옆에 그 빈도를 표기했다. 리프가 아닌 **내부 노드**internal node는 둥근 사각형으로 그렸는데, 각 내부 노드는 그 밑에 달린 리프들의 빈도 합을 포함한다. 내부 노드에 빈도를 저장하는 이유는 곧 살펴본다.

트리의 각 간선 옆에는 0이나 1이 쓰여 있다. 문자의 코드를 결정할 때, 루트에서 해당 문자의 리프로 내려가는 경로상의 비트를 순서대로 이어나가면 된다. 예를 들어 G의 코드를 정한다면, 루트에서 오른쪽 자식으로 향하는 간선에서 1을 취한 후, 다시 왼쪽 자식(빈도가 0.1인 내부 노드)으로 향하는 간선에서 0을 취한다. 마지막으로 오른쪽 자식(G를 포함한 리프)으로 향하는 간선에서 1을 취한다. 지금까지 취한 비트를 순서대로 연결하면 G의 코드로 101을 얻는다.

지금까지는 왼쪽 자식으로 향하는 간선에는 0을, 오른쪽 자식으로 향하는 간선에는 1을 부여했지만, 간선의 레이블 자체는 중요하지 않다. 간선의 레이블을 다음과 같이 구성해도 된다.

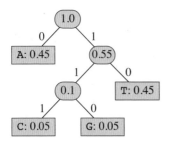

이 트리의 코드는 A = 0, C = 111, G = 110, T = 10인데, 여전히 무접두어 코드이며 각 코드의 비트 수도 이전과 같다. 이는 각 문자의 코드 길이가 해당 문자의 리프 **깊이**(루트에서 리프로 내려가는 경로에 포함된 간선의 수)와 같기 때문이다. 여기서는 그냥 간단히 왼쪽 자식으로 향하는 간선에는 0을, 오른쪽 자식으로 향하는 간선에는 1을 부여한다.

문자의 빈도를 파악한 후에, 아래부터 시작해 위쪽으로 이진 트리를 만들어간다. 처음에는 원본 문자에 대응하는 n개의 리프 노드에서 시작하고, 각 리프 노드는 각기 트리를 구성한다. 즉 처음에는 각 리프가 곧 루트다. 이제 빈도가 가장 낮은 루트 노드 2개를 찾아, 그 두 노드를 자식으로 포함하는 새로운 루트 노드를 만들고, 해당 루트에 두 자식의 빈도를 합하여 저장하는 과정을 반복한다. 그리고 이 과정을 모든 리프가 한 루트 아래에 놓일 때까지 계속한다. 이 과정에서 왼쪽 자식으로 향하는 간선에는 0을, 오른쪽 자식으로 향하는 간선에는 1을 부여한다. 빈도가 가장 낮은 루트 노드 2개를 찾은 후에, 두 노드 중 어떤 노드를 새로운 루트의 왼쪽/오른쪽 자식으로 만들든 문제가 되지 않는다.

DNA 예를 바탕으로 이 과정을 따라가 보자. 처음에는 각 문자를 나타내는 4개의 리프 노드로 시작하자.

A: 0.45　　C: 0.05　　G: 0.05　　T: 0.45

C와 G의 노드가 빈도가 가장 낮으므로, 이 두 노드를 자식으로 갖는 새로운 노드를 만들고 두 노드의 빈도를 합한 값을 할당하자.

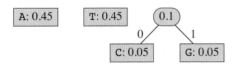

이제 남은 세 루트 중에서 빈도가 0.1로 가장 낮은 루트를 선택하고 나

면, 나머지 둘은 모두 빈도가 0.45이다. 두 번째 자식으로 이 둘 중 아무것이나 선택한다. 여기서는 빈도가 0.1인 루트와 T를 선택한다. 여기서 새로운 노드의 빈도는 두 자식의 합인 0.55이다.

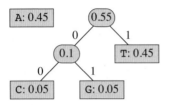

이제 두 노드만이 남았다. 이 둘을 자식으로 갖는 새로운 노드를 만들면, 그 빈도는 자식의 빈도 합인 1.0이다(모든 과정이 끝났으므로 마지막 빈도는 계산할 필요도 없다).

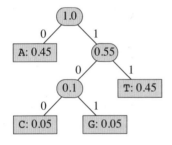

이제 모든 리프가 마지막으로 만든 루트의 아래에 있으므로, 이진 트리 만들기를 마쳤다.

좀 더 정확한 설명을 위해 이진 트리를 만드는 프로시저를 정의하자. 프로시저의 이름은 BUILD-HUFFMAN-TREE이고, n개의 요소를 포함하는 두 배열 *char*과 *freq*를 입력으로 받는다. 여기서 *char*[i]는 i번째 원본 문자를, *freq*[i]는 i번째 문자의 빈도를 말한다. 추가적으로 n의 값도 입력받는다. 빈도가 가장 낮은 루트 2개를 찾는 과정에서 우선순위 큐의 INSERT와 EXTRACT-MIN 프로시저를 호출한다(154페이지 참고).

프로시저 BUILD-HUFFMAN-TREE($char$, $freq$, n)

입력

- $char$: 원본 문자 n 개의 배열
- $freq$: 문자 빈도 n 개의 배열
- n : 배열 $char$ 와 $freq$ 의 크기

출력: 허프만 코드용으로 만들어진 이진 트리의 루트

1. Q 는 비어 있는 우선순위 큐다.
2. $i = 1$ 부터 n 까지
   - A. $char[i]$ 와 그 빈도 $freq[i]$ 를 포함하는 노드 z 를 새로 만든다.
   - B. INSERT(Q, z)를 호출한다.
3. $i = 1$ 부터 $n - 1$ 까지
   - A. EXTRACT-MIN(Q)를 호출해 찾아낸 노드를 x 로 지정한다.
   - B. EXTRACT-MIN(Q)를 호출해 찾아낸 노드를 y 에 지정한다.
   - C. x 의 빈도와 y 의 빈도를 합한 값을 빈도로 갖는 새로운 노드 z 를 만든다.
   - D. z 의 왼쪽 자식은 x 로, 오른쪽 자식은 y 로 지정한다.
   - E. INSERT(Q, z)를 호출한다.
4. EXTRACT-MIN(Q)를 호출해 찾아낸 노드를 반환한다.

프로시저가 4단계에 이르면 우선순위 큐에는 한 노드만이 남는데, 그 노드가 바로 전체 이진 트리의 루트다.

이전 페이지에서 이 프로시저가 이진 트리를 만드는 과정을 따라가 볼 수 있다. 3단계에서 루프의 각 이터레이션이 시작할 때 우선순위 큐의 루트가 각 그림의 맨 위에 그려져 있다.

이제 BUILD-HUFFMAN-TREE의 수행 시간을 간단히 분석하자. 바이너리 힙을 바탕으로 우선순위 큐를 구현했다고 가정하면, INSERT와 EXTRACT-MIN 연산은 각기 $O(\lg n)$시간을 차지한다. BUILD-HUFFMAN-TREE 프로시저는 각 연산을 $2n - 1$번 호출하므로, 총 수행 시간은 $O(n \lg n)$이다. 다른 모든 작업은 총 $\Theta(n)$시간이므로, BUILD-HUFFMAN-TREE의 수행 시간은 $O(n \lg n)$이다.

앞에서 말했듯이 BUILD-HUFFMAN-TREE가 만든 이진 트리는 압축을 해제할 때도 요긴하다. 이진 트리의 루트에서 시작해, 압축된 정보의 비트를 따라 아래로 내려가면 된다. 한 비트씩 가져와서 0이면 왼쪽 자식으로, 1이면 오른쪽 자식으로 이동하다가 리프를 만나면 멈춰서 해당 문자를 출력한다. 그리고 루트부터 다시 찾아나간다. 우리의 DNA 예제로 다시 돌아와서 비트 시퀀스 1100111101010001111001101111011을 압축 해제한다면, 첫 번째 비트 1을 가져온 후에 루트에서 오른쪽으로 이동하고, 다음 비트 1을 가져와서 다시 오른쪽으로 이동하면 리프 T에 도달한다. 이제 T를 출력하고, 루트부터 다시 찾아나간다. 다음 비트가 0이므로 왼쪽으로 이동하면 리프 A에 도달하고, A를 출력한 후에 루트로 되돌아간다. 압축된 정보에 포함된 모든 비트가 처리될 때까지 이런 식으로 압축 해제를 계속한다.

압축 해제 이전에 이진 트리가 이미 만들어진 상태라면, 각 비트를 처리하는 데는 상수 시간이 걸린다. 그렇다면 압축 해제 과정에서 이진 트리에 어떻게 접근할까? 압축된 정보에 이진 트리를 동봉할 수 있다. 아니면 디코딩 표를 동봉할 수도 있다. 디코딩 표의 각 항목은 원본 문자와 코드의 비트 수, 코드 자체를 포함한다. 이 표를 바탕으로, 모든 코드의 총 비트 수에 선형 비례하는 시간 안에 이진 트리를 만들 수 있다.

BUILD-HUFFMAN-TREE는 **욕심쟁이 알고리즘**greedy algorithm의 한 예인데,

욕심쟁이 알고리즘은 매 순간 가장 유리해 보이는 선택을 하는 방식이다. 출현 빈도가 낮은 문자일수록 이진 트리의 루트에서 멀어지길 원하므로, 욕심쟁이 방식은 빈도가 가장 낮은 두 루트를 골라서 새로 만든 노드 아래에 두고, 이렇게 만든 새 노드는 다시 다른 노드의 자식이 된다. 다익스트라 알고리즘(147페이지)도 욕심쟁이 알고리즘으로, 우선순위 큐에 남은 정점 중에서 *shortest* 값이 가장 작은 정점에서 나가는 간선을 경감한다.

『모비 딕Moby Dick』의 온라인 버전에 직접 구현한 허프만 코딩을 적용한 결과, 원래 크기인 1,193,826바이트의 56.42%에 불과한 673,579바이트로 압축됐다(인코딩 자체는 제외). 각 문자를 인코딩하는 데는 평균적으로 겨우 4.51비트가 필요했고, 예상대로 가장 빈도가 높은 문자는 띄어쓰기(15.95%)이고, 그다음이 e(9.56%)였다. 가장 빈도가 낮은 문자는 딱 두 번 등장한 $, &, [,]였다.

적응형 허프만 코드

문자 빈도를 계산하고 문자를 인코딩하기 위해 입력을 두 번 훑는 일이 실용적으로는 너무 느리다고 생각할 수 있다. 그 대신에 딱 한 번 입력을 훑으면서 문자 빈도와 이진 트리를 갱신하는 방식으로 동작하는 압축/해제 프로그램도 있다.

이러한 압축 프로그램은 처음에는 비어 있는 트리로 시작한다. 입력에서 읽은 문자는 (이전에 보지 못한) 새로운 문자이거나 이진 트리에 이미 존재하는 문자다. 그 문자가 이진 트리에 이미 존재하면, 압축 프로그램은 현재 이진 트리에 따라 문자의 코드를 출력한 후, 문자의 빈도를 증가시키고, 필요한 경우에 변경된 빈도를 반영해 이진 트리를 갱신한다. 반대로 이진 트리에 존재하지 않는 문자라면, 압축 프로그램은 인코딩하지 않은 문자 그 자체를 출력하고, 그 문자를 이진 트리에 추가한 후, 이진 트리를 적절히 갱신한다.

압축 해제 프로그램은 압축 프로그램의 동작을 따라서 수행하는데, 압축된 정보를 처리하는 과정에서 해제 프로그램도 이진 트리를 관리한다. 이진 트리 안에 존재하는 문자의 비트를 읽은 후에는 트리를 탐색해 해당 비트 시퀀스가 나타내는 문자를 출력하고, 그 문자의 빈도를 증가시킨 후, 이진 트리를 갱신한다. 트리에 존재하지 않는 문자를 발견한 경우, 해제 프로그램은 문자를 출력하고 이진 트리에 추가한 후, 이진 트리를 갱신한다.

하지만 뭔가 빠진 게 있다. 아스키 문자이든 허프만 코드이든 비트는 비트일 뿐이다. 압축 해제 프로그램이 읽은 비트 시퀀스가 압축된 문자인지, 압축되지 않은 문자인지 어떻게 알까? 비트 시퀀스 101은 인코딩된 문자 101인가, 압축하지 않은 8비트 문자의 앞부분인가? 해답은 압축되지 않은 문자 앞에 **탈출 코드**escape code를 붙이는 것이다. 탈출 코드는 다음 여덟 비트가 압축되지 않은 문자를 나타냄을 알리는 특수 코드다. 원문이 k개의 각기 다른 문자를 포함한다면, 압축된 정보에도 각 문자의 첫 출현을 알리는 탈출 코드는 k개뿐이다. 이처럼 탈출 코드는 드물게 등장하므로, 빈도가 높은 문자에 비해 특수 코드를 짧은 비트 시퀀스로 할당할 필요가 없다. 탈출 코드의 길이를 길게 유지하는 가장 좋은 방법은 탈출 코드를 이진 트리에 포함시키되, 그 빈도를 항상 0으로 고정하는 것이다. 이진 트리가 갱신됨에 따라 탈출 코드에 해당하는 비트 시퀀스는 압축과 해제 프로그램 모두에서 변경되겠지만, 그 리프는 항상 루트에서 가장 먼 곳에 위치한다.

팩스 머신

앞에서 말했듯이, 팩스 머신은 전송할 이미지의 각 행에 포함된 연속된 펠의 길이와 색상을 나타낼 수 있게 정보를 압축한다. 이런 방식을 일컬어 **런**

렝스 인코딩run-length encoding이라고 하며, 팩스 머신은 런렝스 인코딩과 허프만 코드를 조합해 사용한다. 일반적인 전화선을 사용하는 팩스 머신의 표준에 따르면, 104개의 코드는 각기 다른 흰색 펠의 런run[5]을 가리키며, 104개의 코드는 각기 다른 검은색 펠의 런을 가리킨다. 흰색 펠의 런을 나타내는 코드끼리는 무접두사prefix-free 코드다. 마찬가지로 검은색 펠을 나타내는 코드도 무접두사 코드다. 하지만 흰색 펠의 런을 나타내는 코드 중 일부와 검은색 펠의 런을 나타내는 코드 중 일부는 어느 한쪽의 접두사일 수 있다.

어떤 런에 어떤 코드를 할당할지를 정하기 위해 표준 위원회는 대표적인 문서 여덟 가지를 선정해 각 런이 얼마나 자주 등장하는지를 확인했다. 그리고 확인된 런에 허프만 코드를 적용했다. 즉 가장 빈도가 높은 런에 가장 짧은 코드를 할당하는데, 예를 들면 검은색 펠 2개, 3개, 4개의 런 코드는 각각 11, 10, 011이다. 빈도가 높은 다른 런을 살펴보면 검은 펠 하나(010), 검은색 펠 5개와 6개(0011과 0010), 흰색 펠 2개부터 7개(모두 4비트 코드), 그 밖의 상대적으로 짧은 런을 예로 들 수 있다. 꽤 빈도가 높은 런 중의 하나는 1664개의 흰색 펠인데, 이는 행 전체가 흰색 펠인 경우다. 다른 짧은 코드를 보면 길이가 2의 거듭제곱이거나 2의 거듭제곱의 합($192 = 2^7 + 2^6$)인 런이 많다. 일부 런은 더 짧은 런의 코드를 이어붙여서 인코딩할 수 있다. 앞에서 흰색 펠 140개의 런 코드를 10010001000으로 인코딩했는데, 흰색 펠 128개의 런 코드(10010)에 흰색 펠 12개(001000)를 이어붙인 것이다.

이미지의 각 행의 정보만 압축하는 방법에 덧붙여서, 일부 팩스 머신은 이미지의 두 차원을 모두 압축한다. 같은 색 펠의 런은 가로는 물론이고 세로 방향으로 나타날 수 있다. 즉 각 행을 따로 생각하지 않고, 연속된 두

---

5 런은 동일한 구성요소의 연속된 시퀀스를 말한다. – 옮긴이

행에서 어떤 부분이 다른지에 따라 인코딩할 수 있다. 대부분의 행과 바로 앞 행의 차이는 고작 펠 몇 개 정도이기 때문이다. 하지만 이런 방식은 오류를 누적해 전파할 수도 있다. 즉 한 번의 인코딩 오류나 전송 오류로 인해 연속된 몇 개 행이 망가질 수 있다. 이런 이유로, 앞서 말한 방식을 사용해 전화선에 전송하는 팩스 머신은 연속된 행의 개수를 제한한다. 즉 이전 행과의 차이만을 전송하는 방식과 더불어, 정해진 수의 행마다 허프만 코딩을 이용해 해당하는 이미지 전체를 전송한다.

LZW 압축

특히 텍스트에 많이 쓰이는 또 다른 무손실 압축 방식은 텍스트에서 반복되는 정보를 이용하는데, 그 정보가 연속된 위치에 나타나지 않아도 된다는 점에서 다르다. 잘 알려진 존 F. 케네디^{John F. Kennedy}의 취임식 연설을 예로 들어보자.

Ask not what your country can do for you—ask what you can do for your country.

'not'이라는 단어를 제외하면 인용문의 모든 단어는 두 번 등장한다. 이제 이 단어를 다음과 같은 표로 만들자.

인덱스	단어
1	ask
2	not
3	what
4	your
5	country
6	can
7	do
8	for
9	you

이 표를 이용해 (대소문자와 구두점을 무시하고) 인용문을 인코딩하면 다음과 같다.

1 2 3 4 5 6 7 8 9 1 3 9 6 7 8 4 5

인용문이 몇 개 안 되는 단어로 구성되고 한 바이트는 0부터 255까지 저장할 수 있으므로, 각 인덱스를 한 바이트에 담을 수 있다. 따라서 단어당 한 바이트씩 17바이트와 표를 저장하는 데 필요한 공간만으로 인용문을 저장할 수 있다. 반면에 원래 인용문을 한 문자당 한 바이트로 저장하려면 77바이트가 필요하다(띄어쓰기 포함, 구두점 제외).

물론 표를 저장하는 공간이 문제가 될 수 있다. 그렇다면 가능한 모든 단어에 번호를 붙이고, 단어의 인덱스만을 저장하는 식으로 압축할 수도 있을까? 그러나 이런 방법은 경우에 따라 압축이 아닌 확장이 될 수 있다. 왜? 원대한 포부에 걸맞게 단어의 개수를 2^{32}개 이하라고 하면, 각 인덱스를 32비트 워드에 저장할 수 있다. 이처럼 각 단어를 네 바이트로 저장하면, 세 글자 이하의 단어의 경우에는 압축 없이 한 문자당 한 바이트로 저장하는 편이 더 낫다.

하지만 가능한 모든 단어에 번호를 붙이는 방법을 쓸 수 없는 진짜 이유는 따로 있다. 실제 텍스트는 단어가 아닌 단어나 영어에는 없는 단어를 포함한다. 예를 들어, 루이스 캐롤^{Lewis Carroll}의 시 'Jabberwocky'의 도입부를 보자.

Twas brillig, and the slithy toves
Did gyre and gimble in the wabe:
All mimsy were the borogoves,
And the mome raths outgrabe.

게다가 영어에 없는 다양한 이름을 사용하는 컴퓨터 프로그램을 생각해보

자. 더불어 대소문자 구별과 구두점, 엄청 긴 지명[6] 등을 고려하면, 가능한 모든 단어에 번호를 붙이는 식으로 텍스트를 압축하려면 실로 엄청난 수의 인덱스가 필요하다. 실제 텍스트에서는 어떠한 문자 조합도 가능하므로 그 수는 셀 수 없이 많고, 2^{32}보다는 클 것이 확실하다.

그래도 아직 반복되는 정보를 이용할 수 있다는 희망이 남아 있다. 반복적인 단어에만 목숨을 걸 필요는 없다. 반복되는 문자 시퀀스라면 무엇이든 도움을 줄 수 있다. 실제로 몇몇 압축 방식은 반복되는 문자 시퀀스를 바탕으로 한다. 그중에서 우리가 살펴볼 방식은 LZW[7]로, 실제로 사용되는 많은 압축 프로그램의 근간을 이루고 있다.

LZW는 압축과 해제 시에 입력을 한 번만 훑어본다. 그 과정에서 현재까지 발견한 문자 시퀀스를 딕셔너리dictionary로 만들고, 그 딕셔너리의 인덱스를 이용해 문자 시퀀스를 표현한다. 딕셔너리는 문자열의 배열로 생각할 수 있으며, 이 배열에 인덱스를 적용하면 i번째 항목을 알 수 있다. 입력의 앞부분에서는 시퀀스가 짧기 때문에, 시퀀스를 인덱스로 표현하면 결과적으로 압축이 아닌 확장이 될 수 있다. 하지만 LZW가 입력을 처리해감에 따라 딕셔너리 안의 시퀀스는 점점 더 길어지고, 시퀀스를 인덱스로 표현함으로써 꽤 큰 공간을 절약할 수 있다. 예를 들어 『모비 딕』을 입력으로 하여 LZW 압축기를 실행한 결과 10개 문자 길이의 시퀀스 ⎵from⎵the⎵를 나타내는 인덱스가 20번 출력됐다(⎵는 띄어쓰기를 의미한다). 그리고 8개 문자 길이의 시퀀스 ⎵of⎵the⎵를 나타내는 인덱스는 33번 출력됐다.

---

6 웰시의 한 마을 이름은 Llanfairpwllgwyngyllgogerychwyrndrobwllllantysiliogogogoch 이다.

7 아마 눈치챘겠지만 발명자의 이름을 딴 것이다. 아브라함 렘펠Abraham Lempel과 야코프 지브Jacob Ziv가 LZ78이라는 압축 방식을 제안했고, 테리 웰치Terry Welch가 이를 개선해 LZW를 만들었다.

LZW 압축기와 해제기 모두 한 문자로만 구성된 시퀀스로 딕셔너리를 초기화하는데, 각 시퀀스는 문자 집합에 포함된 모든 문자를 말한다. 아스키 문자 집합을 모두 이용하면, 딕셔너리는 한 문자만으로 구성된 256개의 시퀀스로 시작한다. 즉 딕셔너리의 i번째 항목은 아스키 코드가 i인 문자다.

압축기의 동작을 일반적으로 설명하기 전에, 압축기가 처리해야 할 몇 가지 경우를 살펴보자. 압축기는 문자열을 만들고, 만들어진 문자열을 딕셔너리에 삽입하고, 딕셔너리의 인덱스를 출력한다. 압축기가 입력에서 읽은 문자가 T이고, T로 시작하는 문자열을 만든다고 가정하자. 딕셔너리는 한 문자로 이뤄진 모든 시퀀스를 포함하므로, 압축기는 T를 딕셔너리에서 찾아낸다. 이처럼 압축기가 현재 만들고 있는 문자열이 딕셔너리에 존재하면, 입력에서 다음 문자를 읽어서 현재 만들고 있는 문자열의 끝에 추가한다. 이제 다음으로 읽어들인 문자가 A라고 하자. 압축기는 만들고 있는 문자열에 A를 붙여서 TA를 얻는다. TA도 딕셔너리에 존재한다면, 압축기는 다음 입력 문자를 읽는데, 그 문자를 G라고 하자. 현재 만들고 있는 문자열에 G를 붙이면 TAG를 얻게 되고, TAG는 딕셔너리에 없다고 가정하자. 이제 압축기는 세 가지를 실행해야 한다. (1) 문자열 TA의 딕셔너리 인덱스를 출력한다. (2) 문자열 TAG를 딕셔너리에 삽입한다. (3) 문자열 TAG가 딕셔너리에 존재하지 않는 이유를 제공한 한 문자(G)부터 시작해, 새로운 문자열을 만들기 시작한다.

이제 압축기의 동작 방식을 일반적으로 설명한다. 딕셔너리의 인덱스 시퀀스를 생성한다. 그리고 그 인덱스에 해당하는 문자열을 이어붙이면 원본 텍스트를 얻을 수 있다. 압축기는 딕셔너리 안의 문자열을 한 문자씩 만들어가므로, 딕셔너리에 삽입하는 문자열은 항상 딕셔너리에 존재하는 문자열을 한 문자 확장한 것이다. 즉 압축기가 입력에서 읽은 연속된 문자로 구성된 문자열 s를 관리함에 있어, 딕셔너리가 s를 항상 포함한다는 불변조건을 만족한다. 문자 집합에 포함된 모든 문자를 바탕으로 한 문자로 구성된 시퀀스를 만들고, 이 시퀀스로 딕셔너리를 초기화했으므로, s가 한 문자라고 해도 항상 딕셔너리에 존재한다. 맨 처음에 s는 입력의 첫 문자다. 새로운 문자 c를 읽을 후에는, s의 끝에 c를 이어붙인 문자열 sc가 현재 딕셔너리에 있는지를 확인한다. 그렇다면 s의 끝에 c를 이어붙이고 그 결과를 s라 한다. 즉 s에 sc를 지정한다. 이처럼 압축기는 더 긴 문자열을 만들고, 결국엔 딕셔너리에 삽입한다. 반대로 s는 딕셔너리에 존재하지만, sc는 딕셔너리에 없다면 압축기는 현재 딕셔너리에 포함된 s의 인덱스를 출력하고, sc를 딕셔너리의 다음 항목으로 삽입한 후, s를 입력 문자 c로 지정한다. sc를 딕셔너리에 삽입함으로써, 문자열 s를 한 문자 확장한 문자열을 추가했다. 그리고 s를 c로 지정함으로써, 문자열을 만들고 딕셔너리에서 찾는 과정을 다시 시작했다. c는 딕셔너리에 존재하는 한 문자로 구성된 문자열 중 하나이므로, s가 딕셔너리에 존재한다는 불변조건은 유지된다. 입력이 더 이상 남아 있지 않으면, 압축기는 현재 문자열 s가 무엇이든 그 인덱스를 출력한다.

LZW-COMPRESSOR 프로시저는 다음과 같다.

프로시저 LZW-COMPRESSOR($text$)

입력

- $text$: 아스키 문자 집합으로 이뤄진 문자의 시퀀스

출력: 딕셔너리 인덱스의 시퀀스

1. 아스키 문자 집합의 모든 문자 c에 대해

   A. c를 딕셔너리에 삽입한다. 삽입하는 인덱스는 c에 해당하는

아스키 코드의 숫자 값과 같다.

2. *s*는 *text*의 첫 문자다.

3. *text*에 문자가 남아 있을 때까지 다음을 실행한다.

   A. *text*로부터 다음 문자를 읽어서, *c*에 대입한다.

   B. *sc*가 딕셔너리에 있으면, *s*를 *sc*로 지정한다.

   C. 그렇지 않으면(*sc*가 딕셔너리에 없으면), 다음을 실행한다.

     i. 딕셔너리에 존재하는 *s*의 인덱스를 출력한다.

     ii. 딕셔너리의 다음 항목으로 *sc*를 삽입한다.

     iii. *s*를 한 문자 길이의 문자열 *c*로 지정한다.

4. 딕셔너리에 존재하는 *s*의 인덱스를 출력한다.

텍스트 TATAGATCTTAATATA를 압축하는 과정을 예로 살펴보자(앞에서 봤던 시퀀스 TAG도 등장한다). 다음 표는 3단계의 루프의 각 이터레이션에서 어떤 일이 벌어지는지를 보여준다. 문자열 *s*의 값은 이터레이션이 시작할 때의 값이다.

이터레이션	*s*	*c*	출력	새로운 딕셔너리 문자열
1	T	A	84 (T)	256: TA
2	A	T	65 (A)	257: AT
3	T	A		
4	TA	G	256 (TA)	258: TAG
5	G	A	71 (G)	259: GA
6	A	T		
7	AT	C	257 (AT)	260: ATC
8	C	T	67 (C)	261: CT
9	T	T	84 (T)	262: TT
10	T	A		
11	TA	A	256 (TA)	263: TAA
12	A	T		
13	AT	A	257 (AT)	264: ATA
14	A	T		
15	AT	A		
4단계	ATA		264 (ATA)	

1단계 후에는 딕셔너리 항목 0번부터 255번에 아스키 문자 256개에 해당하는 한 글자 길이의 문자열이 각각 저장된다. 2단계에서는 문자열 s에 첫 입력 문자 T가 저장된다. 3단계 메인 루프의 첫 이터레이션에서, c는 다음 입력 문자인 A가 된다. 둘을 연결한 sc는 문자열 TA가 되고, 이는 딕셔너리에 아직 존재하지 않으므로 3C단계가 수행된다. 문자열 s가 T만을 포함하고 T의 아스키 코드는 84이므로, 3Ci단계는 인덱스 84를 출력한다. 3Cii단계에서는 문자열 TA를 딕셔너리의 다음 항목, 즉 256번 인덱스로 삽입한다. 그리고 3Ciii단계에서는 s를 한 문자 A로 만들고, s를 만드는 과정을 다시 시작한다. 3단계 루프의 다음 이터레이션에서 c는 다음 입력 문자인 T이고, 문자열 $sc =$ AT가 딕셔너리에 없으므로 3C단계에서 인덱스 65(A의 아스키 코드)를 출력한다. 그리고 문자열 AT를 257번 항목으로 딕셔너리에 삽입하고, s를 T로 지정한다.

3단계 루프의 이어지는 두 이터레이션에서 딕셔너리의 장점을 볼 수 있다. 세 번째 이터레이션에서 c는 다음 입력 문자인 A이고, 문자열 $sc =$ TA가 딕셔너리에 존재하므로 프로시저는 아무것도 출력하지 않는다. 그 대신 3B단계에서 입력 문자를 s의 끝에 추가해, TA를 s로 지정한다. 네 번째 이터레이션에서 c는 G이고, 문자열 $sc =$ TAG가 딕셔너리에 없으므로 3Ci단계에서 s의 인덱스 256을 출력한다. 이번에 출력된 숫자 하나가 한 문자가 아닌 두 문자 TA를 나타낸다.

LZW-COMPRESSOR가 종료할 때까지 출력되지 않는 딕셔너리 인덱스도 존재하고, 일부 인덱스는 여러 번 출력되기도 한다. 앞의 표에서 출력열에 주어진 괄호 안의 모든 문자를 이어붙이면 원문 TATAGATCTTAATATA를 얻게 된다.

하지만 LZW의 진짜 장점을 보여주기에는 이 예제가 너무 작다. 입력은 16바이트이고, 출력은 10개의 딕셔너리 인덱스로 구성된다. 각 인덱스는 한 바이트 이상을 필요로 하며, 출력 시에 PID 하나를 두 바이트로 표현해도 20바이트가 필요하다. 각 인덱스를 (정수 값의 일반적 크기인) 4바이트로 표현하면 출력은 40바이트다.

더 긴 텍스트에서는 더 좋은 결과를 보여준다. LZW 압축으로 『모비 딕』의 크기를 1,193,826바이트에서 919,012바이트로 줄였고, 여기서 딕셔너리는 230,007개의 항목을 포함한다. 따라서 인덱스는 적어도 네 바이트를 차지한다.[8] 출력은 229,753개의 인덱스로 구성되고 크기는 919,012바이트다. 이 결과가 허프만 코딩의 압축 결과(673,579바이트)보다 못해 보이지만, 압축 효율을 개선할 수 있는 아이디어를 잠시 후에 살펴보자.

압축을 해제할 수 없으면 LZW도 쓸모가 없다. 그런데 다행히도 압축된 정보에 더해서 딕셔너리까지 저장할 필요는 없다(그렇게 하면, 원문이 매우 많은 반복 문자열을 포함하지 않는 이상, LZW 압축 정보와 딕셔너리의 크기를 합하면 압축이 아닌 확장이 될 가능성이 크다). 앞에서 말했듯이, LZW 압축 해제 과정에서는 압축된 정보로부터 딕셔너리를 재구성하기 때문이다.

이제 LZW 압축 해제의 수행 과정을 살펴보자. 압축기와 마찬가지로 해제기도 아스키 문자 집합에 상응하는 256개의 한 문자 길이 시퀀스로 딕셔너리를 초기화한다. 그리고 딕셔너리 인덱스를 읽어들여서, 압축기가 딕셔너리를 구성하는 과정을 따라 한다. 그 과정에서 해제기의 모든 출력은 딕셔너리에 추가됐던 문자열로부터 유래한다.

대부분의 경우 입력에서 읽을 다음 인덱스는 딕셔너리에 이미 존재하고(반대의 경우는 곧 살펴본다), 해제기는 딕셔너리의 해당 인덱스로부터 문자열을 찾아 출력한다. 그러나 딕셔너리는 어떻게 만드는가? 여기서 압축기

---

8 일반적인 컴퓨터에서의 정수 표현인 1, 2, 4, 8바이트로 정수를 표현한다고 가정한다. 이론적으로는 인덱스 230,007개까지는 세 바이트로 나타낼 수 있고, 그 경우 출력은 689,259바이트를 차지한다.

의 동작을 잠시 살펴보자. 3C단계에서 압축기가 인덱스를 출력할 때, 문자열 s는 딕셔너리에 존재하지만 sc는 존재하지 않는다. 이 경우에 압축기는 딕셔너리에 포함된 s의 인덱스를 출력하고, 딕셔너리를 sc에 삽입한 후, c부터 시작하여 문자열을 다시 만들기 시작한다. 해제기도 이 과정을 따라야 한다. 해제기가 입력에서 인덱스를 읽을 때마다, 딕셔너리의 해당 인덱스에 상응하는 문자열 s를 출력한다. 하지만 압축기가 s의 인덱스를 출력하는 시점에는 딕셔너리에 문자열 sc가 존재하지 않는다는 사실을 이미 알고 있다(c는 s 바로 다음 문자). 압축기가 문자열 sc를 딕셔너리에 추가했다는 사실을 알고 있으니, 해제기도 결국 같은 일을 해야 한다. 하지만 문자 c를 아직 보지 못했으므로 sc를 삽입할 수 없다. 문자 c는 해제기가 출력할 다음 문자열의 첫 문자인데, 아직 다음 문장이 무엇인지 모른다. 따라서 해제기가 출력하는 연속된 두 문자열을 계속해서 추적해야 한다. 해제기가 문자열 X와 Y를 순서대로 출력했다면, X에 Y의 첫 문자를 이어붙여서 딕셔너리에 삽입한다.

문자열 TATAGATCTTAATATA를 입력으로 압축기의 동작을 보여주는 255페이지의 표를 다시 예로 살펴보자. 11번째 이터레이션에서 압축기는 문자열 TA의 인덱스 256을 출력하고, 문자열 TAA를 딕셔너리에 삽입한다. 그 시점에 $s = $ TA는 압축기의 딕셔너리에 존재하고 $sc = $ TAA는 존재하지 않기 때문이다. 여기서 마지막 문자 A는 압축기가 다음에 출력할 문자열의 시작이 된다. 즉 13번째 이터레이션에서 AT(인덱스 257)를 출력한다. 따라서 해제기가 인덱스 256과 257을 발견한 경우, TA를 출력한 후에 이 문자열을 저장해둬야 한다. 그리고 다음에 AT를 출력할 때, AT의 A를 TA에 이어붙여서 얻은 TAA를 딕셔너리에 삽입한다.

드물긴 하지만 해제기가 입력에서 읽은 딕셔너리의 다음 인덱스가 아직 딕셔너리에 존재하지 않는 문자열을 가리킬 수 있다.『모비 딕』을 압축 해제할 때도 229,753개의 인덱스 중에서 15번만 발생할 정도로 이런 경우는 드물다. 이런 경우는 압축기가 출력한 인덱스가 가장 최근에 딕셔너리에 삽입한 문자열의 인덱스일 때 발생하며, 그 인덱스에 해당하는 문자열의 첫 문자와 마지막 문자가 같을 때에만 발생할 수 있다. 왜 그런가? 압축기가 문자열 s는 딕셔너리에서 찾았지만 sc는 찾지 못했을 때에만 문자열 s의 인덱스를 출력하고, 새 문자열 sc를 딕셔너리에 삽입한다는 사실을 떠올려보자. 이제 새로 만들 문자열 s는 c로 시작하고, 그 인덱스를 i라고 하자. 이때 압축기의 다음 출력 인덱스가 i라면, 인덱스 i에 해당하는 문자열은 c로 시작함과 동시에 sc로 나타낼 수 있다. 따라서 해제기가 입력에서 읽은 딕셔너리의 다음 인덱스가 아직 딕셔너리에 존재하지 않는 문자열을 가리킨다면, 해제기는 가장 최근에 출력한 문자열의 끝에 그 문자열의 첫 문자를 이어붙여서 출력한 후, 출력한 새로운 문자열을 딕셔너리에 삽입한다.

이처럼 드문 경우를 보여주기 위해 만들어낸 인위적인 예제를 살펴보자. 문자열 TATATAT에서 이런 문제가 발생하는데, 압축기의 동작은 이렇다. 인덱스 84(T)를 출력하고 인덱스 256에 TA를 삽입한다. 인덱스 65(A)를 출력하고 인덱스 257에 AT를 삽입한다. 인덱스 256(TA)을 출력하고 인덱스 258에 TAT를 삽입한다. 그리고 마지막으로 인덱스 258(바로 앞에서 삽입한 TAT)을 출력한다. 이제 해제기가 인덱스 258을 읽으면, 가장 최근에 출력한 TA에 그 첫 문자 T를 이어붙여서 TAT를 출력하고 딕셔너리에 삽입한다.

이런 드문 일은 문자열의 첫 문자와 마지막 문자가 같을 때에만 일어나지만, 거꾸로 문자열의 첫 문자와 마지막 문자가 같다고 해서 항상 이런 일이 일어나지는 않는다. 예를 들어 『모비 딕』을 압축할 때, 문자열의 첫 문자와 마지막 문자가 같지만 가장 마지막으로 딕셔너리에 삽입한 문자열은 아닌 경우가 11,376번(전체의 5% 미만) 발생했다.

아래의 LZW-Decompressor 프로시저는 지금까지 설명한 내용을 정확히 수행한다.

프로시저 LZW-Decompressor(*indices*)

입력

• *indices*: LZW-Compressor가 만든 딕셔너리 인덱스의 시퀀스

출력: LZW-Compressor에 입력으로 주어졌던 문자열

1. 아스키 문자 집합의 모든 문자 *c*에 대해
   A. *c*를 딕셔너리에 삽입한다. 삽입하는 인덱스는 *c*에 해당하는 아스키 코드의 숫자 값과 같다.
2. *current*를 *indices*의 첫 번째 인덱스로 지정한다.
3. 딕셔너리의 인덱스가 *current*인 문자열을 출력한다.
4. *indices*에 인덱스가 남아 있는 동안 다음을 수행한다.
   A. *previous*를 *current*로 지정한다.
   B. *indices*에서 다음 수를 가져와서 *current*에 대입한다.
   C. 인덱스가 *current*인 항목이 딕셔너리에 존재하면 다음을 수행한다.
      i. 딕셔너리의 인덱스가 *current*인 문자열을 *s*에 지정한다.
      ii. 문자열 *s*를 출력한다.
      iii. 인덱스가 *previous*인 문자열에 *s*의 첫 문자를 이어붙여서 딕셔너리의 다음 빈자리에 삽입한다.
   D. 그렇지 않으면(인덱스가 *current*인 항목이 딕셔너리에 아직 존재하지 않으면), 다음을 수행한다.
      i. 딕셔너리의 인덱스가 *previous*인 문자열을 *s*에 지정하고,

260

다음 표는 255페이지의 표에서 '출력' 열이 입력 인덱스로 주어졌을 때, LZW-DECOMPRESSOR 프로시저의 4단계 루프의 각 이터레이션에서 무슨 일이 벌어지는지를 보여준다. 딕셔너리의 인덱스가 *previous*와 *current*인 두 문자열은 연속된 두 인덱스의 출력이며, 아래 표의 *previous*와 *current* 값은 각 이터레이션에서 4B단계를 수행한 후의 값이다.

이터레이션	*previous*	*current*	출력(*s*)	새로운 딕셔너리 문자열
2, 3단계		84	T	
1	84	65	A	256: TA
2	65	256	TA	257: AT
3	256	71	G	258: TAG
4	71	257	AT	259: GA
5	257	67	C	260: ATC
6	67	84	T	261: CT
7	84	256	TA	262: TT
8	256	257	AT	263: TAA
9	257	264	ATA	264: ATA

마지막 이터레이션을 제외하면 입력 인덱스가 딕셔너리에 이미 존재하므로, 4D단계는 마지막 이터레이션에서만 수행된다. LZW-DECOMPRESSOR가 만든 딕셔너리와 LZW-COMPRESSOR가 만든 딕셔너리가 같다는 점에 주목하자.

LZW-COMPRESSOR와 LZW-DECOMPRESSOR 프로시저가 딕셔너리 안의 정보를 조회하는 방법을 아직 설명하지 않았는데, LZW-DECOMPRESSOR의 경우는 간단하다. 마지막으로 사용한 딕셔너리의 인덱스를 기억하고, 인덱스 *current*가 마지막으로 사용한 인덱스보다 작거나 같으면 해당 문자열은 딕셔너리에 존재한다. 반면 LZW-Compressor 프로시저는 좀 더 복잡하다. 주어진 문자열이 딕셔너리에 존재하는지를 결정하고, 존재한다면 그 인덱스가 무엇인지를 알아내야 한다. 물론 딕셔너리를 선형 탐색할 수도 있지만, 딕셔너리가 n개의 항목을 포함할 경우 각 선형 탐색은 $O(n)$시간을 차지한다. 몇 가지 자료구조 중에 하나를 사용하면 이를 개선할 수 있다. 여기서 자세히 설명하진 않겠지만 **트라이**trie라는 자료구조를 이용할 수 있다. 트라이는 허프만 코딩에서 만들었던 이진 트리와 비슷하지만, 각 노드가 2개보다 많은 여러 개의 자식을 가질 수 있고, 각 간선의 레이블로 아스키 문자가 부여된다. 그 밖의 자료구조로는 **해시 테이블**hash table이 있는데, 딕셔너리에서 문자열을 찾는 간단한 방법을 제공하며 평균적으로 빠르다.

LZW 개선하기

앞에서 봤듯이 LZW로 『모비 딕』을 압축한 결과는 그리 신통치 않다. 그 원인 중 하나는 딕셔너리가 너무 크다는 점이다. 크기가 4바이트인 딕셔너리 항목이 230,007개이고, 출력된 인덱스는 229,753개이므로 압축된 정보는 그 네 배인 919,012바이트다. 이쯤에서 LZW 압축기가 만들어낸 인덱스의 특성을 살펴보자. 첫째로, 대부분의 인덱스가 작은 수다. 즉 인덱스를 32비트로 표현했을 때, 상당수의 상위 비트들이 0이다. 두 번째로, 일부 인덱스가 다른 인덱스보다 훨씬 자주 등장한다.

위의 두 조건을 모두 만족한다면, 허프만 코딩으로 좋은 결과를 얻을 수 있다. 문자열이 아닌 네 바이트 정수를 다루도록 허프만 코딩 프로그램을 수정한 후, LZW 압축기가 『모비 딕』을 압축한 결과에 허프만 코딩을 적용했다. 그 결과로 압축된 파일의 크기는 고작 460,971바이트로, 원래 파일 크기(1,193,826바이트)의 38.61%에 불과하며, 허프만 코딩만을 사용했을 때보다 뛰어난 성능을 보여준다. 그러나 허프만 인코딩 자체의 크기는 포함하지 않은 크기라는 점을 알아두자. 그리고 텍스트를 LZW로 압축하고, 그 결과 출력된 인덱스를 허프만 코딩으로 압축하는 두 단계의 압축을 거쳤다. 따라서 압축 해제도 허프만 코딩을 먼저 해제한 후 LZW를 해제하는 두 단계를 거쳐야 한다.

LZW 압축을 개선하는 다른 접근 방법은 압축기가 출력하는 인덱스를 저장하는 데 필요한 비트의 수를 줄이는 데 초점을 맞춘다. 상당수의 인덱스가 작은 수이고, 이러한 작은 수에 대해서는 적은 수의 비트를 사용한다. 하지만 그 수에 몇 비트가 필요한지를 나타내는 용도로 예약된 비트가 필요한데, 예컨대 두 비트 정도를 사용해서 크기를 나타낼 수 있다. 예를 들어 설명하면 다음과 같다.

- 첫 두 비트가 00이면, 인덱스는 0부터 63($2^6 - 1$)까지의 구간에 존재한다. 따라서 한 바이트로 저장할 수 있다.
- 첫 두 비트가 01이면, 인덱스는 64(2^6)부터 16,283($2^{14} - 1$)까지의 구간에 존재한다. 따라서 14비트를 더 사용해서 두 바이트로 저장할 수 있다.
- 첫 두 비트가 10이면, 인덱스는 16,384(2^{14})부터 4,194,303($2^{22} - 1$)까지의 구간에 존재한다. 따라서 22비트를 더 사용해서 세 바이트로 저장할 수 있다.
- 첫 두 비트가 11이면, 인덱스는 4,194,304(2^{22})부터 1,073,741,823($2^{30} - 1$)까지의 구간에 존재한다. 따라서 30비트를 더 사용해서 네 바이트로 저장할 수 있다.

그 밖의 두 가지 방법에서는 압축기가 딕셔너리의 크기를 제한하므로 출력되는 인덱스의 크기는 동일하다. 첫 번째 방법은 딕셔너리가 최대 크기에 달한 이후로는 더 이상 새 항목을 삽입하지 않는다. 두 번째 방법은 딕셔너리가 최대 크기에 달했을 때 (처음 256개 항목을 제외하고) 딕셔너리를 비운다. 그리고 그 시점부터 딕셔너리를 채우는 과정을 다시 시작한다. 두 가지 방법 모두에서, 해제기는 압축기의 작동 과정을 재현해야 한다.

더 읽을거리

살로몬Salomon의 책[Sal08]은 광범위한 압축 기법을 다루면서도 매우 명확하고 명료하다. 살로몬의 책보다 20년 앞서 출간된 스토러Storer의 책 [Sto88]은 데이터 압축 분야의 고전이다. CLRS[CLRS09]의 16.3절에서는 허프만 코드를 자세히 다룬다. 하지만 허프만 코딩이 존재할 수 있는 무접두사 코딩 중에 최적임을 증명하지는 않는다.

10장

어려운 문제들

내가 인터넷으로 물품을 구입하면, 대부분의 판매자는 택배 회사를 이용해서 물건을 배송한다. 내가 구매한 상품을 가장 많이 배송했던 택배 회사가 어딘지는 모르겠지만, 예나 지금이나 갈색 트럭이 집 앞에 멈춰 서곤 한다.

갈색 트럭

미국만 해도 택배 회사들이 운용하는 갈색 트럭이 91,000대에 이르며, 전 세계적으로도 많은 수의 트럭이 운행되고 있다. 이러한 트럭은 일주일에 적어도 5일은 특정한 창고에서 출발해 구매자와 상점에 수하물을 내려놓고 창고로 되돌아간다. 택배 회사는 트럭이 매일 멈춰서는 데서 발생하는 비용을 최소화하는 데 큰 관심을 갖는다. 예를 들어 내가 조사한 온라인 정보에 따르면, 한 택배 회사에서 트럭의 좌회전 횟수를 최소화하도록 운행 경로를 계획한 결과 18개월 동안 총 464,000마일의 우행 거리가 단축됐고, 그 덕분에 51,000갤런의 연료를 아낄 수 있었으며, 탄소 배출량이 506톤 줄어듦으로써 추가적인 이익을 얻었다고 한다.

택배 회사가 어떻게 매일 트럭을 운행하는 비용을 줄일 수 있을까? 어떤 날에 특정 트럭이 n개의 장소에 화물을 배송해야 한다고 하자. 거기에 창고를 더하면 트럭은 총 $n+1$개의 장소를 방문해야 한다. 택배 회사는 $n+1$개의 위치 각각에 대해 나머지 n개 장소로 트럭을 보낼 때 드는 비용을 계산해서, 각 장소 사이의 비용을 $(n+1) \times (n+1)$ 크기의 표로 만들수 있다. 이때 i번째 행과 i번째 열은 같은 장소에 해당하므로, 표에서 대각선상의 항목은 의미가 없다. 정리하면, 택배 회사는 정해진 창고에서 시작해 주어진 n개 장소를 정확히 한 번씩 방문한 후 다시 창고로 돌아가는 최소 비용의 경로를 찾길 원한다.

이 문제를 컴퓨터 프로그램으로 해결할 수 있다. 우선 특정한 경로 하나만 생각해보면, 경로상의 정거장을 안다면 표에서 각 장소 사이의 비용을 조회해 모두 더하면 된다. 그리고 가능한 모든 경로에 대해 같은 방법으로 비용을 구하면서 비용이 가장 작은 경로를 찾는다. 가능한 경로의 개수는 유한하므로 프로그램은 언젠가는 종료해 답을 알려준다. 이 정도 프로그램이라면 어렵지 않게 작성할 수 있지 않을까?

물론 그 프로그램을 만들기는 어렵지 않다.

다만 실행하기가 어려울 것이다.

함정은 가능한 경로의 개수가 $n!$(n의 계승)로 셀 수 없이 많다는 점이다. 왜 그런가? 트럭은 창고에서 시작하고, 나머지 n개의 장소 중 아무 곳이나 첫 번째 정차 위치가 될 수 있다. 첫 번째 정차 이후로는 나머지 $n-1$개의 장소 중 아무 곳이나 두 번째 정차 위치가 될 수 있다. 첫 정차 위치둘을 정한 후에는 나머지 $n-2$개의 장소 중 아무 곳이나 세 번째 정차 위치가 될 수 있다. 즉 첫 정차 위치 3개를 정하는 경우의 수는 $n \cdot (n-1) \cdot (n-2)$개다. 이러한 추론을 n개의 배송 위치로 확장해보면 가능한 경로의 수는 $n \cdot (n-1) \cdot (n-2) \cdots 3 \cdot 2 \cdot 1$, 즉 $n!$이다.

$n!$은 지수 함수보다 빠르게 증가하는 초지수super-exponential 함수라는 점을 떠올려보자. 8장에서 10!이 3,628,800이라고 했는데, 컴퓨터에게 이 정도 수는 큰 수가 아니다. 하지만 갈색 트럭은 매일 10군데가 넘는 곳에 화물을 배송한다. 트럭이 매일 20개의 화물을 배송한다고 가정하자(미국의 택배 회사들은 평균적으로 트럭 한 대가 170개의 화물을 배송한다. 따라서 한 곳에 여러 개의 화물을 배송한다고 해도 매일 20곳 정도는 과대평가가 아니다). 정차 위치가 20개이면 컴퓨터는 20!, 즉 2,432,902,008,176,640,000개의 경로를 확인해야 한다. 택배 회사의 컴퓨터가 1초당 1조 개의 경로를 확인해도, 모든 경로를 확인하려면 28일이 걸린다. 그리고 그 정도는 91,000대의 트럭 중 하나가 하루 동안 운행할 수 있는 경로에 지나지 않는다.

택배 회사가 이런 방식을 채택한다면, 매일 모든 트럭의 최소 비용 경로를 찾는 데 필요한 컴퓨팅 자원을 얻고 운영하는 데 소모되는 비용이 효율적인 경로 선택에 따른 이득보다 훨씬 클 것이다. 그렇다. 가능한 모든 경로에 대해 비용을 구하면서 비용이 가장 작은 경로를 찾는 방법은 수학적으로는 말이 될지 몰라도 실용적이진 않다. 각 트럭의 최소 비용 경로를 구하는 더 좋은 방법은 없을까?

아무도 모른다(아니면 누군가가 알면서도 말해주지 않거나). 그 누구도 더 좋은 방법을 찾지 못했고, 그 누구도 더 좋은 방법이 존재할 수 없음을 증명하지도 못했다. 이 얼마나 곤란한 상황인가?

불행히도 여러분 생각보다 더 곤란하다. 갈색 트럭의 최소 비용 경로를 구하는 문제는 **외판원 문제**traveling-salesman problem로 더 잘 알려져 있다.[1] 외판원은 n개의 도시를 방문해야 하며, 같은 도시에서 출발해 되돌아와야 한다. 그리고 이 두 조건을 만족하는 가장 짧은 경로를 구해야 한다. 어

---

1 성차별적 용어 'salesman'에 유감을 표한다. 역사적으로 통용되는 이름이지만, 오늘날 이름을 다시 짓는다면 'traveling-salesperson problem'이라고 할 것이다.

떤 상수 c에 대해, $O(n^c)$시간 안에 외판원 문제를 해결하는 알고리즘은 아직 찾아내지 못했다. 도시 n개 사이의 거리가 주어졌을 때, $O(n^{100})$시간, $O(n^{1,000})$시간, 심지어는 $O(n^{1,000,000})$시간 안에 n개의 도시를 방문하는 최적 경로를 찾는 알고리즘도 아직 찾지 못했다.

나쁜 소식은 여기서 끝이 아니다. (수천 가지의) 많은 문제가 이런 성질을 공유한다. 즉 입력의 크기가 n일 때, 어떤 상수 c에 대해 $O(n^c)$시간 안에 수행되는 알고리즘을 찾지 못했고, 그 누구도 그런 알고리즘의 존재를 증명하지도 못했다. 이런 문제는 논리학과 그래프, 산술, 그러한 문제들 사이의 스케줄링 등 다양한 분야에 존재한다.

이제 지금까지의 좌절을 새로운 차원으로 승화할 수 있는 놀라운 사실을 알려주겠다. 이러한 문제 중 하나를 어떤 상수 c에 대해 $O(n^c)$시간 안에 해결할 수 있는 알고리즘이 존재한다면, 이러한 모든 문제에 대해서도 $O(n^c)$시간 안에 수행할 수 있는 알고리즘이 존재한다. 이제부터 이러한 문제를 **NP 완전**NP-complete하다고 하자. 입력의 크기가 n일 때, 어떤 상수 c에 대해 $O(n^c)$시간 안에 수행되는 알고리즘은 **다항 시간 알고리즘**polynomial-time algorithm이라고 하자. n^c에 임의의 계수를 곱한 항이 수행 시간 측면에서 가장 지배적인 항이기 때문이다. 다시 말하지만 NP 완전 문제를 해결하는 다항 시간 알고리즘을 아직 찾지 못했고, NP 완전 문제에 다항 시간 알고리즘이 존재하지 않는다는 점도 아직 증명하지 못했다.

아쉽게도 훨씬 짜증스러운 소식이 남아 있다. 상당수의 NP 완전 문제들이 우리가 이미 다항 시간 안에 해결하는 방법을 알고 있는 문제들과 비슷하다는 점이다. 그저 문제를 약간 더 꼬아놓았을 뿐이다. 예를 들어 6장의 벨만-포드 알고리즘은 음수 가중치 간선을 포함할 수 있고, n개의 정점과 m개의 간선을 포함하는 방향성 그래프에서 단일 출발점 최단 경로를 $\Theta(nm)$시간에 찾는다. 이때 $m \geq n$이라고 가정하면, 입력 크기는 $\Theta(m)$

이고 $nm \leq m^2$이다. 따라서 벨만-포드 알고리즘의 수행 시간은 입력 크기의 다항식이다($n > m$일 때도 마찬가지다). 이런 경우에 최단 경로 찾기는 쉬운 일이다. 그러나 놀랍게도 두 정점 사이의 비순환 최장 경로longest acyclic path(순환이 없는 최장 경로)를 찾는 문제는 NP 완전이다. 더 나아가, 주어진 최소 개수만큼의 간선을 포함하는 비순환 경로가 그래프에 존재하는지를 결정하는 일만으로도 NP 완전이다.

서로 관련된 두 문제 중 한쪽은 쉽고 한쪽은 NP 완전인 다른 예로는 오일러 순회와 해밀턴 순환을 들 수 있는데, 두 문제 모두 연결된 무방향 그래프에서 경로를 찾는 일과 관계가 있다. **무방향 그래프**undirected graph의 간선에는 방향이 없으므로 (u, v)와 (v, u)는 동일한 간선이며, 간선 (u, v)는 정점 u와 v에 **인접하다**incident고 한다. **연결된 그래프**connected graph는 정점의 모든 쌍에 대해 경로가 존재한다. **오일러 순회**Euler tour[2]는 한 정점에서 시작하고 끝나며, 각 정점은 한 번 이상 방문할 수 있지만 모든 간선은 딱 한 번 방문해야 한다. **해밀턴 순환**hamiltonian cycle[3]은 한 정점에서 시작하고 끝나며, 모든 정점을 딱 한 번 방문해야 한다(물론 시작이자 끝인 정점은 제외하고). 연결된 무방향 그래프에 오일러 순회가 존재하는지 알고 싶다면, 이를 위한 알고리즘은 매우 간단하다. 각 정점의 차수, 즉 얼마나 많은 간선이 정점에 인접한지를 조사하면 되는데, 모든 정점의 차수가 짝수일 때에만 그래프에 오일러 순회가 존재한다. 그러나 연결된 무방향 그래프에 해밀턴 순환이 존재하는지를 묻는다면, 이는 NP 완전이다. 주어진 질문이 "그래프에 포

---

2 수학자 레온하르트 오일러Leonhard Euler가 1736년에 프러시아의 도시 쾨니히스베르크에 놓인 7개의 다리를 정확히 한 번씩만 건너서 시작 지점으로 돌아올 수 없음을 증명한 데서 유래한다.

3 1856년에 그래프를 이용한 수학적인 게임인 '십이면체dodecahedron'를 논의한 W. R. 해밀턴Hamilton의 이름을 따왔다. 이 게임은 한 사람이 5개의 연속된 정점에 핀을 꽂고, 다른 사람이 그 정점을 모두 포함하는 순환 경로를 찾는 게임이다.

함된 해밀턴 순환의 정점 순서가 무엇인가?"가 아니라, 좀 더 기본적인 질문인 "이 그래프에 해밀턴 순환을 만들 수 있는가? '예'나 '아니요'로 대답하라"임에 주목하자.

NP 완전 문제를 이 책에서 다루는 이유는 우리가 생각보다 NP 완전에 자주 직면하기 때문이다. NP 완전이라고 밝혀진 문제를 해결하는 다항 시간 알고리즘을 찾으려고 시도하면 큰 좌절을 맛볼 것이다(그러나 304페이지에서 앞으로의 전망도 살펴보자). NP 완전 문제라는 개념은 1970년대 초반부터 논의됐고, 그 이전부터 (외판원 문제를 비롯한) NP 완전으로 밝혀진 문제를 해결하려는 노력은 계속됐다. 오늘날까지도 그 어떤 NP 완전 문제에 대해 다항 시간 알고리즘이 존재하는지 알지 못하며, 그런 알고리즘이 존재할 수 있는지도 알아내지 못했다. 많은 뛰어난 컴퓨터 과학자가 이 문제에 오랜 시간 매달렸지만 아직도 풀지 못한 숙제다. 나는 여러분이 NP 완전 문제의 다항 시간 알고리즘을 찾을 수 없다고 말하진 않겠지만, 기나긴 노고가 필요한 일임은 확실하다.

P와 NP 클래스, 그리고 NP 완전성

지금까지는 수행 시간이 $O(n^2)$인지 $O(n \lg n)$인지를 중요하게 여겼지만, 10장에서는 알고리즘이 다항 시간으로만 수행돼도 다행이므로 $O(n^2)$과 $O(n \lg n)$의 차이는 중요하지 않다. 컴퓨터 과학자는 일반적으로 다항 시간 알고리즘으로 해결할 수 있는 문제를 '다룰 만한tractable'(다루기 쉬운) 문제라고 한다. 이처럼 어떤 문제에 다항 시간 알고리즘이 존재하면, 그 문제는 P 클래스P class에 속한다고 한다.

이쯤에서 $\Theta(n^{100})$시간이 필요한 문제를 다룰 만한 문제라고 하는 이유가 궁금할 것이다. 입력의 크기 $n = 10$일 때, 10^{100}은 엄청나게 큰 수가 아닌가? 물론 그렇다. 실제로도 10^{100}은 ('구글Google'의 어원인) 구골googol일 정도로 크다. 다행히도 $\Theta(n^{100})$시간이 필요한 알고리즘은 아직 본 적이 없다. 우리가 실제로 다루는 P에 속하는 문제는 그보다 훨씬 적은 시간을 필요로 하며, $O(n^5)$ 정도보다 더 오랜 시간이 걸리는 다항 시간 알고리즘은 거의 보지 못했다. 게다가 누군가가 어떤 문제를 해결하는 첫 번째 다항 시간 알고리즘을 찾아내면, 다른 누군가가 뒤를 이어 더 효율적인 알고리즘을 고안하기 마련이다. 따라서 누군가가 어떤 문제를 $\Theta(n^{100})$시간에 해결하는 첫 번째 다항 시간 알고리즘을 만들었다면, 다른 누군가가 더 빠른 알고리즘을 발명할 좋은 기회가 된다.

이제 주어진 문제에 대해 여러분이 해solution를 제안하고, 그 해가 올바른지 검증한다고 생각해보자. 예를 들어, 해밀턴 순환 문제의 해는 정점의 부분집합이다. 이 해가 올바른지 검증하려면 시작이자 끝인 정점을 제외한 모든 정점이 부분집합에 한 번씩만 등장하는지 확인해야 한다. 그리고 해당 부분집합이 $\langle v_1, v_2, v_3, ..., v_n, v_1 \rangle$일 때, 간선 (v_1, v_2), (v_2, v_3), (v_3, v_4), . . . , (v_{n-1}, v_n)과 되돌아오는 간선 (v_n, v_1)이 그래프에 존재해야 한다. 이렇게 제안된 해가 맞는지는 다항 시간에 쉽게 검증할 수 있다. 어떤 문제에 대해 제안된 해가 올바른지를 문제에 주어진 입력의 크기에 대한 다항 시간 안에 검증할 수 있다면, 그 문제는 **NP 클래스**NP class에 속한다고 한다.[4] 이때 제안된 해를 **증거해**certificate라고 하며, 해당 문제가 NP 클래스에 속하려면, 증거해의 크기와 문제에 주어진 입력의 크기에 대한 다항 시간 안에 증거해가 올바른지를 검증할 수 있어야 한다.

여러분이 어떤 문제를 다항 시간에 해결할 수 있다면, 그 문제의 증거해도 다항 시간에 검증할 수 있다. 다른 말로 하자면, P에 속하는 모든 문

---

4 P라는 이름을 'polynomial time'에서 따왔음을 아마도 짐작했을 것이다. NP라는 이름이 어디에서 왔는지 궁금할 텐데, 'nondeterministic polynomial time(비결정적 다항 시간)'에서 따온 것이다. 비록 직관적이진 않지만, 그러한 부류의 문제를 조명하는 동등한 관점이기도 하다.

제는 자동적으로 NP에 속한다. 그렇다면, 거꾸로 NP에 속하는 모든 문제는 P에 속하는가? 이 문제는 오랫동안 컴퓨터 과학자들을 난감하게 만들었다. 이 문제를 일컬어 'P = NP? 문제'라고도 한다.

NP 완전 문제는 NP 중에서도 가장 난해한 부분이다. 비공식적으로 말하자면, 다음 두 조건을 만족하는 문제를 **NP 완전**이라고 한다. (1) NP에 속한다. (2) 그 문제를 해결할 수 있는 다항 시간 알고리즘이 존재한다면, NP에 속하는 모든 문제를 해당 문제로 변환할 수 있으므로 모든 NP 문제를 다항 시간에 해결할 수 있다. NP 완전 문제 중 하나라도 다항 시간 알고리즘이 존재한다면, 즉 NP 완전 문제 중에 하나라도 P에 속한다면 P = NP이다. NP 완전 문제는 NP에서 가장 어려운 문제이므로 NP에 속하는 문제 중 하나라도 다항 시간에 해결할 수 없음을 증명한다면, 모든 NP 완전 문제들도 다항 시간에 해결할 수 없다. **NP 난해**NP-hard 문제는 NP 완전성의 두 번째 조건은 만족하지만, NP에 속할 수도 있고 아닐 수도 있다.

앞서 다룬 개념들에 대한 짧지만 적절한 정의는 다음과 같다.

- **P:** 다항 시간에 해결 가능한 문제. 즉 문제에 주어진 입력의 크기에 대한 다항 시간 안에 문제를 풀 수 있다.
- **증거해:** 문제에 대해 제안된 해
- **NP:** 다항 시간에 검증 가능한 문제. 즉 주어진 증거해가 문제의 해인지를 문제에 주어진 입력의 크기와 증거해의 크기에 대한 다항 시간 안에 검증할 수 있다.
- **NP 난해:** 주어진 문제를 해결할 수 있는 다항 시간 알고리즘이 존재한다면, NP에 속하는 모든 문제를 해당 문제로 변환할 수 있고, 따라서 모든 NP 문제를 다항 시간에 해결할 수 있게 해주는 문제
- **NP 완전:** NP 난해이면서 NP에 속하는 문제

결정 문제와 환원

P와 NP 클래스에 대해 이야기하거나 NP 완전성의 개념을 논하다 보면, 우리 스스로를 **결정 문제**decision problem로 국한하곤 한다. 결정 문제는 출력이 한 비트, 즉 '예'나 '아니요'인 문제를 말한다. 오일러 순회 문제와 해밀턴 순환 문제를 이런 형태로 바꿔 말하면 이렇다. 그래프가 오일러 순회를 포함하는가? 그래프가 해밀턴 순환을 포함하는가?

한편 일부 문제는 결정 문제가 아니라 가능한 답 중에서 최선의 해를 찾아내는 최적화 문제optimization problem다. 다행히도 최적화 문제를 결정 문제로 변환함으로써 이러한 간극을 메울 수 있는 경우가 있다. 최단 경로 문제를 예로 들어보자. 앞에서 벨만-포드 알고리즘으로 최단 경로를 찾았는데, 어떻게 하면 최단 경로 문제를 예/아니요 문제로 생각할 수 있을까? "주어진 두 정점 사이의 경로 중에서 경로 가중치가 최대 k인 경로가 그래프에 존재하는가?"라고 질문을 던져보자. 경로상의 정점이나 간선을 물어보지 않고 그런 경로가 존재하는지를 물었다. 경로 가중치가 정수라면, 예/아니요 질문을 바탕으로 두 정점 사이의 최단 경로의 가중치를 알 수 있다. 어떻게? $k = 1$로 놓고 질문을 던진다. 대답이 '아니요'라면 $k = 2$로 놓고 질문을 던진다. 대답이 '아니요'라면 $k = 4$로 놓고 질문을 던진다. '예'라는 답이 나올 때까지 k를 두 배씩 키워간다. 마지막 k의 값이 k'이라면, 답은 $k'/2$과 k' 사이에 존재한다. 다음으로 $k'/2$부터 k'을 초기 구간으로 이진 탐색을 적용해 진짜 답을 찾는다. 이런 방법이 경로상의 정점과 간선을 알려주진 않지만, 적어도 최단 경로의 가중치는 알 수 있다.

어떤 문제가 NP 완전이기 위한 두 번째 조건, 즉 그 문제를 해결할 수 있는 다항 시간 알고리즘이 존재한다면, NP에 속하는 모든 문제를 해당 문제로 변환할 수 있으므로 모든 NP 문제를 다항 시간에 해결할 수 있다는 점을 떠올려보자. 이제 결정 문제에 초점을 맞추어 문제 Y에 다항 시간 알고리즘이 존재하면 문제 X에도 다항 시간 알고리즘이 존재할 수 있도록, 결정 문제 X를 각기 다른 결정 문제 Y로 변환하는 일반적인 아이디어를 알아보자. 문제 X를 푸는 일을 문제 Y를 푸는 일로 바꾼다는 의미에서, 이러한 변환을 **환원**reduction이라고 한다. 대략적 아이디어는 다음과 같다.

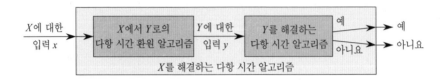

문제 X에 대해 크기가 n인 입력 x가 주어진다. 이 입력을 Y에 대한 입력 y로 변환하는 과정을 n에 대한 다항 시간에, 즉 어떤 상수 c에 대해 $O(n^c)$시간 안에 수행한다. 이처럼 입력 x를 입력 y로 변환하는 과정이 꼭 지녀야 할 성질이 있다. 입력 y에 대한 알고리즘 Y의 출력이 '예'라면, 입력 x에 대한 알고리즘 X의 출력도 '예'여야 한다. 그리고 입력 y에 대한 알고리즘 Y의 출력이 '아니요'라면, 입력 x에 대한 알고리즘 X의 출력도 '아니요'여야 한다. 이러한 조건을 만족하는 변환을 **다항 시간 환원 알고리즘** polynomial-time reduction algorithm이라고 한다. 이제 X를 해결하는 알고리즘의 전체적인 수행 시간을 살펴보자. 환원 알고리즘은 $O(n^c)$시간을 차지한다. 그리고 환원 알고리즘의 출력은 그 수행 시간보다 클 수 없으므로, 환원 알고리즘의 출력 크기는 $O(n^c)$이다. 그리고 이 출력은 곧 Y의 입력 y로 사용된다. Y를 해결하는 알고리즘은 다항 시간 알고리즘이므로, 입력의 크기 m과 어떤 상수 d에 대해 수행 시간은 $O(m^d)$다. 여기서는 m이 $O(n^c)$이므로, 알고리즘 Y는 $O((n^c)^d)$ 또는 $O(n^{cd})$시간을 차지한다. 이때 c와 d는 모두 상수이고 cd도 상수이므로, Y를 해결하는 알고리즘은 다항 시간 알고리즘임을 증명했다. 따라서 문제 X를 해결하는 알고리즘의 총 수행 시간은 $O(n^c + n^{cd})$이 되고, 이 역시 다항 시간 알고리즘임을 알 수 있다.

이런 방법을 이용하면 Y가 '쉬운'(다항 시간에 해결할 수 있는) 문제이면, 문제 X도 그렇다는 사실을 증명할 수 있다. 그러나 우리는 주어진 문제가 쉽다는 사실을 보여주고자 다항 시간 환원 알고리즘을 사용하는 것이 아니라, 주어진 문제가 어렵다는 사실을 다음과 같이 증명하려고 한다.

문제 X가 NP 난해이고 다항 시간 안에 X를 문제 Y로 환원할 수 있다면, 문제 Y도 NP 난해다.

이 명제가 참인 이유는 무엇인가? 문제 X가 NP 난해이고, X의 입력을 Y의 입력으로 변환하는 다항 시간 환원 알고리즘이 존재한다고 가정하자. X가 NP 난해이므로 NP에 속하는 어떤 문제 Z를 X로 환원할 수 있고, X에 다항 시간 알고리즘이 존재한다면 Z도 마찬가지로 그렇다. 앞에서 배웠듯이 이러한 변환을 일컬어 다항 시간 환원이라고 한다.

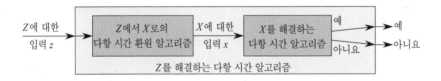

다항 시간 환원을 이용해 X의 입력을 Y의 입력으로 다시 변환할 수 있으므로, 위 그림의 X를 앞에서와 마찬가지로 확장할 수 있다.

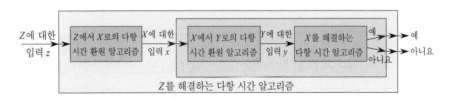

이제 X에서 Y로의 다항 시간 환원과 Y를 해결하는 알고리즘을 하나로 묶는 대신, 다음과 같이 두 다항 시간 환원을 하나로 묶어보자.

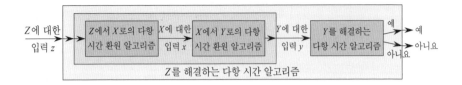

위 그림과 같이 Z에서 X로의 다항 시간 환원 바로 다음에 X에서 Y로의 다항 시간 환원을 붙이면, Z에서 Y로의 다항 시간 환원을 얻을 수 있다.

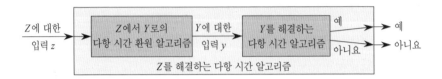

이와 같은 분석 방법을 바탕으로 두 다항 시간 환원을 연달아 적용하면 하나의 다항 시간 환원을 얻게 됨을 증명하자. 어떤 상수 c와 d에 대해, 문제 Z의 입력의 크기를 n이라고 하면 Z에서 X로의 환원은 $O(n^c)$시간을, 입력의 크기가 m일 때 X에서 Y로의 환원은 $O(m^d)$시간을 차지한다. Z에서 X로의 환원의 출력은 그 수행 시간보다 클 수 없으므로, X에서 Y로의 환원 입력 x의 크기는 $O(n^c)$이다. 이제 X에서 Y로의 환원 입력 크기 $m = O(n^c)$임을 알았으므로, X에서 Y로의 환원은 $O((n^c)^d)$, 즉 $O(n^{cd})$시간을 차지한다. 여기서 c와 d는 상수이므로, 이 두 번째 환원도 n에 대한 다항 시간을 차지한다.

더 나아가, 마지막 단계인 Y를 해결하는 다항 시간 알고리즘도 n에 대한 다항 시간을 차지한다. 입력의 크기가 p일 때, Y를 해결하는 알고리즘의 수행 시간이 어떤 상수 b에 대해 $O(p^b)$라고 하자. 앞과 마찬가지로 환원의 출력은 그 수행 시간보다 클 수 없고 $p = O(n^{cd})$이므로, Y를 해결하는 알고리즘은 $O((n^{cd})^b)$, 즉 $O(n^{bcd})$시간을 차지한다. 여기서 b, c, d는 모두 상수이므로, Y를 해결하는 알고리즘은 n에 대한 다항 시간을 차지한다.

276

그래서, 결론이 무엇인가? 문제 X가 NP 난해이고 X의 입력 x를 문제 Y의 입력 y로 변환하는 다항 시간 환원 알고리즘이 존재하면 문제 Y도 NP 난해라는 결론에 이른다. X가 NP 난해라는 사실은 NP에 속하는 어떤 문제든 x로 환원할 수 있음을 뜻하므로, NP에 속하는 어떤 문제 Z를 골라서 다항 시간 안에 X로 환원했다면, Y로의 환원도 다항 시간 안에 가능하다.

우리의 최종 목표는 어떤 문제가 NP 완전임을 증명하는 것이었다. 이제는 문제 Y가 NP 완전임을 보이려면 다음 두 가지만 증명하면 된다.

- 문제가 NP에 속함을 증명한다. 즉 Y의 증거해를 다항 시간 안에 검증할 수 있음을 보인다.
- NP 난해에 속한다고 이미 알려진 문제 X를 선택하고, X에서 Y로의 다항 시간 환원을 제시한다.

이제, 지금까지 다루지 않은 세부사항인 **마더 문제**Mother Problem를 살펴보자. 우리는 NP 완전에 속하는 문제 중 하나(마더 문제)를 상정해야 하는데, 이는 NP에 속하는 모든 문제를 해당 문제로 환원할 수 있는 문제를 말한다. 그리고 나서 M을 어떤 문제로 다항 시간 환원하면 그 문제가 NP 난해임을 증명할 수 있다. 그리고 이 문제를 또 다른 문제로 다항 시간 환원하면 그 문제도 NP 난해임을 증명할 수 있으며, 다른 문제에도 계속해서 이런 방법을 적용할 수 있다. 한 가지 더 알아야 할 사실은 한 문제로부터 환원할 수 있는 문제의 수에는 제한이 없다는 점이다. 따라서 NP 난해 문제의 계통도는 마더 문제에서 시작해 여러 가지로 뻗어나가는 모양을 띤다.

마더 문제

책마다 각기 다른 마더 문제를 상정하지만, 아무 문제가 없다. 선택한 마더 문제를 다른 문제로 환원한 후에는, 그 문제가 마더 문제의 역할을 할 수 있기 때문이다. 마더 문제로 자주 사용하는 문제 중 하나가 부울 공식 만족성 문제다. 이 문제를 간략히 설명하겠지만, NP에 속하는 모든 문제를 이 문제로 환원할 수 있음은 증명하지 않겠다. 그 증명 과정이 길고 지루하기 때문이다.

우선 부울은 무엇인가? 부울은 0이나 1만을 값으로 가질 수 있는 변수(부울 변수)를 바탕으로 하는 간단한 논리를 뜻하는 수학 용어이며, 이때의 연산자는 1개나 2개의 부울 값을 취해 부울 값 하나를 결과로 내놓는다. 8장에서 이미 배타적 논리합^{XOR}을 살펴봤는데, 그 밖의 대표적인 부울 연산자로는 AND, OR, NOT, IMPLIES, IFF 등이 있다.

- x AND y는 x와 y가 모두 1일 때에만 1이다. 그렇지 않으면(x와 y 중 하나라도 0이면), x AND y는 0이다.

- x OR y는 x와 y가 모두 0일 때에만 0이다. 그렇지 않으면(x와 y 중 하나라도 1이면), x OR y는 1이다.

- NOT x는 x의 반전이다. 즉 x가 1이면 0이고, x가 0이면 1이다.

- x IMPLIES y는 x가 1이고 y가 0일 때에만 0이다. 그렇지 않으면(x가 0이거나, x와 y 모두 1이면) x IMPLIES y는 1이다.

- x IFF y는 'x일 때에만 y(필요충분조건)'를 뜻하며, x와 y가 같을 때에만(모두 0이거나 모두 1일 때에만) 1이다. x와 y가 다르면(둘 중 하나가 0이고 다른 하나는 1이면) x IFF y는 0이다.

두 피연산자를 취하는 부울 연산자는 16가지 경우가 존재하지만, 위에서 설명한 연산자를 가장 많이 사용한다.[5] **부울 공식**$^{boolean formula}$은 앞서 언급한 부울 값을 갖는 변수와 부울 연산자, 그루핑을 위한 괄호로 이뤄진다.

---

5 16개 이항 부울 연산자 중의 몇 가지는 정말이지 흥미롭지 않은 것들이다. 피연산자의 값에 관계없이 연산자의 결과가 0인 경우를 예로 들 수 있다.

부울 공식 만족성 문제boolean formula satisfiability problem의 입력은 부울 공식으로, 주어진 공식의 변수에 0이나 1을 대입해 공식의 결과를 1로 만들 수 있는지에 답해야 한다. 그런 방법이 존재한다면 주어진 공식은 **만족 가능**satisfiable하다고 한다.

$$\Big((w \text{ IMPLIES } x) \text{ OR NOT} \big(((\text{NOT } w) \text{ IFF } y) \text{ OR } z\big)\Big) \text{ AND } (\text{NOT } x)$$

예를 들어, 위의 공식은 만족 가능하다. $w = 0$이고 $x = 0$, $y = 1$, $z = 1$일 때, 공식은 다음과 같다.

$$\Big((0 \text{ IMPLIES } 0) \text{ OR NOT} \big(((\text{NOT } 0) \text{ IFF } 1) \text{ OR } 1\big)\Big) \text{ AND } (\text{NOT } 0)$$

$$= \Big(1 \text{ OR NOT} \big((1 \text{ IFF } 1) \text{ OR } 1\big)\Big) \text{ AND } 1$$
$$= \big(1 \text{ OR NOT} (1 \text{ OR } 1)\big) \text{ AND } 1$$
$$= (1 \text{ OR } 0) \text{ AND } 1$$
$$= 1 \text{ AND } 1$$
$$= 1$$

반대로, 만족 불가능한 공식의 간단한 예를 보자.

$x \text{ AND } (\text{NOT } x)$

$x = 0$일 때, 공식은 0 AND 1을 평가한 값인 0이다. $x = 1$인 경우에도 공식의 결과는 1 AND 0으로 0이다.

대표적인 NP 완전 문제들

부울 공식 만족성 문제를 마더 문제로 삼아, 다항 시간 환원을 이용해 NP 완전임을 증명할 수 있는 몇 가지 문제를 살펴보자. 우리가 살펴볼 환원의 계통도는 다음과 같다.

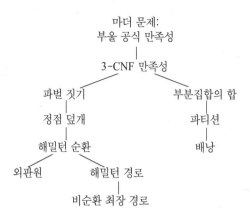

마더 문제:
부울 공식 만족성
|
3-CNF 만족성

파벌 짓기   부분집합의 합
| |
정점 덮개   파티션
| |
해밀턴 순환   배낭

외판원   해밀턴 경로
|
비순환 최장 경로

이 계통도에 포함된 환원 중 일부는 그 과정이 길고 복잡하므로 모든 환원을 증명하진 않겠다. 하지만 한 분야에 속한 문제를 다른 분야의 문제로 환원하는 방법을 보여주는 흥미로운 경우를 몇 가지 살펴보자. 그중 하나가 바로 논리(3-CNF 만족성)를 그래프(파벌 짓기 문제)로 환원하는 것이다.

3-CNF 만족성

마더 문제인 부울 공식 만족성 문제를 직접 다른 문제로 환원하기는 어렵다. 16개의 이항 부울 연산자 중 무엇이든 포함할 수 있는데다, 어떤 식으로든 괄호로 묶을 수 있기 때문이다. 그 대신 부울 공식의 만족성에 관련된 문제이지만, 문제의 입력으로 사용하는 공식의 구조에 제한을 둔 다른 문제를 정의하자. 이렇게 제한된 문제로부터 환원하는 편이 훨씬 쉽기 때문이다. 앞으로 사용할 공식은 여러 **절**clause의 AND 연산으로 이뤄지며, 각 절은 세 **텀**term의 OR 연산이고, 각 텀은 **리터럴**literal이다. 여기서 리터럴은 변수나 변수의 부정(NOT x 등)을 말한다. 이러한 형태의 부울 공식을 **3결합 정규 형식**3-conjunctive normal form이나 **3-CNF**라고 한다.

$(w$ OR $($NOT $w)$ OR $($NOT $x))$ AND $(y$ OR x OR $z)$

AND $(($NOT $w)$ OR $($NOT $y)$ OR $($NOT $z))$

예를 들어 위의 공식이 바로 3-CNF이며, 이 식의 첫 번째 절은 $(w$ OR $($NOT $w)$ OR $($NOT $x))$이다.

3-CNF 부울 공식을 만족하는 변수의 값이 존재하는지를 결정하는 문제(3-CNF 만족성 문제)는 NP 완전이다. 이 문제의 증거해는 각 변수의 0이나 1의 값을 대입한 것인데, 이 증거해를 검증하기는 쉽다. 각 변수에 제안된 값을 공식에 대입하고, 표현식의 결과가 1인지를 확인하면 된다. 이제 3-CNF 만족성 문제가 NP-난해임을 보이려면, (제약이 없는) 부울 공식 만족성 문제를 3-CNF 만족성 문제로 환원해야 한다. 이번에도 (그다지 흥미롭지 않은) 세부사항은 다루지 않는다. 우리에게 정말 흥미로운 부분은 각기 다른 분야의 문제를 환원하는 일이기 때문이다.

3-CNF 만족성 문제에 대한 실망스러운 소식이 있다. 3-CNF 만족성 문제는 NP 완전이지만, 2-CNF 공식이 만족 가능한지를 결정하는 일에는 다항 시간 알고리즘이 존재한다는 점이다. 각 절에 포함된 리터럴이 3개가 아니라 2개라는 점만 제외하면 2-CNF 공식은 3-CNF 공식과 비슷하다. 이처럼 작은 변화로도 NP에서 가장 어려운 문제에 버금가는 문제를 이렇게 쉽게 만들 수 있다니!

파벌 짓기

이제 각기 다른 분야 사이의 흥미로운 환원을 살펴볼 차례인데, 구체적으로는 3-CNF 만족성 문제를 그래프에 관련된 문제로 환원하는 방법을 알아보자. 무방향 그래프 G에서의 **파벌**clique은 그 정점의 부분집합 S로서, 부분집합 S에 속하는 모든 서로 다른 두 정점 사이에 간선이 존재하는 그래프를 말한다. 그리고 **파벌의 크기**size of a clique는 해당 파벌에 포함된 정점의 개수다.

여러분의 생각대로 파벌은 소셜 네트워크 이론social network theory에서 활용된다. 각 개인을 정점으로, 개인 간의 관계를 무방향 간선으로 모델링한다면, 여기서의 파벌은 모든 서로 다른 두 사람 사이에 교류가 있는 그룹을 의미한다. 더 나아가 생체정보학bioinformatics과 공학, 화학에서도 파벌을 응용할 수 있다.

파벌 짓기 문제clique problem는 그래프 G와 양의 정수 k라는 두 가지 입력을 받아서, G에 크기가 k인 파벌, 즉 k파벌이 존재하는지를 결정하는 문제다. 예를 들어 아래 그래프는 어두운 색 정점으로 표시된 크기가 4인 파벌을 포함하며, 크기 4 이상의 파벌은 더 이상 존재하지 않는다.

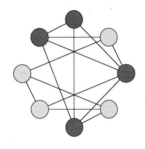

이 문제의 증거해는 쉽게 검증할 수 있다. 여기서의 증거해는 파벌을 형성한다고 생각되는 k개의 정점인데, 각 정점 k개로부터 나머지 정점 $k-1$개로 향하는 간선이 있는지를 확인하면 된다. 이러한 확인은 그래프 크기에 대한 다항 시간 안에 쉽게 수행될 수 있으므로, 파벌 짓기 문제가 NP에 속함을 증명한 셈이다.

그렇다면 어떻게 부울 공식 만족성에 관련된 문제를 그래프 문제로 환원할 수 있는가? 3-CNF 형식의 부울 공식에서부터 시작해보자. 주어진 공식이 C_1 AND C_2 AND C_3 AND $\cdots$ AND C_k라고 하자. 여기서 C_r은 k개의 절 중 하나를 말한다. 이제 이 공식으로부터 다항 시간 안에 그래프를 만들어내면, 그 그래프에 k파벌이 존재할 때에만 주어진 3-CNF 공식이 만족 가능하다. 앞으로 세 가지를 살펴본다. 우선 그래프를 만드는 과정을 알아보자. 그리고 그래프를 만드는 과정이 3-CNF 공식의 크기에 대한 다항 시간 안에 수행됨을 증명해야 한다. 마지막으로 그래프에 k파벌이 존재할 때에만 주어진 3-CNF 공식의 결과가 1이 되도록 변수에 값을 대입하는 방법이 존재한다는 점도 증명해야 한다.

3-CNF 공식으로부터 그래프를 만들기 위해, 먼저 r번째 절 C_r에 집중하자. 해당 절에 포함된 리터럴을 l_1^r과 l_2^r, l_3^r이라고 하면 C_r은 l_1^r OR l_2^r OR l_3^r이다. 그리고 각 리터럴은 변수이거나 변수의 부정이다. 이제 각 리터럴마다 정점을 하나씩 만들면, C_r 절에서 세 정점으로 이뤄진 트리플triple v_1^r, v_2^r, v_3^r을 만들게 된다. 그리고 정점 v_i^r와 v_j^s가 다음 두 조건을 만족하면 그 사이에 간선을 추가한다.

- v_i^r과 v_j^s가 각기 다른 트리플에 속한다. 즉 절의 번호 r과 s가 서로 다르다.
- 두 정점에 해당하는 리터럴이 서로의 부정이 아니다.

예를 들어, 다음에 주어진 그래프는 아래 3-CNF 공식에 해당한다.

$(x$ OR (NOT y) OR (NOT z)) AND ((NOT x) OR y OR z)
     AND $(x$ OR y OR z)

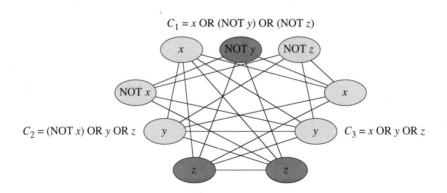

$C_1 = x$ OR (NOT y) OR (NOT z)

$C_2 = ($NOT x) OR y OR z $C_3 = x$ OR y OR z

이러한 환원이 다항 시간 안에 수행됨은 쉽게 증명할 수 있다. 3-CNF 공식이 k개의 절을 포함한다면, 리터럴의 개수가 $3k$이므로 그래프의 정점의 개수도 $3k$이다. 각 정점은 다른 정점으로 향하는 간선을 최대 $3k-1$개 가지므로, 간선의 최대 개수는 $3k(3k-1)$, 즉 $9k^2 - 3k$이다. 이렇게 생성된 그래프의 크기는 3-CNF 입력의 크기에 대한 다항식이고, 어떤 간선을 그래프에 넣어야 할지도 어렵지 않게 결정할 수 있다.

마지막으로, 생성한 그래프에 k파벌이 존재할 때에만 주어진 3-CNF 공식이 만족 가능하다는 사실을 증명하자. 우선, 공식이 만족 가능한 경우에 그래프에 k파벌이 존재함을 증명하자. 공식을 만족시키는 대입 방법이 존재한다면, 각 절 C_r은 1로 평가되는 리터럴 l_i^r을 적어도 하나 포함한다. 그리고 각 절로부터 그러한 리터럴을 하나씩 선택하면, 그에 상응하는 k개의 정점으로 이뤄진 집합 S를 얻게 된다. 이때 집합 S가 바로 k파벌이다. S에 포함된 임의의 두 정점을 생각해보자. 그 두 정점에 해당하는 리터럴은 식을 만족시키는 대입 방법에서 1로 평가되는 각기 다른 절에 속한다. 그리고 이 두 리터럴은 서로의 부정일 수 없다. 둘이 서로의 부정이라면, 둘 중 하나는 1로, 나머지 하나는 0으로 평가돼야 하기 때문이다. 두 리터럴이 서로의 부정이 아니므로, 그래프를 만들 때 상응하는 두 정점 사이에 간선을 삽입했을 것이다. 이제 S에 속하는 한 쌍의 정점을 어떻게 선택해도 이와 같으므로, S에 속하는 모든 정점 사이에는 간선이 존재한다. 즉 k개의 정점으로 이뤄진 집합 S는 k파벌이다.

이제 반대 방향을 증명할 차례다. 즉 그래프가 k파벌 S를 포함하면, 주어진 3-CNF 공식이 만족 가능함을 증명하자. 그래프에 포함된 어떤 간선도 한 트리플에 속하는 두 정점을 연결하지 않으므로, S는 각 트리플로부터 정확히 하나의 정점을 포함한다. S에 포함되는 각 정점 v_i^r에 대해, 3-CNF 공식에서 그에 대응되는 리터럴 l_i^r를 1로 할당하자. k파벌은 한 리터럴과 그 부정에 상응하는 정점을 동시에 포함할 수 없으므로, 한 리터럴과 그 부정에 동시에 1을 할당하는 경우는 걱정할 필요 없다. 이제 각 절이 1로 평가되는 리터럴을 포함하므로, 각 절은 1로 평가되고, 전체 3-CNF 공식도 만족된다. 더 나아가, 파벌에 포함되지 않는 정점에 해당하는 변수에는 어떤 값을 대입하든 공식이 만족되는 것에는 영향을 주지 못한다.

위의 예에서 식을 만족시키는 대입 방법은 $y = 0$, $z = 1$이며, x에는 어떤 값을 대입하든 상관이 없다. 이에 상응하는 3파벌은 그림에서 어둡게 칠해진 정점들로 구성되며, 절 C_1의 NOT y와 절 C_2와 C_3의 z에 해당한다.

결국 3-CNF 만족성 문제로부터 k파벌 찾기 문제로의 다항 시간 환원이 존재함을 증명했다. 즉 k개의 절로 이뤄진 3-CNF 부울 공식을 만족하는 대입 방법을 찾아내야 한다면, 앞에서 살펴본 방법을 이용해 다항 시간 안에 부울 공식을 무방향성 그래프로 변환한 후, 그래프에 k파벌이 있는지를 결정하면 된다. 그래프에 k파벌이 존재하는지를 다항 시간 안에 결정할 수 있다면, 주어진 3-CNF 공식을 만족하는 대입 방식이 존재하는지를 다항 시간 안에 결정할 수 있다는 말이다. 결국 3-CNF 만족성 문제가 NP 완전이므로 그래프에 k파벌이 존재하는지를 결정하는 문제도 NP 완전이다. 더 나아가, 그래프에서 k파벌의 존재 여부뿐만 아니라 어떤 정점이 k파벌을 구성하는지를 알 수 있다면, 이를 이용해 3-CNF 공식을 만족하는 변수의 값도 알 수 있다.

정점 덮개

무방향성 그래프 G의 **정점 덮개**vertex cover는 G의 부분집합 S로, G에 포함된 모든 간선은 S에 포함된 정점 중 적어도 하나에 인접해야 한다. S에 포함된 각 정점이 그에 인접한 간선을 '덮는다cover'라고 표현하며, **정점 덮개의 크기**size of a vertex cover는 S에 포함된 정점의 수를 말한다. 파벌 짓기 문제와 마찬가지로 **정점 덮개 문제**vertex-cover problem도 무방향성 그래프 G와 양의 정수 m을 입력으로 받는다. 그리고 G에 크기가 m인 정점 덮개가 존재하는지에 답해야 한다. 정점 덮개 문제도 파벌 짓기 문제처럼 생체정보학에 응용된다. 다른 응용 분야를 살펴보면, 복도가 있는 건물에 360도를 볼 수 있는 카메라를 교차로에 설치한다면, m개의 카메라로 모든 복도를 감시할 수 있는지를 알 수 있다. 여기서 간선은 복도를, 정점은 교차로를 표현한다. 또 다른 응용 예를 보면, 정점 덮개 찾기 문제를 이용해 컴퓨터 네트워크상에서 악성 소프트웨어의 공격을 봉쇄할 수도 있다.

당연한 말이지만 정점 덮개 문제의 증거해는 제안된 정점 덮개이며, 제안된 정점 덮개의 크기가 m이고 모든 간선을 덮는지를 그래프 크기에 대한 다항 시간 안에 쉽게 검증할 수 있다. 따라서 정점 덮개 문제는 NP에 속한다.

280페이지에서 봤던 NP 완전 문제의 계통도에 따르면 파벌 짓기 문제를 정점 덮개 문제로 환원할 수 있다. 파벌 짓기 문제의 입력이 n개의 정점을 포함하는 무방향성 그래프 G와 양의 정수 k라고 하자. 이제 다항 시간 안에 정점 덮개 문제의 입력 그래프 $\bar{G}$를 만들어야 한다. 그리고 G에 크기가 k인 파벌이 존재할 때에만 $\bar{G}$에 크기가 $n-k$인 정점 덮개가 존재해야 한다. 이러한 환원은 참으로 쉬운데, 그래프 $\bar{G}$는 G의 정점을 그대로 포함하고, G와 정반대의 간선을 포함한다. 풀어서 설명하자면 $\bar{G}$에 간선 (u, v)가 존재할 때에만 G에 간선 (u, v)가 존재하지 않는다. 이쯤에서 $\bar{G}$에 포함된 $n-k$ 크기의 정점 덮개가 G에서 k파벌에 포함되지 않는 정점들로 구성되리라고 짐작했다면, 바로 맞췄다! 8개 정점을 포함하는 그래프 G와 $\bar{G}$의 예를 아래에서 볼 수 있는데, G에서 파벌을 형성하는 정점 5개와 $\bar{G}$에서 정점 덮개를 이루는 나머지 세 정점이 어두운 색으로 칠해져 있다.

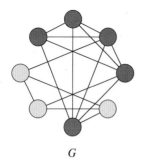

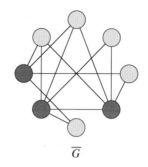

G $\bar{G}$

$\bar{G}$에 포함된 모든 간선이 어둡게 칠해진 정점 중 하나에 인접함에 주목하자.

이제 G에 k파벌이 존재할 때에만 $\bar{G}$에 $n-k$ 크기의 정점 덮개가 존재함을 증명하자. 우선 G에 k파벌 C가 존재하며, S는 C에 포함되지 않은 $n-k$개의 정점으로 이뤄진다고 가정하자. 이때 $\bar{G}$의 모든 간선이 S의 정점 중 적어도 하나에 인접함을 증명하자. (u, v)가 $\bar{G}$의 임의의 간선이라면, 해당 간선이 G에 존재하지 않으므로 $\bar{G}$에 존재한다. (u, v)가 G에 존재하지 않으면, 정점 u와 v 중 적어도 하나는 G의 파벌 C에 속하지 않는다. C에 포함된 모든 정점의 쌍은 간선으로 연결돼야 하기 때문이다. 이제 u와 v 중 적어도 하나는 C에 속하지 않으므로, u와 v 중 적어도 하나는 S에 속한다. 이는 간선 (u, v)가 S의 정점 중 적어도 하나에 인접함을 의미한다. $\bar{G}$에 포함된 어떤 간선이든 (u, v)로 선택할 수 있으므로, S는 $\bar{G}$의 정점 덮개임을 알 수 있다.

이제 반대의 경우를 따져보자. $n-k$개의 정점을 포함하는 정점 덮개 S가 $\bar{G}$에 존재하고, S에 포함되지 않은 정점 k개가 C를 구성한다고 가정하자. 그러면 $\bar{G}$의 모든 간선은 S에 속하는 정점에 인접한다. 즉 $\bar{G}$에 간선 (u, v)가 존재하면, u와 v 중 적어도 하나는 S에 속한다. 51페이지에서 배운 대우의 정의를 따라 이 명제의 대우를 취하면, u와 v 모두 S에 속하지 않으면 $\bar{G}$에 간선 (u, v)가 존재하지 않는다. 따라서 간선 (u, v)는 G에 존재한다. 다시 말해, u와 v가 모두 C에 속하면 G에 간선 (u, v)가 존재한다. u와 v는 C에 속하는 임의의 정점 쌍일 수 있으므로, C에 속하는 모든 정점 쌍을 연결하는 간선이 G에 존재함을 알 수 있다. 즉 C는 k파벌이다.

결국, 무방향성 그래프에 k파벌이 존재하는지를 결정하는 NP 완전 문제로부터 무방향성 그래프에 $n - k$ 크기의 정점 덮개가 존재하는지를 결정하는 문제로의 다항 시간 환원이 존재한다. 주어진 무방향성 그래프 G에 k파벌이 존재하는지를 알고 싶다면, 앞서 살펴본 방법대로 다항 시간 안에 G를 $\bar{G}$로 변환한 후 $\bar{G}$에 $n - k$ 크기의 정점 덮개가 존재하는지를 결정하면 된다. 즉 $\bar{G}$에 $n - k$ 크기의 정점 덮개가 존재하는지를 다항 시간 안에 결정할 수 있다면, G에 k파벌이 존재하는지도 다항 시간에 알 수 있다. 이는 파벌 짓기 문제가 NP 완전이므로 정점 덮개 문제도 그러하다는 말과 같다. 더 나아가 $\bar{G}$에 $n - k$ 정점 덮개가 존재하는지를 결정할 뿐만 아니라 그 덮개를 구성하는 정점을 알 수 있다면, 그 정보를 바탕으로 k파벌에 속하는 정점도 찾을 수 있다.

해밀턴 순환과 해밀턴 경로

해밀턴 순환 문제는 이미 살펴본 대로, 연결된 무방향 그래프가 해밀턴 순환(시작점과 끝점이 같고 모든 정점을 정확히 한 번 방문하는 경로)을 포함하는지를 결정하는 문제다. 이 문제를 어느 분야에 응용할 수 있을지는 미지수다. 하지만 280페이지의 NP 완전 문제 계통도에 따르면, 이 문제를 이용해 외판원 문제가 NP 완전임을 증명할 수 있다. 외판원 문제가 실제로 어떻게 응용되는지는 앞에서 살펴봤다.

이에 밀접하게 관련된 문제가 **해밀턴 경로 문제**hamiltonian-path problem로, 그래프의 모든 정점을 정확히 한 번만 방문하는지를 결정한다는 점은 같지만 그 경로가 닫힌 순환closed cycle일 필요는 없다. 이 문제도 NP 완전 문제이며, 292페이지에서 볼 수 있듯이 이 문제를 이용해 비순환 최장 경로 문제가 NP 완전임을 증명할 것이다.

이 두 가지 해밀턴 문제의 증거해는 당연히 해밀턴 순환이나 해밀턴 경로에 포함되는 정점의 순서다(해밀턴 순환의 경우에는 시작점을 끝에서 반복하지 않는다). 주어진 증거해에 대해 모든 정점이 목록에 딱 한 번 등장하고, 순서상으로 연속된 두 정점 사이에 간선이 존재하는지만 확인하면 된다. 해밀턴 순환 문제에서는 첫 정점과 마지막 정점 사이에도 간선이 존재하는지를 확인해야 한다.

정점 덮개 문제를 해밀턴 순환 문제로 환원하는 다항 시간 환원, 즉 해밀턴 순환 문제가 NP 난해임을 증명하는 과정은 자세히 설명하지 않겠다. 그 과정은 꽤 복잡하며, **위젯**widget이라는 개념을 바탕으로 한다. 위젯은 어떤 특성을 만족하는 그래프의 일부분이다. 환원 과정에서 이용되는 위젯의 특성을 살펴보면, 환원을 통해 만들어진 그래프의 모든 해밀턴 순환은 정확히 세 가지 방법 중의 하나로만 위젯을 탐색할 수 있다.

이제 해밀턴 순환 문제를 해밀턴 경로 문제로 환원하는 방법을 알아보자. n개 정점을 포함하는 연결된 무방향성 그래프 G에서 시작해 $n+3$개의 정점을 포함하는 새로운 연결된 무방향성 그래프 G'을 만들자. G에서 임의의 정점 u를 선택하고, 정점 u에 인접한 정점을 $v_1, v_2, \cdots, v_k$라고 하자. G'을 만들기 위해 세 정점 x, y, z를 추가한다. 그리고 간선 (u, x)와 (y, z), u에 인접한 모든 정점과 y 사이의 간선 (v_1, y), (v_2, y), $\cdots$, (v_k, y)를 추가하자. 다음 그림에서 예를 볼 수 있다.

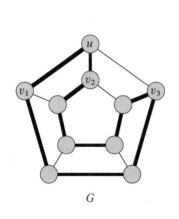

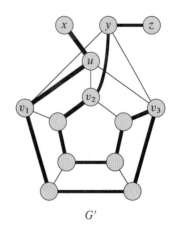

G

G'

굵게 표시된 간선은 G의 해밀턴 순환과 G'의 해밀턴 경로를 나타낸다. G'이 G보다 3개 더 많은 정점과 최대 $n + 1$개의 추가적인 간선을 포함하므로, 이 환원 과정은 다항 시간을 소모한다.

여느 때와 마찬가지로 이 환원 과정이 올바름을 보여야 한다. 즉 G에 해밀턴 순환이 존재할 때에만 G'에 해밀턴 경로가 존재함을 증명하자. 우선 G에 해밀턴 순환이 존재한다고 가정하면, 거기에는 u에 인접한 정점 중의 하나인 v_i와 u를 잇는 간선 (u, v_i)가 반드시 포함된다. 그리고 v_i는 G'에서 y에 인접한다. G'에서 해밀턴 경로를 만들려면, 해밀턴 순환에서 (u, v_i)를 제외한 모든 간선을 취하고, 간선 (u, x), (v_i, y), (y, z)를 추가한다. 위의 예제에서 v_i는 v_2이고, 간선 (v_2, u)를 제외한 후에 간선 (u, x), (v_2, y), (y, z)를 추가하면 해밀턴 경로를 얻을 수 있다.

이제 G'에 해밀턴 경로가 존재한다고 가정하자. 정점 x와 z에 인접한 간선은 각각 하나뿐이므로, 이 해밀턴 경로는 반드시 x에서 z로 향해야 한다. 그리고 y와 u에 인접한 점에 v_i에 대해 간선 (v_i, y)를 반드시 포함해야 한다. G에서 해밀턴 순환을 만들려면 x, y, z 그리고 거기에 인접한 모든 간선을 제거한 후, G'의 해밀턴 경로에 포함된 모든 간선에 더하여 (v_i, u)

를 사용하면 된다.

앞에서 살펴본 환원의 결론이 이번에도 성립한다. 즉 연결된 무방향성 그래프에 해밀턴 순환이 존재하는지 결정하는 NP 완전 문제를 연결된 무방향성 그래프에 해밀턴 경로가 존재하는지를 결정하는 문제로 변환하는 다항 시간 환원이 존재하며, 전자가 NP 완전이므로, 후자도 그러하다. 더나아가, 해밀턴 경로를 구성하는 간선을 알면 해밀턴 순환을 구성하는 간선도 알 수 있다.

외판원 문제

외판원 문제traveling-salesman problem를 결정 문제로 바꿨을 때 주어지는 입력은 간선 가중치가 음수가 아닌 정수인 무방향성 완전 그래프와 음수가 아닌 정수 k 이다. **완전 그래프**complete graph는 모든 두 정점 사이에 간선이 존재하는 그래프이며, 완전 그래프의 정점 수가 n 이라면 간선의 수는 $n(n-1)/2$ 이다. 이러한 그래프에 모든 정점을 포함하고 가중치가 최대 k 인 순환이 존재하는지를 결정해야 한다.

이 문제가 NP에 속함은 쉽게 증명할 수 있다. 순환을 이루는 정점이 차례대로 포함된 증거해가 제안되면, 순환을 구성하는 간선들이 모든 정점을 방문하고 총 가중치가 k 이하인지는 다항 시간 안에 쉽게 확인할 수 있다.

이제 외판원 문제가 NP 난해임을 증명하고자 해밀턴 순환 문제를 외판원 문제로 환원하는 방법을 살펴볼 텐데, 이 또한 간단하다. 우선 해밀턴 순환 문제의 입력으로 주어진 그래프 G 로부터 G 와 동일한 정점으로 이뤄진 완전 그래프 G'을 만들자. 그 과정에서 G 에 간선 (u, v)가 존재하면 G'의 간선 (u, v)의 가중치는 0으로 정하고, G 에 간선 (u, v)가 존재하지 않으면 G'의 간선 (u, v)의 가중치는 1로 정한다. 그리고 k 는 0으로 정한다. 이 환원은 최대 $n(n-1)/2$개의 간선을 추가하므로 G의 크기에 대한 다항 시간 안에 수행할 수 있다.

이 환원이 올바름을 증명하려면, G에 해밀턴 순환이 존재할 때에만 G'에 가중치가 0이고 모든 정점을 포함하는 순환이 존재함을 보여야 한다. 이 또한 어려운 일은 아니다. G에 해밀턴 순환이 존재한다고 가정하자. 순환에 포함된 모든 간선은 G에 존재하므로, G'에서는 해당 간선의 가중치가 0이다. 따라서 G'은 모든 정점을 포함하고 총 가중치가 0인 순환을 포함한다. 거꾸로, G'에 모든 정점을 포함하고 총 가중치가 0인 순환이 존재한다고 가정하자. 이 순환의 모든 간선은 G에도 존재하므로, G는 해밀턴 순환을 포함한다.

여기에 이어질 결론을 또 반복할 필요는 없으리라 믿는다.

비순환 최장 경로

비순환 최장 경로 문제longest-acyclic-path problem를 결정 문제로 바꿨을 때 주어지는 입력은 무방향성 그래프 G와 정수 k이며, 두 정점 사이에 적어도 k개의 간선으로 이뤄진 비순환 경로가 G에 존재하는지에 답해야 한다.

비순환 최장 경로 문제의 증거해도 쉽게 검증할 수 있다. 이 문제의 증거해는 제안된 경로의 정점을 차례대로 포함한다. 이 증거해의 정점이 최소 $k+1$개이고(k개의 간선으로 이뤄진 경로는 $k+1$개의 정점을 포함하므로), 중복된 정점이 없으며, 모든 연속된 두 정점 사이에 간선이 존재하는지는 다항 시간 안에 확인할 수 있다.

이 문제가 NP 난해임을 증명하는 환원도 간단하다. 해밀턴 경로 문제로부터의 환원을 살펴보자. 해밀턴 경로 문제에 주어진 입력이 n개 정점을 포함하는 그래프 G일 때, 비순환 최장 경로의 입력으로는 그래프 G가 그대로 주어지며, 정수 $k=n-1$이 주어진다. 이것이 다항 시간 환원임은 두말할 필요가 없다.

이 환원이 올바름을 증명하려면 G에 해밀턴 경로가 존재할 때에만 적어도 $n-1$개의 간선을 포함하는 비순환 경로가 존재함을 증명해야 한다. 그러나 해밀턴 경로 자체가 $n-1$개의 간선으로 이뤄진 비순환 경로이므로 이미 증명이 끝난 셈이다.

부분집합의 합

부분집합의 합 문제subset-sum problem의 입력으로는 양의 정수가 순서에 상관없이 포함된 유한 집한 S와 목표로 하는 양의 정수 t가 주어진다. 이 집합 S에 그 원소의 합이 t인 부분집합 S'이 존재하는지에 답해야 한다. 예를 들어 S가 집합 {1, 2, 7, 14, 49, 98, 343, 686, 2409, 2793, 16808, 17206, 117705, 117993}이고 $t = 138457$이면, 문제의 해는 부분집합 $S' = $ {1, 2, 7, 98, 343, 686, 2409, 17206, 117705}이다. 여기서의 증거해는 당연히 S의 부분집합이며, 그 원소의 합이 t인지를 확인하면 증거해를 검증할 수 있다.

280페이지의 NP 완전 계통도에 나오는 대로, 3-CNF 만족성 문제를 부분집합의 합 문제로 환원함으로써 이 문제가 NP 난해에 속함을 증명할 수 있다. 두 문제 사이의 환원은 논리에서 산술 문제로의 환원으로, 각기 다른 문제 분야 사이의 환원 예로 볼 수 있다. 이번 환원이 기가 막힌 아이디어긴 하지만 꽤 직관적임을 알게 될 것이다.

변수 n개와 k개의 절로 이뤄진 3-CNF 부울 공식 F로부터 시작하자. 각 변수의 이름을 v_1, v_2, v_3, $\cdots$, v_n이라 하고, 각 절을 C_1, C_2, C_3, $\cdots$, C_k라고 하자. 모든 절은 OR로 결합된 세 리터럴(리터럴은 v_i나 NOT v_i)을 포함하며, 전체 공식 F는 C_1 AND C_2 AND C_3 AND $\cdots$ AND C_k이다. 각 변수에 0이나 1을 대입하는 특정한 방식에 있어서, 한 절에 포함된 리터럴 중 하나가 1이면 해당 절은 만족되고, 모든 절이 만족될 때 전체 공식 F가 만족된다.

부분집합의 합 문제에서 사용할 집합 S를 만들기 전에, 3-CNF 공식 F로부터 목표로 하는 수 t를 만들 텐데, t는 $n + k$ 자리로 이뤄진 십진 정수 형태가 된다. 여기서 t의 최하위 k 자릿수(오른쪽 k개 자릿수)는 F의 절 k개에 해당하고, 각 자리의 수는 4이다. 반면, t의 최상위 n 자릿수(왼쪽 n개 자릿수)는 F의 변수 n개에 해당하고, 각 자리의 수는 1이다. 공식 F가 3개 변수와 4개 절을 포함한다면, t는 1114444가 된다. 앞으로 살펴보겠지만 원소의 합이 t인 S의 부분집합이 존재하면, t에서 변수에 해당하는 자릿수(1)는 F의 각 변수에 값이 할당됨을 보장하고, t에서 절해 해당하는 자릿수(4)는 F의 각 절이 만족됨을 의미한다.

집합 S는 $2n + 2k$개의 정수를 포함한다. 즉 3-CNF 공식 F의 n개 변수 v_i에 대해 정수 x_i와 x_i'을 포함하고, F의 k개 절 C_j에 대해 정수 q_j와 q_j'을 포함한다. 이제 S에 포함된 각 십진 정수를 한 자리씩 만들어나가자. $n = 3$개 변수와 $k = 4$개 절을 예로 들면, 3-CNF 공식 $F = C_1$ AND C_2 AND C_3 AND C_4이며, 각 절은 다음과 같다고 하자.

C_1 = v_1 OR (NOT v_2) OR (NOT v_3)
C_2 = (NOT v_1) OR (NOT v_2) OR (NOT v_3)
C_3 = (NOT v_1) OR (NOT v_2) OR v_3
C_4 = v_1 OR v_2 OR v_3

이에 상응하는 집합 S와 t는 다음과 같다.

	v_1	v_2	v_3	C_1	C_2	C_3	C_4
$x_1 =$	1	0	0	1	0	0	1
$x_1' =$	1	0	0	0	1	1	0
$x_2 =$	0	1	0	0	0	0	1
$x_2' =$	0	1	0	1	1	1	0
$x_3 =$	0	0	1	0	0	1	1
$x_3' =$	0	0	1	1	1	0	0
$q_1 =$	0	0	0	1	0	0	0
$q_1' =$	0	0	0	2	0	0	0
$q_2 =$	0	0	0	0	1	0	0
$q_2' =$	0	0	0	0	2	0	0
$q_3 =$	0	0	0	0	0	1	0
$q_3' =$	0	0	0	0	0	2	0
$q_4 =$	0	0	0	0	0	0	1
$q_4' =$	0	0	0	0	0	0	2
$t =$	1	1	1	4	4	4	4

여기서 S의 원소 중에 음영 처리된 원소 1000110, 101110, 10011, 1000, 2000, 200, 10, 1, 2를 모두 더하면 1114444가 됨에 주목하자. 이 원소들이 3-CNF 공식 F에서 무엇에 해당하는지를 곧 살펴보자.

S에 포함될 정수를 만들 때, 위의 표에서 왼쪽 n개 열은 각 열의 합이 2가 되거나 오른쪽 k개 열은 각 열의 합이 6이 되게 만들었다. 따라서 S의 원소를 더할 때 어떤 자릿수에서도 올림이 발생하지 않고 자릿수별로 덧셈을 할 수 있음에 주목하자.

표의 각 행은 S의 원소에 해당한다. 첫 $2n$개의 행은 3-CNF 공식의 변수 n개에 해당하며, 뒤쪽 $2k$개의 행은 일종의 안전장치인데 그 목적은 나중에 살펴본다. 원소 x_i와 x_i'의 이름을 딴 두 행은 각각 F에 리터럴 v_i와 NOT v_i가 등장하는지를 나타낸다. 이처럼 두 행이 리터럴에 해당함을 이해했으니, 이제부터 이 행을 그냥 리터럴이라고 부르자. 우리의 목표는 첫 $2n$개의 행 중에서 3-CNF 공식 F를 만족시키는 대입 방식에 해당하는 n

개를 부분집합 S'에 포함시키는 것이며, x_i와 x_i' 중에서는 하나만 포함되게 한다. 우리가 행을 선택할 때 왼쪽 n개 열 각각의 합이 1이 되게 했으므로, 3-CNF 공식의 모든 변수 v_i에 대해 x_i와 x_i' 둘 중 하나만 S'에 포함됨을 보장할 수 있다. 오른쪽 k개의 열은 우리가 S'에 포함시킨 행이 3-CNF 공식의 각 절을 만족시키는 리터럴에 해당함을 보장한다.

이제 잠시 $v_1, v_2, \cdots, v_n$으로 이름 붙여진 왼쪽 n개의 열에 집중하자. 주어진 변수 v_i에 대해, x_i와 x_i'은 모두 v_i에 해당하는 자릿수는 1이고 나머지 변수에 해당하는 자릿수는 0이다. 예를 들어 x_2와 x_2' 모두 왼쪽 자릿수 3개는 010이다. 그리고 아래쪽 $2k$개의 행에서 왼쪽 n개 열은 모두 0이다. 목표로 하는 수 t의 각 변수에 해당하는 자릿수는 모두 1이므로, 각 자릿수의 합이 1이 되려면 x_i와 x_i' 중에 딱 하나만 S'에 포함돼야 한다. S'에 x_i를 포함시키는 일은 v_i에 1을 대입하는 일과 같고, S'에 x_i'을 포함시키는 일은 v_i에 0을 대입하는 일과 같다.

이제 절에 해당하는 오른쪽 k개의 열을 살펴볼 차례다. 곧 설명하겠지만, 각 열은 각 절이 만족됨을 보장한다. 절 C_j에 리터럴 v_i가 포함되면, x_i에서 C_j에 해당하는 열(자릿수)은 1이다. 반대로 절 C_j에 리터럴 NOT v_i가 포함되면, x_i'에서 C_j에 해당하는 열(자릿수)은 1이다. 3-CNF 공식의 각 절은 정확히 서로 다른 리터럴 3개를 포함하므로, 각 절에 해당하는 각 열은 x_i와 x_i' 행에 걸쳐 1을 3개 포함해야 한다. 주어진 절 C_j에 대해, 첫 $2n$개의 행 중에서 S'에 포함된 행은 C_j에서 0개나 1, 2, 3개 리터럴을 만족시키므로, C_j에 해당하는 열에서 이 행을 모두 더하면 0이나 1, 2, 3이 된다.

그러나 목표로 하는 수에서 절에 해당하는 각 자릿수는 4이므로, 앞에서 안전장치라고 말한 원소 q_j와 q_j', $j = 1, 2, 3, \cdots, k$를 사용하자. 이러한 안전장치는 각 절에 대해, 부분집합 S'이 그 절의 일부 리터럴(해당 열의 값이 1인 x_i나 x_i')을 포함하도록 보장한다. 행 q_j는 절 C_j에 해당하는 자릿수만 1이고 나머지 자릿수는 모두 0이다. 행 q_j'은 0을 제외한 유일한 자릿수가 2라는 점만 제외하고 마찬가지다. 부분집합 S'이 C_j로부터 적어도 하나의 리터럴을 포함할 때, 안전장치에 해당하는 행을 더해서 목표로 하는 자릿수 4를 만들 수 있다. 어떤 안전장치 행을 더할지는 S'에 C_j의 리터럴이 몇 개 포함됐는지에 따라 다르다. S'이 리터럴을 하나만 포함하면, 리터럴의 1과 q_j의 1, q_j'의 2를 더해야 열의 합이 4가 되므로 안전장치 행 2개가 모두 필요하다. S'이 리터럴을 2개 포함하면, 두 리터럴의 2와 q_j'의 2를 더해야 열의 합이 4가 되므로 q_j'만이 필요하다. S'이 리터럴을 3개 포함하면, 세 리터럴의 3과 q_j의 1을 더해야 열의 합이 4가 되므로 q_j만이 필요하다. 그러나 S'이 C_j의 리터럴을 하나도 포함하지 않으면, $q_j + q_j' = 3$이므로 목표 자릿수 4를 만들 수 없다. 따라서 부분집합 S'에 각 절의 일부 리터럴이 포함된 경우에만 목표 자릿수 4를 만들 수 있다.

지금까지 환원 방법을 알아봤으니, 환원이 다항 시간에 수행 가능함을 증명할 수 있다. (목표 t를 포함해) $2n + 2k + 1$개의 정수를 만드는데, 각 정수는 $n + k$ 자리의 수다. 만들어진 정수의 표에서 보듯이, 그중 어떤 수도 같지 않으므로 S는 집합이다(집합의 정의에 따라 동일한 원소를 포함할 수 없다).

이 환원이 올바름을 증명하려면, 3-CNF 공식 F를 만족하는 대입 방법이 존재할 때에만 원소의 합이 t가 되는 S의 부분집합 S'이 존재함을 보여야 한다. 이미 기본적인 아이디어는 설명했지만, 복습을 해보자. 우선 F를 만족시키는 대입 방법이 존재한다고 가정하자. 이때 v_i에 1을 대입한다면 S'에 x_i를 포함시킨다. 반대로 v_i에 0을 대입한다면 S'에 x_i'을 포함시킨다. x_i와 x_i' 중의 하나만 S'에 포함되므로, v_i에 해당하는 열의 합은 1이고, 이는 t에서 해당하는 자리의 수와 같다. 그리고 주어진 대입 방법은 각 절 C_j를 만족시키므로, C_j에 해당하는 열에서 x_i와 x_i' 행에 걸친 합(C_j의 리터럴 중에서 1인 리터럴의 개수)은 1이나 2, 3이 된다. 여기에 더하여 필요한 안전장치 행 q_j와(또는) q_j'을 S'에 포함시키면 목표 자릿수 4를 만들 수 있다.

거꾸로, 합이 t가 되는 부분집합 S'이 S에 존재한다고 가정하자. t의 왼쪽 n개 자리수가 1이 되려면, 각 변수 v_i에 대해 x_i와 x_i' 중의 하나만 S'에 포함돼야 한다. S'이 x_i를 포함하면 v_i에 1을 대입하고, x_i'을 포함하면 v_i에 0을 대입한다. 또한 두 안전장치 행 q_j와 q_j'을 더해서 4를 만들 수 없으므로, S'은 C_j에 해당하는 열이 1인 x_i나 x_i'의 행을 적어도 하나 포함해야 한다. S'이 x_i를 포함하면, 절 C_j에 리터럴 v_i가 존재하므로 C_j는 만족된다. 반대로 S'이 x_i'을 포함하면, 절 C_j에 리터럴 NOT v_i가 존재하므로 C_j는 만족된다. 이렇게 모든 절이 만족되므로, 3-CNF 공식 F를 만족시키는 대입 방법 F가 존재한다.

따라서 부분집합의 합 문제를 다항 시간에 해결할 수 있다면, 3-CNF 공식의 만족성도 다항 시간에 결정할 수 있다. 3-CNF 만족성 문제가 NP 완전이므로 부분집합의 합 문제도 NP 완전이다. 더 나아가, 만들어진 집합 S에서 합이 t가 되는 정수들을 안다면, 변수에 어떤 값을 대입해야 3-CNF 공식이 1로 평가될지도 알 수 있다.

앞의 환원에서 한 가지 더 주목할 점은, 십진수를 사용할 필요가 없다는 점이다. 중요한 점은 더하기를 할 때 다른 자리로의 올림이 발생하면 안 된다는 사실이다. 어떤 열의 합도 6을 초과할 수 없으므로, 7 이상의 수를 밑수로 사용하는 어떤 진수든 괜찮다. 실제로 293페이지에서 예로 든 수들은 앞의 표에서 가져온 수를 7진수로 해석한 것이다.

파티션 문제

파티션 문제는 부분집합의 합 문제와 밀접한 관련이 있는데, 부분집합의 합 문제의 특별한 경우로 생각할 수 있다. 즉 집합 S의 모든 원소의 합이 z일 때, 목표로 하는 수 t가 $z/2$인 경우다. 다시 말해 집합 S를 두 파티션,

즉 상호배타적인 두 집합 S'과 S''으로 나눌 수 있는지를 결정해야 한다. 이때 S에 속한 정수는 반드시 S'과 S'' 중의 하나에만 속하며(S'과 S''이 S의 파티션이라는 의미가 바로 이것이다), S'에 속한 정수의 합이 S''에 속한 정수의 합과 같아야 한다. 부분집합의 합 문제와 마찬가지로 증거해는 S의 부분 집합이다.

파티션 문제가 NP 난해임을 증명하려면 부분집합의 합 문제로부터의 환원을 수행해야 한다(크게 놀랄 만한 건 없다). 부분집합의 합 문제의 입력으로 양의 정수 집합 R과 목표로 하는 양의 정수 t가 주어지면, 이로부터 파티션 문제의 입력이 될 집합 S를 다항 시간에 만들 수 있다. 우선 R에 속한 정수의 합 z를 구하자. z가 $2t$와 같으면 이미 그 자체로 파티션 문제이므로, z와 $2t$가 다르다고 가정하자($z = 2t$이면 $t = z/2$이다. 이 경우에 R의 부분집합의 합이 부분집합에 속하지 않는 수의 합과 같은 해를 찾으면 된다). 이제 $t + z$와 $2z$보다 큰 임의의 정수 y를 선택하자. 그리고 집합 S를 집합 R의 모든 원소를 포함하고, 거기에 두 정수 $y - t$와 $y - z + t$를 추가적으로 포함하는 집합이라고 정의하자. y가 $t + z$와 $2z$보다 크므로, $y - t$와 $y - z + t$ 모두 (R에 속한 정수의 합인) z보다 크다. 따라서 두 정수는 R에 존재할 수 없다(S가 집합이므로 모든 원소는 유일해야 한다. z가 $2t$와 다르다고 가정했으므로, $y - t \neq y - z + t$ 이고, 새로운 두 정수는 유일하다). 여기서 S에 속한 정수의 합은 $z + (y - t) + (y - z + t)$이고, 이는 $2y$와 같다. 따라서 S는 원소의 합이 y로 같은 두 상호배타적인 부분집합으로 파티션된다.

이 환원이 올바름을 증명하려면, 원소의 합이 t가 되는 부분집합 R'이 R에 존재할 때에만 서로의 합이 같은 S의 파티션 S'과 S''이 존재함을 증명해야 한다. 우선 원소의 합이 t가 되는 부분집합 R'이 R에 존재한다고 가정하자. 그렇다면 R에 속하면서 R'에 속하지 않는 정수의 합은 $z - t$이 다. 이제 집합 S'이 R'에 속하는 모든 정수와 $y - t$를 포함한다고 정의하자

(따라서 S''은 R에 속하면서 R'에 속하지 않는 정수와 $y-z+t$를 포함한다). 이제 S'에 속하는 정수의 합이 y임은 쉽게 증명할 수 있다. R'에 속하는 정수의 합은 t이고, 여기에 $y-t$를 더하면 그 합은 y가 되기 때문이다.

거꾸로, 원소의 합이 y로 동일한 파티션 S'과 S''이 S에 존재한다고 가정하자. S를 만들 때 R에 추가했던 두 정수($y-t$와 $y-z+t$)가 함께 S'에 속하거나 S''에 속할 수 없다. 왜 그런가? 두 정수가 같은 파티션에 속하면, 그 집합의 합은 최소 $(y-t)+(y-z+t)$, 즉 $2y-z$가 된다. 그러나 y가 z보다 크므로(사실 $2z$보다 크다), $2y-z$는 y보다 크다. 따라서 $y-t$와 $y-z+t$가 같은 집합에 속하면, 그 집합의 합은 y보다 크다. 결국 $y-t$와 $y-z+t$ 둘 중의 하나는 S'에 속하고 나머지 하나는 S''에 속해야 한다. $y-t$가 어떤 집합에 속하든 상관이 없으므로, S'에 속한다고 가정하자. 이제 S'에 속한 정수의 합이 y임을 알았으므로, S'에서 $y-t$를 제외한 정수의 합은 $y-(y-t)=t$이다. 여기서 $y-z+t$는 S'에 속할 수 없으므로, S'에서 $y-t$를 제외한 모든 정수는 R에서 온 것이다. 따라서 합이 t가 되는 부분집합이 R에 존재한다.

배낭 문제

배낭 문제knapsack problem에는 무게와 가치가 정해진 물건 n개의 집합이 입력으로 주어지고, 총 무게가 최대 W이고 총 가치가 최소 V인 물건의 부분집합이 존재하는지를 알아내야 한다. 이 문제는 무게 제한을 초과하지 않으면서 가장 값진 물건들로 배낭을 채우는 최적화 문제를 결정 문제로 바꾼 것이다. 이러한 최적화 문제는 명확한 응용 분야가 존재하는데, 짐을 쌀 때 물건을 고르거나 도둑이 물건을 훔칠 때도 적용할 수 있다.

물건의 가치가 그 무게와 같고 W와 V가 총 무게의 절반과 같다면, 파티션 문제는 그저 배낭 문제의 특별한 경우일 뿐이다. 따라서 배낭 문제를 다항 시간 안에 해결할 수 있다면 파티션 문제도 다항 시간 안에 해결할 수 있다. 즉 배낭 문제는 적어도 파티션 문제만큼 어려운 문제이고, 배낭 문제가 NP 완전임을 증명하고자 전체 환원 과정을 살펴볼 필요도 없다.

일반적인 전략

지금까지 봤듯이 NP 난해성을 증명하기 위해 한 문제를 다른 문제로 환원하는 일에 있어서 만병통치약은 존재하지 않는다. 해밀턴 순환 문제를 외판원 문제로 환원하는 경우처럼 간단한 환원이 있는가 하면, 엄청나게 복잡한 환원도 있다. 여기서 짚고 넘어가야 할 몇 가지와 도움이 될 만한 전략을 살펴보자.

일반적인 입력에서 제한된 입력으로

문제 X를 문제 Y로 환원할 때, 항상 문제 X에 주어진 임의의 입력으로부터 시작한다. 반면 문제 Y의 입력에는 원하는 만큼의 제약을 둬도 좋다. 예를 들어 3-CNF 만족성 문제를 부분집합의 합 문제로 환원할 때, 입력으로 주어질 수 있는 모든 3-CNF 공식을 다룰 수 있어야 하지만 환원의 결과로 생성된 부분집합의 합 문제의 입력은 특정한 형태로 제한된다. 즉 집합에 $2n + 2k$개의 정수가 포함되고, 각 정수도 특정한 방식으로 만들어진 것이다. 이 환원을 이용해 부분집합의 합 문제의 가능한 모든 입력을 만들어낼 수는 없지만 그건 상관없다. 중요한 사실은 3-CNF 문제의 입력을 부분집합의 합 문제의 입력으로 변환한 후, 부분집합의 합 문제의 해를 이용해 3-CNF 만족성 문제의 해를 구할 수 있다는 점이다.

한 가지 알아둘 사항은 여러 환원을 연쇄적으로 적용하더라도 문제 X에 대한 임의의 입력을 문제 Y에 대한 특정한 입력으로 변환하는 방식은 반드시 준수해야 한다는 점이다. 문제 X를 문제 Y로 환원하고, 문제 Y를 문제 Z로 환원한다고 하자. 이때 첫 번째 환원은 문제 X에 대한 임의의 입력을 문제 Y에 대한 특정한 입력으로 변환해야 하고, 두 번째 환원은 문제 Y에 대한 임의의 입력을 문제 Z에 대한 특정한 입력으로 변환해야 한다. 즉 첫 번째 환원에서 X로부터 만들어낸 Y에 대한 특정한 형태의 입력만을 두 번째 환원에서 변환하는 것만으로는 부족하다는 뜻이다.

환원할 문제의 제약을 활용하라

일반적으로 문제 X를 문제 Y로 환원할 때, 입력의 제약이 많은 문제를 X로 선택한다. 예를 들어 거의 대부분의 경우에 마더 문제인 부울 공식 만족성 문제로부터의 환원보다 3-CNF 만족성 문제로부터의 환원이 더 쉽다. 부울 공식은 얼마든지 복잡하게 만들 수 있는 반면, 3-CNF 공식의 구조적 제약을 환원에 활용할 수 있음은 앞서 살펴본 대로다.

마찬가지로, 해밀턴 순환 문제와 외판원 문제가 매우 비슷해 보이지만, 일반적으로 해밀턴 순환 문제로부터의 환원이 외판원 문제로부터의 환원보다 더 직관적이다. 외판원 문제에서 간선의 가중치는 반드시 0이나 1이 아니라 모든 양의 정수가 될 수 있기 때문이다. 반면 해밀턴 순환 문제에서는 각 간선이 '존재함'과 '존재하지 않음'의 두 가지 값만 가지므로 제약이 더 크다.

특수한 경우를 찾아라

파티션 문제가 배낭 문제의 특수한 경우이듯이, 몇몇 NP 완전 문제는 다른 NP 완전 문제의 특수한 경우다. 문제 X가 NP 완전이고 X가 문제 Y의 특수한 경우라면, 문제 Y도 반드시 NP 완전이다. 배낭 문제에서 살펴봤듯이, 문제 Y의 다항 시간 해결책이 자연히 문제 X의 다항 시간 해결책이기 때문이다. 직관적으로 말하자면 문제 Y가 문제 X보다 일반적이면 문제 Y

는 최소 X만큼은 어려울 것이다.

환원하기에 적합한 문제를 선택하라

일반적으로 어떤 문제가 NP 완전임을 증명하려면 그 문제와 같은 분야나 관련된 분야의 문제로부터 환원하는 것이 좋다. 예를 들어, 그래프 문제인 정점 덮개 문제가 NP 완전임을 증명할 때 같은 그래프 문제인 파벌 짓기 문제로부터 환원했다. 거기서부터 NP 완전성 계통도를 따라가 보면 그래 프에 관련된 문제인 해밀턴 순환과 해밀턴 경로, 외판원, 비순환 최장 경로 문제로 환원해나갔음을 알 수 있다.

그러나 가끔은 3-CNF 만족성 문제를 파벌 짓기 문제와 부분집합의 합 문제로 환원한 것처럼 분야를 뛰어넘는 것이 가장 좋은 방법일 수 있다. 이처럼 분야 간의 환원을 해야 한다면 3-CNF 만족성 문제가 좋은 선택인 경우가 많다.

그래프 문제로 한정지어 생각해보면, 순서에 상관없이 그래프의 일부 분을 선택해야 한다면 정점 덮개 문제가 좋은 시작점이 될 수 있다. 반대로 순서를 고려해야 한다면, 해밀턴 순환이나 해밀턴 경로 문제로부터 시작하는 방법을 생각해보라.

보상도 벌칙도 크게 줘라

해밀턴 순환 문제의 입력으로 주어진 그래프 G를 외판원 문제의 입력인 가중치 그래프 G'으로 변환할 때, 외판원의 이동 경로를 G에 존재하는 간 선을 이용해 구성하려고 했다. 이를 위해 해당 간선에 매우 낮은 가중치인 0을 부여했다. 즉 원하는 간선을 사용하도록 큰 보상을 준 것이다.

그 대신 G에 존재하는 간선에는 유한한 가중치를 주고 G에 존재하지 않는 간선에는 무한대의 가중치를 줄 수도 있다. 이런 방식을 택했을 때,

G에 존재하는 간선의 가중치가 W라면 외판원 이동 경로의 목표 가중치 k는 nW로 놓을 수 있다.

위젯 설계

위젯은 자칫 복잡할 수 있으므로 여기서 그 설계 방법을 다루진 않는다. 다만 특정 성질을 강제할 때 위젯이 유용하다는 점을 알아두자. '더 읽을 거리' 절에 언급한 책에서 위젯을 구성하는 방법을 보여주는 예와 환원에서 위젯을 사용하는 예를 볼 수 있다.

향후 전망

10장에서 너무 우울한 이야기만 했는가? 여러분이 주어진 문제를 해결하는 다항 시간 알고리즘을 찾는다고 해보자. 아무리 큰 노력을 기울여도 성과가 없다면? 여러분은 n^5이 얼마나 빠르게 증가하는지 알면서도 $O(n^5)$시간 알고리즘이라도 찾으려고 매달릴 것이다. 아마도 그 문제는 다항 시간 안에 쉽게 해결할 수 있는 다른 문제와 비슷해 보이는 문제일 것이다(2-CNF 만족성과 3-CNF 만족성, 혹은 오일러 순회와 해밀턴 순환처럼). 그리고 그 문제에 다항 시간 알고리즘을 만들어내지 못했다는 사실에 깊은 절망을 느낄 것이다. 마침내, 어쩌면, 아주 어쩌면 NP 완전 문제를 해결하려고 계란으로 바위 치기를 하고 있는 게 아닐까 하는 의심이 들 수 있다. 맙소사! 결국, 이미 알려진 NP 완전 문제를 여러분의 문제로 환원해낸다면? 그때가 돼서야 그 문제가 NP 완전임을 깨닫는다.

이 이야기는 정녕 비극적인 결말을 맺는가? 합리적인 시간 안에 문제를 해결할 희망은 없는가?

꼭 그렇진 않다. 어떤 문제가 NP 완전이라고 해도 일부 입력이 문제일 뿐, 반드시 모든 입력이 문제가 되지는 않는다. 예를 들어 방향성 그래프에서 비순환 최장 경로를 찾는 문제는 NP 완전이지만, 입력 그래프가 비순환이라는 사실을 안다면 비순환 최장 경로를 다항 시간 시간에, 그것도 $O(n+m)$시간에 찾을 수 있다(그래프의 정점이 n개, 간선이 m개일 때). 5장에서 퍼트 차트의 임계 경로를 찾을 때를 상기해보라. 다른 예로 총합이 홀수인 정수 집합을 대상으로 파티션 문제를 푼다면, 어떤 방법으로도 합이 같은 두 파티션을 만들 수 없음을 쉽게 알 수 있다.

좋은 소식은 이처럼 운 좋은 경우에 그치지 않는다. 지금부터 외판원 문제를 비롯해 결정 문제로 바꿨을 때 NP 완전이 되는 문제들의 최적화 문제에 집중해보자. 일부 빠른 방법을 이용하면 좋은, 종종 매우 좋은 결과를 얻을 수 있다. **분기 한정법**branch and bound은 최적해 탐색을 트리 구조로 조직화하는 기법으로, 트리의 분기를 잘라냄으로써 탐색 공간의 상당 부분을 제외시킨다. 이렇게 분기를 제외시키는 결정은 한 노드로부터 파생되는 모든 해가 지금까지 발견된 최상의 해보다 나을 수 없다는 결정을 근거로 한다. 따라서 해당 노드와 그 아래에 존재하는 공간의 해는 미련 없이 제외시킬 수 있다.

유용한 또 다른 기법으로는 **이웃해 탐색**neighborhood search이 있는데, 한 해를 취한 후 그 해에 지역적인 연산을 적용해 더 이상의 개선이 없을 때까지 연산을 반복해서 적용하는 방법을 말한다. 모든 정점은 평면 위의 점이고 간선의 가중치는 두 점의 평면상의 거리인 외판원 문제를 생각해보자. 이러한 제약을 주어도, 문제는 여전히 NP 완전이다. 2-OPT 기법에서는 교차하는 두 간선에 대해, 더 짧은 순환이 생기도록 두 간선을 교환한다.

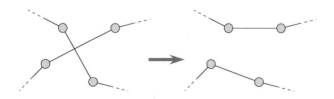

더 나아가 **근사 알고리즘**approximation algorithms은 최적해의 일정 배수 안에 존재하는 해를 보장한다. 외판원 문제의 입력이 **삼각 부등식**triangle inequality을 만족하는 경우를 예로 들 수 있다. 삼각 부등식이란 세 정점 u, v, x에 대해 간선 (u, v)의 가중치가 간선 (u, x)와 (x, v)의 가중치 합보다 작거나 같음을 의미한다. 이런 경우에 가중치의 총합이 최단 이동 경로보다 2배 이하인 외판원 이동 경로를 입력 시간에 대한 선형 시간에 찾을 수 있는 알고리즘이 존재한다. 이런 경우에는 더 나은 다항 시간 근사 알고리즘이 존재하며, 가중치의 총합이 최단 이동 경로보다 3/2배 이하인 외판원 이동 경로를 찾아낼 수 있다.

그러나 이상하게도 밀접하게 연관된 두 NP 완전 문제에 대해, 한 문제에서 훌륭하게 동작하는 근사 알고리즘이 찾아낸 해가 다른 한 문제에서는 엉터리 해를 만들어낼 수 있다. 즉 한 문제에서 최적해에 가까운 해가 반드시 다른 한 문제의 최적해에 가까운 해로 사상mapping되지 않는다.

그렇지만 실제로는 상당수의 문제에서 최적해에 가까운 해만으로 충분하다. 택배 회사의 갈색 트럭 문제로 돌아가 보면, 반드시 최적 경로가 아니더라도 최적에 가까운 트럭의 경로만으로도 만족스러울 것이다. 효율적인 경로 계획으로 절약되는 돈 한 푼이라도 회사의 이익에는 도움을 주기 때문이다.

결정 불가능한 문제

알고리즘의 세계에서 가장 어려운 문제가 NP 완전이라고 생각한다면 놀랄 만한 일이 아직 남았다. 이론 컴퓨터 과학자들은 문제를 푸는 데 반드시 필요한 시간과 기타 자원을 기준으로 복잡도의 분류를 광범위한 계층적 구조로 정의했다. 그리고 그중 일부는 입력의 크기에 따라 지수적으로 증가하는 시간을 요구한다.

이보다 심각한 문제도 있다. 일부 문제에는 알고리즘 자체가 존재할 수 없다. 즉 항상 올바른 답을 주는 알고리즘을 만들 수 없는 문제가 존재한다. 이런 문제를 일컬어 **결정 불가능**undecidable하다고 하며, 가장 잘 알려진 예가 바로 수학자 앨런 튜링Alan Turing이 1937년에 결정 불가능함을 증명했던 **정지 문제**halting problem다. 정지 문제의 입력은 컴퓨터 프로그램 A와 A에 주어진 입력 x이며, 결정 문제의 목적은 입력 x에 대해 프로그램 A가 언젠가 종료할지를 결정하는 것이다. 즉 입력이 x일 때 프로그램 A는 완료될 수 있는가?

프로그램 A와 x를 읽어들여서, 입력이 x일 때 A를 시뮬레이션하는 프로그램 B를 만들 수 있다고 생각할지도 모른다. 입력이 x일 때 A가 언젠가 완료된다면 그럴 수도 있겠다. 하지만 그렇지 않다면? 어떤 경우에 A가 영원히 종료하지 않는지를 B가 어떻게 알 수 있는가? A가 일종의 무한 루프에 진입하는지를 B가 확인할 수 있는가? 질문에 대한 답은 이렇다. 특정한 경우에 A가 종료하지 않는지를 확인하는 B를 만들 수 있다고 해도, x가 입력일 때 A가 항상 종료하며 올바른 결과를 내는지를 확인하는 프로그램 B는 만들 수 없을 것이다.

이처럼 다른 프로그램이 특정 입력에 대해 언젠가는 종료할지를 결정하는 프로그램을 만들 수 없으므로, 다른 프로그램이 그 명세specification를 만족하는지를 결정하는 프로그램도 만들 수 없다. 한 프로그램이 다른 프로그램이 종료할지조차도 알 수 없다면, 그 프로그램이 명세를 만족하는지를 어떻게 알 수 있겠는가? 그게 가능하다면 완벽히 자동화된 소프트웨어 테스트가 가능하다는 말이다!

유일한 결정 불가능 문제가 컴퓨터 프로그램의 성질에 관련된다고 생각하지 않도록 7장에서 다룬 문자열에 관련된 **포스트의 대응 문제**PCP, Post's Correspondence Problem를 살펴보자. 2개 이상의 문자가 주어지고, 이 문자들로 구성된 문자열 n개의 목록 A와 B가 있다고 하자. 목록 A는 문자열 A_1, A_2, A_3, ..., A_n으로 이뤄지고, B는 문자열 B_1, B_2, B_3, ..., B_n으로 이뤄진다. 문제는 $A_{i_1}A_{i_2}A_{i_3} \cdots A_{i_m}$($A_{i_1}A_{i_2}A_{i_3}$, ..., A_{i_m}을 이어붙인 문자열)과 $B_{i_1}B_{i_2}B_{i_3} \cdots B_{i_m}$을 동일하게 만드는 인덱스의 시퀀스 i_1, i_2, i_3, ..., i_m이 존재하는지를 결정하는 것이다. 예를 들어 주어진 문자가 e, h, m, n, o, r, y이고 $n = 5$라고 하자.

$$
\begin{aligned}
A_1 &= \text{ey}, & B_1 &= \text{ym} \\
A_2 &= \text{er}, & B_2 &= \text{r} \\
A_3 &= \text{mo}, & B_3 &= \text{oon} \\
A_4 &= \text{on}, & B_4 &= \text{e} \\
A_5 &= \text{h}, & B_5 &= \text{hon}
\end{aligned}
$$

가능한 해 중의 하나는 인덱스 시퀀스 ⟨5, 4, 1, 3, 4, 2⟩로, $A_5A_4A_1A_3A_4A_2$와 $B_5B_4B_1B_3B_4B_2$ 모두 honeymooner이다. 물론 해가 하나 존재하면, 가능한 해의 수는 무한대가 된다. 해로서 찾아낸 인덱스 시퀀스를 계속해서 반복하면 되기 때문이다(honeymoonerhoneymooner 등). 이처럼 PCP가 결정 불가능 문제가 되려면, A와 B에 속하는 문자열을 두 번 이상 사용하는 것을 허용해야 한다. 그렇지 않다면 모든 가능한 문자열 조합을 나열할 수 있기 때문이다.

포스트의 대응 문제가 그 자체로는 흥미롭지 않겠지만, PCP 문제를 다른 문제로 환원함으로써 그 문제가 결정 불가능함을 증명할 수 있다. 주어진 문제가 NP 난해임을 증명할 때와 기본적으로 동일한 아이디어다. PCP 문제의 한 입력이 주어졌을 때, 이를 다른 문제 Q의 입력으로 변환한다. 이때 Q의 한 입력에 대한 답을 구하면 PCP의 한 입력에 대한 답을 구할 수 있어야 한다. 즉 Q를 결정하면 PCP도 결정할 수 있다. 그러나 PCP를 결정할 수 없으므로 Q도 반드시 결정 불가능해야 한다.

PCP로부터 환원할 수 있는 결정 불가능한 문제 중 몇몇은 대부분의 프로그래밍 언어의 구문을 기술하는 **문맥 자유 문법**CFG, context-free grammar에 관련된다. CFG는 **형식 언어**formal language를 생성하는 규칙의 집합이며, 형식 언어는 '문자열의 집합'을 의미한다. PCP로부터의 환원을 이용하면, 두 CFG가 동일한 형식 언어를 생성하는지를 결정하는 문제와 두 CFG가 공통적인 문자열을 생성할 수 있는지를 결정하는 문제, 주어진 CFG의 규칙으로부터 한 문자열을 생성하는 각기 다른 두 가지 방식이 존재하는지를 결정하는 **모호성** 문제가 모두 결정 불가능함을 증명할 수 있다.

정리

지금까지 다양한 분야의 다양한 알고리즘을 살펴봤다. 이진 탐색을 비롯해 선형 시간 미만을 차지하는 알고리즘과 계수 정렬, 기수 정렬, 위상 정렬, 대그에서 최단 경로 찾기 등의 선형 시간 알고리즘도 다뤘다. 더불어 병합 정렬과 퀵소트(평균적인 경우) 등 $O(n \lg n)$시간을 차지하는 알고리즘과 선택 정렬, 삽입 정렬, 퀵소트(최악의 경우)를 비롯해 $O(n^2)$시간을 차지하는 알고리즘도 공부했다. 정점의 개수 n과 간선의 개수 m에 대한 비선형non-linear 조합으로 나타낼 수 있는 시간을 차지하는 그래프 알고리즘으로 다익스트라 알고리즘과 벨만-포드 알고리즘을 살펴봤으며, $\Theta(n^3)$시간을 차지하는 그래프 알고리즘인 플로이드-워셜 알고리즘도 설명했다. 일부 문제에 대해서는 다항 시간 알고리즘이 존재하는지조차도 알지 못한다는 사실과 또 다른 문제들에 대해서는 수행 시간이 얼마나 걸리든 알고리즘 자체가 존재하지 않음도 알게 됐다.

이처럼 컴퓨터 알고리즘의 세계에 대한 상대적으로 간략한 소개만으로도, 얼마나 광범위한 주제가 포함되는지를 알 수 있다.[6] 그리고 이 책은 그

---

6 1292페이지에 달하는 CLRS 제3판과 이 책의 두께를 비교해보라.

러한 주제들을 살짝 맛본 정도일 뿐이다. 게다가 분석의 범위도 특정한 계산 모델로 제한했다. 예를 들어 하나의 프로세서로만 연산을 실행하며, 데이터가 메모리의 어느 곳에 위치하든 각 연산의 수행 시간은 비슷하다고 가정했다. 하지만 수년간 다양한 대안적인 계산 모델이 제안됐다. 여러 프로세서를 사용하는 모델과 데이터의 위치에 따라 연산의 수행 시간이 달라지는 모델, 반복이 불가능한 스트림으로부터 데이터를 가져오는 모델, 양자^{quantum} 장치를 이용한 컴퓨터 모델 등을 예로 들 수 있다.

컴퓨터 알고리즘의 이러한 분야들은 이미 해결된 문제만큼이나 아직 해결되지 않은 수많은 문제를 우리에게 던지고 있다. 이제 여러분이 알고리즘 수업을 듣고(온라인에서도 수강할 수 있다), 이런 문제를 해결하는 데 도움을 주길 바란다!

더 읽을거리

NP 완전성이라는 주제에 관심이 있다면 가레이^{Garey}와 존슨^{Johnson}의 책 [GJ79]을 읽자. CLRS[CLRS09]에서도 NP 완전성이라는 주제를 한 장에 걸쳐 다루는데, 여기서 다루지 않은 기술적 세부사항을 포함한다. 그리고 근사 알고리즘을 다루는 장도 볼 수 있다. 계산 가능성^{computability}과 복잡성에 대해 더 알고 싶거나 정지 문제가 결정 불가능함을 보여주는 간략하고 이해하기 쉬운 훌륭한 증명이 궁금하다면 시프서^{Sipser}의 책[Sip06]을 추천한다.

참고 문헌

[AHU74]   Alfred V. Aho, John E. Hopcroft, and Jeffrey D. Ullman. *The Design and Analysis of Computer Algorithms*. Addison-Wesley, 1974.

[AMOT90]   Ravindra K. Ahuja, Kurt Mehlhorn, James B. Orlin, and Robert E. Tarjan. Faster algorithms for the shortest path problem. *Journal of the ACM*, 37(2):213–223, 1990.

[CLR90]   Thomas H. Cormen, Charles E. Leiserson, and Ronald L. Rivest. *Introduction to Algorithms*. The MIT Press, first edition, 1990.

[CLRS09]   Thomas H. Cormen, Charles E. Leiserson, Ronald L. Rivest, and Clifford Stein. *Introduction to Algorithms*. The MIT Press, third edition, 2009.

[DH76]   Whitfield Diffie and Martin E. Hellman. New directions in cryptography. *IEEE Transactions on Information Theory*, IT-22(6):644–654, 1976.

[FIP11]   Annex C: Approved random number generators for FIPS PUB 140-2, Security requirements for cryptographic modules. http://csrc.nist.gov/publications/fips/fips140-2/fips1402annexc.pdf, July 2011. Draft.

[GJ79]   Michael R. Garey and David S. Johnson. *Computers and Intractability: A Guide to the Theory of NP-Completeness*. W. H. Freeman, 1979.

[Gri81]   David Gries. *The Science of Programming*. Springer, 1981.

[KL08]   Jonathan Katz and Yehuda Lindell. *Introduction to Modern Cryptography*. Chapman & Hall/CRC, 2008.

[Knu97]   Donald E. Knuth. *The Art of Computer Programming*, Volume 1: Fundamental Algorithms. Addison-Wesley, third edition, 1997.

[Knu98a]   Donald E. Knuth. *The Art of Computer Programming*, Volume 2: Seminumeral Algorithms. Addison-Wesley, third edition, 1998.

[Knu98b]   Donald E. Knuth. *The Art of Computer Programming*, Volume 3: Sorting and Searching. Addison-Wesley, second edition, 1998.

[Knu11]   Donald E. Knuth. *The Art of Computer Programming*, Volume 4A: Combinatorial Algorithms, Part I. Addison-Wesley, 2011.

[Mac12]   John MacCormick. *Nine Algorithms That Changed the Future: The Ingenious Ideas That Drive Today's Computers*. Princeton University Press, 2012.

[Mit96]   John C. Mitchell. *Foundations for Programming Languages*. The MIT Press, 1996.

[MvOV96]   Alfred Menezes, Paul van Oorschot, and Scott Vanstone. *Handbook of Applied Cryptography*. CRC Press, 1996.

[RSA78]   Ronald L. Rivest, Adi Shamir, and Leonard M. Adleman. A method for obtaining digital signatures and public-key cryptosystems. *Communications of the ACM*, 21(2):120–126, 1978. See also U.S. Patent 4,405,829.

[Sal08]   David Salomon.   *A Concise Introduction to Data Compression*. Springer, 2008.

[Sip06]   Michael Sipser. *Introduction to the Theory of Computation*. Course Technology, second edition, 2006.

[SM08]   Sean Smith and John Marchesini.   *The Craft of System Security*. Addison-Wesley, 2008.

[Sto88]   James A. Storer. *Data Compression: Methods and Theory*. Computer Science Press, 1988.

[TC11]   Greg Taylor and George Cox. Digital randomness. *IEEE Spectrum*, 48(9):32–58, 2011.

찾아보기

ㄱ

가중치 135
간선 123
갈색 트럭 265
결정론적 퀵소트 101
결정 문제 273
결정 불가능 307
경감 연산 138
경로 133
경로의 가중치 135
계수 29
계수 정렬 107
공개키 219
공개키 암호화 219
공통 부분시퀀스 182
근사 알고리즘 26, 306
기반 케이스 53
기수 정렬 114

ㄴ

난수 233
네트워크의 직경 168
노드 157
논리곱 74

ㄷ

다익스트라 알고리즘 147
다항 시간 알고리즘 268
다항 시간 환원 알고리즘 274
단순한 대체 암구어 212
단일쌍 최단 경로 145
단일 연결 리스트 130
단일 출발점 최단 경로 137
대그 124
대우 51

ㄹ

대입 40
대칭 키 암호화 214
동적 계획법 169

런렝스 인코딩 248
루프 40
루프 변수 40
루프 불변조건 50
리터럴 280
리프 157

ㅁ

마더 문제 277
마스터 공식 89
만족 가능 279
매개변수 36
메모리 사용량 27
모듈러 연산 222
모든 쌍 최단 경로 문제 167
목적 정점 137
몸체 40
무방향 그래프 269
무손실 압축 238
무(無)접두어 코드 240
무작위적 퀵소트 101
무작위 프로세스 234
문맥 자유 문법 309
문자열 181
문자열 매칭 199
문자열 변환 189
문자 집합 181
밀러-라빈 소수성 테스트 224
밑수 2 로그 31

ㅂ

바닥 연산 62
바이너리 힙 157
반복 제곱 230
반환 37
방향성 가중치 그래프 135
방향성 간선 123
방향성 그래프 123
방향성 비순환 그래프 124
배낭 문제 300
배열 37
배타적 논리합 215
벨만-포드 알고리즘 161
변수 40
병합 정렬 77
보초 값 43
보편 하한계 106
복문 212
복호화 211
부당 차익 기회 166
부분문자열 183
부분배열 50, 62
부분시퀀스 182
부분집합의 합 문제 293
부울 278
부울 공식 278
부울 공식 만족성 문제 279
분기 한정법 305
분할 정복 78
블록 암호화 217
비교 정렬 105
비 내림차순 57
비밀키 219
비순환 최장 경로 269
비순환 최장 경로 문제 292
비트 215
빅 오 48
빅 오메가 49

ㅅ

사전식 순서 58
산술급수 70

삼차원 배열 170
삽입 정렬 72
상등 비교 40
상태 201
상한계 46
서로소 224
선형 29
선형적 순서 124
선형 탐색 39
선형 함수 46
세타 46
소수 223
소수 정리 227
손실 압축 238
쇼트 서킷 74
수행 시간 27, 44
수행 시간의 증가율 28
순환 125, 133
스택 127
스택 오버플로 54
슬롯 60
시드 234
시작 50
시퀀스 182
시프트 암구어 213

ㅇ

안정 정렬 114
알고리즘 23
암호 블록 체인 218
암호화 211
압축 237
엄밀성 24
에르되시 수 146
역수 225
연결 206
연결된 그래프 269
연결 리스트 130
오일러 순회 269
완전 그래프 291
외판원 문제 267, 291
요소 37
욕심쟁이 알고리즘 246

우선순위 큐 155
원타임 패드 215
위상 정렬 124
위성 데이터 59
위젯 289
유지 50
유클리드 알고리즘 228
유한 오토마타 201
음수 가중치 순환 163
의사난수 생성기 234
의사코드 35
이웃해 탐색 305
이중 연결 리스트 130
이진 탐색 61
이진 트리 157
이차원 배열 170
이터레이션 40
인덱스 37
인접 269
인접 목록 표현 129
인접 행렬 129
임계 경로 133
입력의 크기 28

정확성 25
제어 흐름 36
제자리 78
종료 50
중첩된 루프 69
증가의 차수 29
증거해 271
직전 정점 137
진입 차수 125
진출 차수 125

ㅊ

초기화 벡터 219
초깃값 40
초지수 함수 267
최단 경로 135
최선의 경우 48
최악의 경우 47
최장 공통 부분시퀀스 182
최적 부분구조 177
최적화 문제 273
추상 데이터 타입 155
추상화 155
출발 정점 137

ㅈ

자료구조 155
자식 노드 157
자원 사용량 27
재귀 52
재귀 방정식 88
적응형 허프만 코드 247
전이 202
전이성 120
절 280
점근적 표기법 49
접두어 183
접미어 206
정렬 58
정렬 키 59
정점 123
정점 덮개 285
정점 덮개 문제 286
정지 문제 307

ㅋ

케빈 베이컨 수 146
퀵소트 89
키 58, 212

ㅌ

탐색 38
텀 280
특수 하한계 106

ㅍ

파벌 281
파벌 짓기 문제 282
파티셔닝 90
파티션 문제 298

패드 216
퍼트 차트 132
페르마의 소정리 227
펠 239
평가 28
평문 212
포스트의 대응 문제 307
프로그래밍 언어 35
프로시저 36
플로이드-워셜 알고리즘 167
피벗 90
피보나치 힙 160

ㅎ

하위 문제 55
하이브리드 암호화 시스템 233
하한계 46
한계 40
함수 28
항목 37
해밀턴 경로 문제 288
해밀턴 순환 269, 288
허프만 코드 240
형식 언어 309
호출 36
환원 274
효율성 27
후입선출 127
힙 속성 157

A

abstract data type 155
abstraction 155
adjacency-list representation 129
adjacency matrix 129
ADT 155
AES(the Advanced Encryption Standard)
 217
AKS 소수성 테스트 223
all-pairs shortest-paths 167
approximation algorithm 26, 306
arbitrage opportunity 166

arithmetic series 70
array 37
assign 40
asymptotic notation 49

B

base case 53
best case 48
binary search 61
binary tree 157
block cipher 217
body 40
boolean formula 278
boolean formula satisfiability problem 279
branch and bound 305

C

call 36
certificate 271
CFG(context-free grammar) 309
character set 181
children 157
cipher block chaining 218
ciphertext 212
clause 280
clique 281
clique problem 282
common subsequence 182
comparison sort 105
complete graph 291
compression 237
concatenation 206
connected graph 269
contrapositive 51
critical path 133
cycle 133

D

dag 124
data structure 155
decision problem 273

decryption 211
deterministic 101
diameter 168
directed acyclic graph 124
directed edge 123
directed graph 123
divide-and-conquer 78
DNA 서열 정렬 191
doubly linked list 130
dynamic programming 169

E

element 37
encryption 211
entry 37
equality test 40
Euler tour 269
existential lower bound 106

F

FA 201
Fermat's Little Theorem 227
F-heap 160
Fibonacci heap 160
finite automaton 201
floor operation 62
flow of control 36
formal language 309
F-heap 160

G

greedy algorithm 246

H

halting problem 307
hamiltonian cycle 269
hamiltonian-path problem 288
heap property 157

I

in-degree 125
index 37
initialization 50
initialization vector 219
insertion sort 72
iteration 40

K

key 58, 212
knapsack problem 300
k파벌 282

L

LCS(longest common subsequence) 182, 183
lexicographic ordering 58
LIFO(last in first out) 127
limit 40
linear function 46
linear order 124
linear search 39
linked list 130
literal 280
longest acyclic path 269
longest-acyclic-path problem 292
loop 40
loop invariant 50
loop variable 40
lossless compression 238
lossy compression 238
lower bound 46
LZW 압축 250

M

maintenance 50
master method 89
memory footprint 27
merge sort 77
Miller-Rabin 224

modular arithmetic 222
multiplicative inverse 225

N

n! 52
neighborhood search 305
nested 69
n-factorial 52
node 157
nondecreasing order 57
NP class 271
NP-complete 268
NP-hard 272
NP 난해 272
NP 완전 268, 272
NP 클래스 271
*n*의 계승 52

O

$O(n)$ 48
one-time pad 215
optimal substructure 177
optimization problem 273
order of growth 29
out-degree 125
O 표기법 48

P

pad 216
parameter 36
partitioning 90
path 133
P class 270
PCP(Post's Correspondence Problem) 307
pel 239
PERT chart 132
pivot 90
plaintext 212
P=NP? 문제 272
polynomial-time algorithm 268
polynomial-time reduction algorithm 274

predecessor 137
prefix 183
prefix-free code 241
primality 223
prime number 223
Prime Number Theorem 227
priority queue 155
PRNG 234
procedure 36
pseudocode 35
pseudorandom number generator 234
public key 219
public-key cryptography 219
P 클래스 270

Q

quicksort 89

R

random process 234
rate of growth 28
recurrence equation 88
recursion 52
reduction 274
relatively prime 224
relaxation step 138
repeated squaring 230
return 37
RSA 암호화 시스템 222
run-length encoding 249

S

satellite data 59
satisfiable 279
search 38
secret key 219
seed 234
sentinel 43
sequence 182
shift cipher 213

short circuiting 74
shortest path 135
simple substitution cipher 212
single-pair shortest path 145
single-source shortest path 137
singly linked list 130
slot 60
sort key 59
source vertex 137
stack 127
stack overflow 54
state 201
string 181
subarray 50
subproblem 55
subsequence 182
subset-sum problem 293
substring 183
suffix 206
super-exponential 267
symmetric-key cryptography 214

T

target vertex 137
term 280
termination 50
topological sort 124
transition 202
transitive 120
traveling-salesman problem 267, 291

U

undecidable 307

undirected graph 269
universal lower bound 106
upper bound 46

V

variable 40
vertex 123
vertex cover 285
vertex-cover problem 286

W

weight 135
weighted directed graph 135
weight of a path 135
widget 289
worst case 47

X

XOR(exclusive-or) 215

기호

$\Theta(n)$ 46
Θ 표기법 47
Ω 표기법 48

번호

3-CNF 280
3-CNF 만족성 문제 281
3-conjunctive normal form 280
3결합 정규 형식 280

에이콘출판의 기틀을 마련하신 故 정완재 선생님 (1935-2004)

알고리즘 비밀의 문을 열다

처음 배우는 알고리즘

인　쇄 | 2016년 11월 22일
발　행 | 2016년 11월 30일

지은이 | 토머스 코멘
옮긴이 | 최 광 민

펴낸이 | 권 성 준
편집장 | 황 영 주
편　집 | 나 수 지
디자인 | 이 승 미

에이콘출판주식회사
서울특별시 양천구 국회대로 287 (목동 802-7) 2층 (07967)
전화 02-2653-7600, 팩스 02-2653-0433
www.acornpub.co.kr / editor@acornpub.co.kr

이 도서의 국립중앙도서관 출판시도서목록(CIP)은 서지정보유통지원시스템 홈페이지(http://seoji.nl.go.kr)와
국가자료공동목록시스템(http://www.nl.go.kr/kolisnet)에서 이용하실 수 있습니다.(CIP제어번호 : CIP2016028204)

책값은 뒤표지에 있습니다.